VOYAGE

DU

SULTAN ABD-UL-AZIZ

DE STAMBOUL AU CAIRE

PAR

L. GARDEY

PROFESSEUR AU PALAIS IMPÉRIAL ET A L'ÉCOLE DU GÉNIE DE CONSTANTINOPLE,
OFFICIER DU NICHAN-IFTIKHAR ET DU MEDJIDIÉ,
CHEVALIER DE LA LÉGION-D'HONNEUR,

PARIS

E. DENTU, PALAIS-ROYAL.

CONSTANTINOPLE	SMYRNE
WICK ET RUMÈGE.	LIBRAIRIE DE L'IMPARTIAL.

1865.

VOYAGE

DU

SULTAN ABD-UL-AZIZ

DE STAMBOUL AU CAIRE.

Marseille. Typ. et Lith. Barlatier-Feissat et Demonchy.

VOYAGE

DU

SULTAN ABD-UL-AZIZ

DE STAMBOUL AU CAIRE

PAR

L. GARDEY

PROFESSEUR AU PALAIS IMPÉRIAL ET A L'ÉCOLE DU GÉNIE DE CONSTANTINOPLE,
OFFICIER DU NICHAN-IFTIKHAR ET DU MEDJIDIÉ,
CHEVALIER DE LA LÉGION-D'HONNEUR.

———∘∘⦂⊙⦂∘∘———

PARIS

E. DENTU, PALAIS-ROYAL.

——∘⊃∘——

CONSTANTINOPLE | SMYRNE
WICK ET RUMÈBE. | LIBRAIRIE DE L'IMPARTIAL.

——

1865.

A

MES ÉLÈVES,

GRANDS ET PETITS, PRINCES, PACHAS, BEYS, ENFANTS DU PEUPLE,

DONT LES AFFECTUEUX ÉGARDS M'ONT TOUJOURS SOUTENU
DANS L'ACCOMPLISSEMENT DE MES DEVOIRS,

Hommage de mes durables souvenirs
et de mes meilleurs sentiments.

L. G.

AVERTISSEMENT.

———— ∗◦∗ ————

C'est sous ma seule responsabilité que ce *Voyage* a été écrit et publié.

Je n'ai pas eu la prétention de faire un livre selon les règles de l'art. J'ai voulu raconter ce que j'ai vu ; et en même temps j'ai laissé courir ma plume dans le champ des souvenirs anciens et modernes.

On m'accusera peut-être de m'être trop laissé arrêter par des réminiscences classiques et d'avoir mêlé à l'histoire beaucoup de vieille mythologie; mais j'écris en Orient et pour l'Orient : en parcourant les lieux les plus célèbres de l'antiquité, comment ne pas parler des événements dont ils furent le théâtre et des légendes dont la Fable et la Poésie les ont à jamais embellis !

L'honneur que j'ai eu d'accompagner Sa Majesté Impériale donne sans doute à cette publication un intérêt spécial ; j'espère encore qu'elle offrira toujours quelque utilité à ceux qui voudront m'accepter pour guide en faisant le voyage de Constantinople au Caire.

———— ◦◦ǫǫ◦◦ ————

AVANT-PROPOS.

La première période de l'histoire ottomane a commencé par une série de souverains guerriers et conquérants; la période contemporaine s'ouvre, à partir d'Abdul-Hamid, par une suite de sultans pacifiques, réformateurs, civilisateurs, n'aimant pas la guerre, mais sachant la faire avec honneur quand l'intérêt du pays l'exige.

Un publiciste français, qui a écrit une partie de l'histoire des règnes de Sélim III et de Mahmoud II, a reconnu que l'illustre famille d'Osman a le don particulier de l'intelligence. De nos jours surtout il aurait pu signaler, parmi les nobles vertus et les qualités qui la distinguent, un autre don éminent, celui de la bonté, si précieux chez les souverains.

Le sultan Sélim inaugura l'ère des réformes civilisatrices ; mais les obstacles étaient si grands alors,
qu'il succomba bientôt à la peine. De son règne date
la fondation de l'école du Génie et de l'Artillerie, riche
de livres et d'instruments envoyés au sultan par
Napoléon Iᵉʳ, dont les représentants rendirent plus
d'un service à la Turquie. L'école Navale fut également fondée à cette époque.

Le sultan Mahmoud, au génie plus hardiment réformateur, brisa les obstacles, et, malgré les embarras
suscités par ses ennemis du dehors, il jeta sur le sol
ottoman ainsi préparé les germes de progrès que ses
deux fils devaient faire fructifier. Il créa l'école Militaire et réorganisa l'école de Médecine, où des professeurs de toute nationalité et de toute croyance,
avec cinq cents élèves musulmans, catholiques,
orthodoxes, arméniens ou israélites réalisent la
grande pensée que ce souverain exprimait ainsi :
« Je ne veux plus distinguer mes sujets qu'à la mosquée, à l'église ou à la synagogue. » Les quaran-
taines furent aussi établies par le sultan Mahmoud.

Le sultan Abdul-Medjid, digne héritier des idées
réformatrices de son illustre père, inaugura son règne

par la promulgation de la charte de Gul-Hané. Cette charte disait aux peuples de l'empire : « Vous êtes tous frères, tous égaux devant la loi. Une parfaite sécurité vous est assurée, dès ce jour, quant à votre vie, à votre honneur et à votre fortune. » Elle disait aux nations étrangères : « La Turquie rentre dans le droit commun. Elle va vivre de votre vie; respectez-la, aidez-la. »

Et les nations civilisées entendirent si bien cet appel, que les deux grandes puissances d'Occident, qui avaient naguère secouru à Navarin la Russie et les Grecs contre la Turquie, sont venues aider, à Sébastopol, la Turquie contre la Russie, dont l'ambition menaçait le repos de l'empire ottoman. Le puissant pacha, dont la rébellion avait encore empoisonné les derniers moments du sultan Mahmoud, fut réduit à faire sa soumission. Les révoltes des provinces n'offrirent plus de danger, grâce à la confiance que le nouveau règne inspirait soit au dedans, soit au dehors ; et les développements de la charte suivirent leur cours régulier.

Les grands conseils de l'État, réformés et complétés, se mirent à l'œuvre, commençant ce grand

travail qui devait détruire les abus, assurer la sécurité des personnes et des propriétés, étendre la liberté
de conscience, fusionner les races, développer les
ressources du pays, améliorer ses relations avec
l'extérieur, consolider enfin les bases de son repos,
de sa puissance, de son élévation future au niveau
des peuples civilisés.

La justice eut ses codes, ses tribunaux civils,
commerciaux, correctionnels, criminels et maritimes.
Musulmans et chrétiens siégèrent ensemble; et devant
ces juges, tout témoignage, de quelque croyance
qu'il émanât, dut être reçu.

Les abus furent solennellement et itérativement
anathématisés ; les corvées, les tortures et le trafic
des esclaves, abolis ; la vénalité, les exactions et les
prévarications, exemplairement châtiées.

L'agriculture fut protégée et eut, au ministère des
finances, sa caisse de secours, *Khazinéi-Nafié*. Des
enquêtes officielles et des consultations de notables
contribuèrent à l'amélioration du gouvernement des
provinces. Les conseils d'administration et les institutions municipales reçurent une organisation plus
libérale. Des fabriques, créées de toutes parts, four-

nirent des vêtements à l'armée et alimentèrent de leurs produits le commerce local.

Des ingénieurs des ponts-et-chaussées, des inspecteurs des forêts, des financiers, une foule d'hommes capables furent appelés d'Europe et admis dans les conseils.

La Monnaie fut créée et frappa des espèces d'or et d'argent aussi belles et d'aussi bon aloi que celles d'Angleterre et de France.

L'instruction publique fut mise en honneur : on fonda l'Université, l'Académie, des écoles normales et des écoles préparatoires dans tout l'empire. Les écoles du génie, de marine et de médecine furent réorganisées, ainsi que l'école militaire, à laquelle furent attachés d'habiles officiers français en mission.

L'école des sciences administratives et celle des forêts furent fondées. Des professeurs distingués vinrent populariser, dans tous ces établissements, l'enseignement européen, au développement duquel les fréquentes visites du souverain contribuèrent à donner de la force.

L'armée, depuis la destruction des janissaires,

existait à peine. Elle fut si vite et si bien organisée
en corps de troupes régulières (*Nizamié*) et en garde
nationale mobile (*Rédifs*), qu'on l'a vue, quelques
années plus tard, sur les bords du Danube, à Silis-
tr'e, à Kars et partout où le devoir l'appelait, soutenir la vieille réputation militaire de la Turquie et se
montrer en tout ce que sont les armées les mieux
disciplinées.

La flotte, sous la haute surveillance de Mehmed
Ali pacha, suivit le mouvement général et s'augmenta
bientôt d'un grand nombre de bâtiments à vapeur.
La monnaie et l'arsenal eurent leurs compagnies de
steamers qui accrurent, dans les mers d'Orient, le
mouvement maritime et commercial déjà créé par les
compagnies étrangères.

Des Hatti-Chérifs, nouvelles expressions des sentiments et des volontés du souverain, vinrent de temps
en temps ranimer les courages, indiquer les lacunes
à remplir, les garanties à mieux assurer, les moyens
à prendre pour resserrer l'union des peuples et
accroître leur bien-être, les efforts à faire pour
couronner l'œuvre.

La Turquie reçut enfin les premières récompenses

de son élan vers le grand travail de sa régénération. Outre les avantages de toutes sortes qu'elle retirait des progrès réalisés, elle vit les jurys des grandes Expositions occidentales accorder de nombreuses médailles d'honneur aux produits de son agriculture et de son industrie ; elle fut, par le Traité de Paris, admise à prendre sa place dans les conseils des grandes puissances, et, ce qui ne constituait pas une des moins précieuses rémunérations, affranchie de ces immixtions particulières qui venaient si fréquemment troubler sa tranquillité et interrompre sa marche progressive.

Ce fut en moins de vingt années que l'état social, civil, religieux et politique de la Turquie fut si heureusement renouvelé.

Mais, si le sultan Abdul-Medjid était né intelligent et bon, il était né en même temps faible de corps ; et trop souvent la faiblesse native des organes exerce une fâcheuse influence sur l'intelligence humaine. Son âme logée dans une frêle enveloppe avait cependant une énergie qui se montra parfois avec éclat, notamment, lorsque Abdul-Medjid refusa à l'Autriche l'extradition des réfugiés Hongrois ; lorsqu'il

repoussa les prétentions de Mentchikof en disant
qu'il saurait combattre et mourir pour son peuple;
lorsque, voyant l'ambassadeur d'une des grandes
puissances d'Occident amener son pavillon pour
un motif que le sultan ne jugeait ni juste ni convenable, il s'écriait : « Vous aurez les canons pour
vous, mais Dieu sera pour nous! » Et encore,
lorsque le froid du trépas glaçait déjà dans son corps
les quelques gouttes de sang qui y circulaient, il
montait à cheval et accomplissait en entier toutes les
cérémonies du Courban-Baïram!

Mais le mal empirant avec les années, cette énergie
s'éteignit peu à peu, et la fin du règne ne répondit
pas aux espérances que le commencement avait fait
concevoir. Les fatalités de Djedda et de Damas furent
très-contraires aux aspirations de la belle âme d'Abdul-Medjid. Ayant eu l'honneur d'être son maître de
langue française, je peux particulièrement affirmer
cela, Sa Majesté m'ayant dit plus d'une fois, et même
prouvé par des faits, qu'elle ressentait, pour les
fanatiques et pour leurs actes, une horreur profonde,
dès sa plus tendre enfance, avant même que l'éducation et l'instruction eussent pu la lui inspirer. Ces

fatalités, dis-je, vinrent aggraver ses peines morales et physiques. Tout se ressentit, dès lors, de l'état maladif du souverain, les choses et les hommes. Réchid pacha, qui avait eu une si importante part à l'inauguration et au succès des premières réformes, mourut, juste au moment où il courait le risque de ne plus acquérir de gloire, laissant en héritage, aux hommes qui gouvernent aujourd'hui, ses idées sincèrement civilisatrices. L'organisateur de l'artillerie Ahmed-Féthi pacha, dont l'esprit éclairé et les manières polies avaient exercé une bonne influence sur la marche des choses, cessa d'être utile et mourut aussi. Riza pacha, qui, après Khosrew pacha, avait tant fait pour l'organisation de l'armée, fut également atteint de la contagion et perdit sa vigueur.

Les volontés impériales vacillant comme le corps qui les émettait, la marche des choses devint irrégulière, incertaine, les ressorts de la machine entière se relâchèrent, l'administration s'alanguit, l'armée fut négligée, la situation financière apparut comme un danger. Aali pacha voulut montrer avec franchise la pente où on se laissait glisser. Cette courageuse remontrance eut une certaine portée : on regarda le gouffre et l'on fit halte. Mais les malades s'irritent aisément contre leurs médecins, si peu amer que soit le remède qui doit les sauver : le grand vizir fut *remercié*.

Son successeur, Kuprusle pacha, ne put pas davantage rémédier au mal qui avait son siége dans la tête du grand corps de l'Etat.

Et cependant, à l'ombre de cette vieillesse prématurée, malgré la grande gêne des affaires et l'incertitude de l'avenir, les esprits étaient calmes et résignés. On eût dit que cette constitution sociale au sein de laquelle chacun trouvait partout mansuétude, justice, liberté, égalité, sécurité, suffisait au bonheur général.

Le sultan Abd-ul-Aziz monta sur le trône et aussitôt l'inquiétude générale se changea en espérance. Le nouveau souverain était doué d'une forte constitution : on pensa qu'il aurait l'énergie et la fermeté d'âme de son illustre père. Successeur immédiat de princes signalés par leur caractère d'humanité et de bonté, il ne pouvait, dans l'opinion de tous, qu'être humain et bon. Et, en effet, tel on l'avait espéré, tel le sultan Abd-ul-Aziz s'est montré jusqu'ici. Avec cette vigueur de corps et d'esprit qu'il a héritée du sultan Mahmoud, il a porté sur le trône les dispositions les plus humaines et les plus libérales. Non-seulement il a l'amour du bien, mais aussi la volonté et la force d'empêcher le mal.

Ses heureuses intentions ont été attestées de bonne heure par les témoignages des hommes d'Etat qui l'ont approché, par ses programmes politiques, par ses mesures gouvernementales, par ses réformes économiques, par le choix des mandataires de son autorité, par ses faveurs bien marquées pour le travail et l'honnêteté, par ses actes de justice et de bienveillance envers toutes les classes de ses sujets.

Ce que le sultan Abd-ul-Aziz a déjà opéré de bien, a suffi pour faire bénir son nom et pour rassurer les esprits sur l'avenir de la Turquie. Que n'aurait-il pas fait, si les usages de la cour ottomane, encore imparfaitement modifiés, lui avaient permis de s'initier plus amplement, lorsqu'il n'était qu'héritier présomptif, à l'art si difficile de régner, à la science gouvernementale que le temps et l'expérience peuvent seuls compléter ? Abd-ul-Aziz a eu la franchise d'exprimer plus d'une fois ses regrets de n'avoir pu acquérir assez de savoir et d'expérience pour remplir dignement, dès le début, la grande mission que le ciel lui a confiée. Faire un tel aveu, c'est reconnaître que l'on sent le besoin de s'élever au niveau de sa position ; et le sultan a fait les plus nobles efforts pour combler ce vide qu'il sentait en lui. Il a beaucoup appris en deux ans de règne, et l'usage qu'il a déjà su faire de l'autorité souveraine, répond de l'avenir.

Après avoir pleinement rassuré les esprits, au dedans et au dehors, en proclamant sa ferme volonté de maintenir en vigueur et de développer de plus en plus les principes de justice, d'égalité et de sécurité pour tous que ses prédécesseurs avaient posés pour bases des nouvelles institutions de la Turquie, Abdul-Aziz, voyant que le vaisseau de l'Etat était en péril, en a pris le commandement en capitaine prudent et énergique, et, dignement secondé par les lieutenants qu'il s'est choisis, il l'a sauvé et conduit en lieu sûr.

Plus de prodigalités, plus de folles dépenses, plus de sinécures ! de l'économie, du travail, de la probité et de la justice ! tel a été et tel est toujours le programme gouvernemental du souverain actuel des

Ottomans, tel est le constant objet de sa sollicitude dans ses heures de travail comme dans ses moments de loisir.

Afin de réaliser plus efficacement des économies générales, le sultan a prêché d'exemple : il a considérablement réduit sa liste civile, et malgré cela, telle est la gestion des affaires du palais depuis deux ans, que le sultan trouve encore le moyen d'employer d'abondantes épargnes à relever des ruines qui faisaient mal à voir sur les rives du Bosphore, à achever ou à réparer des casernes dont l'état de délabrement frappait tous les yeux, à se créer une seconde résidence habitable aux Eaux-Douces, à récompenser généreusement la bravoure des soldats revenus du Monténégro, à venir en aide aux caisses du Séraskiérat et de l'Amirauté pour accroître les forces militaires et maritimes de l'empire, et enfin à aider d'une manière générale au mouvement de réparation et de marche en avant qui signale son règne. L'économie est telle au palais aujourd'hui, que ceux qui l'habitent et qui y servent Sa Majesté sont obligés de rompre avec l'antique tradition des folles dépenses.

En même temps que le souverain prescrivait des économies, il déclarait une guerre à outrance aux abus. Si les exacteurs, les concussionnaires, les prévaricateurs de la justice savaient combien le noble cœur du sultan abhorre leurs actes criminels, sans doute ils rentreraient dans l'ombre, ou viendraient à résipiscence. Il n'y a rien qui indigne autant son âme que d'apprendre qu'il y a encore dans les services publics des hommes qui manquent à leurs devoirs de probité et de fidélité. Que les *Missi dominici* envoyés dans les provinces remplissent bien leur mission, qu'ils contribuent à moraliser les administrations provinciales, et ils peuvent être assurés qu'aux yeux du sultan ils auront bien mérité de la patrie. Courage, digne historiographe de l'empire (Djevdet éfendi) ! achevez la plus belle page de vos annales sur les terres de Bosnie et d'Herzégovine, qui célèbrent déjà votre œuvre de justice et de concessions bien entendues. Courage, Ahmed Véfik éfendi ! vous aurez bientôt fait de cette grande province de Khouda-Vendighiar le jardin de la Turquie. Quel champ de travail et de gloire vous avez à parcourir de Brousse jusqu'à Alep !

Grâce à cette volonté énergique du souverain pour introduire de l'ordre dans le maniement des deniers publics et pour empêcher les malversations, la situation s'est rapidement améliorée. En même temps que les revenus s'accroissaient uniquement parce que la perception et l'emploi en étaient soumis à un contrôle sévère et régulier, de nouvelles sources de recettes étaient ouvertes ou fécondées. Les douanes étaient réorganisées et les tarifs révisés au profit du trésor impérial. Les impôts du timbre, des patentes, du sel et du tabac étaient régularisés et donnaient des résultats très-satisfaisants.

Cependant le *Caïmé* continuait à être la grande plaie de l'état financier du pays. Plusieurs fois on avait voulu le retirer de la circulation, mais toujours on avait reculé devant les difficultés de l'entreprise. Au commencement de la seconde année du règne, cette opération a été conduite avec la vigueur et le bonheur qui caractérisent toutes celles que le sultan Abdúl-Aziz entreprend. L'habile et courageux pacificateur de la Syrie, Fuad pacha, a su, s'inspirant du courage et des conseils de ses collègues, hâter la réussite de cette autre grande pacification sociale, qui a eu pour résultat, en acquittant une partie de la dette intérieure et en consolidant l'autre, de faire cesser, pour les finances publiques et privées, une cause incessante de perturbations et de craintes. Jamais question gouvernementale si importante, si hérissée d'embarras et de difficultés, ne reçut, ni ici ni ailleurs, une solution plus prompte, plus équitable, plus heureuse.

Ce grand obstacle levé, la Banque fut possible, le budget put être préparé et l'organisation financière du pays fit un pas de plus vers son achèvement. D'habiles financiers d'Angleterre, de France et d'Autriche, aux lumières desquels le gouvernement libéral d'Abdul-Aziz avait fait appel, étaient venus aider à ces résultats. Le crédit de l'Occident, voyant que la Turquie y allait franchement et qu'elle demandait d'elle-même à exposer à tous les yeux les détails les plus intimes de son état financier et administratif, lui accorda une confiance illimitée en lui offrant dix fois le montant de l'emprunt qu'elle demandait pour le retrait du *Bechlik*, dernière et vieille plaie de ses finances, et pour la continuation de ses grands travaux d'utilité publique entrepris ou projetés. A l'intérieur la confiance fut telle que ce même bechlik fut reçu au cours de la monnaie au titre légal.

L'armée et la marine ont, à cause du triste état où elles avaient été laissées, attiré d'abord l'attention du souverain, naturellement soucieux de l'indépendance de son pays. Soldats et marins ont changé de visage et pris une autre allure sous les beaux uniformes qu'ils portent en place de vieilles guenilles. Ils gagnent de plus d'un côté à confectionner eux-mêmes leurs chaussures et leurs vêtements et à faire leur pain. C'est encore là une des nombreuses imitations des choses de la France ordonnées par le sultan. Le corps des *zaptiés* (agents de police) a également changé de mise et d'esprit.

Les autres branches de l'administration générale ont de même occupé la sollicitude du sultan. L'agriculture et l'industrie ont reçu de grands encouragements, principalement à l'occasion de l'Exposition de Londres et de celle qui l'a suivie à Constantinople. Cette exposition nationale, pour être la première que l'on ait vue en Turquie, n'en a pas été moins remarquable par la variété et par la beauté de ses produits. Le sultan, patron empressé et généreux de tout ce qui se produit de beau et de bon, a honoré cette innovation d'une faveur toute particulière, et l'on peut espérer qu'elle sera féconde en heureux résultats.

Les grandes cultures ont été encouragées ; celle du coton, objet particulier des faveurs du gouvernement , s'est considérablement développée.

Le réseau télégraphique, déjà très-étendu , s'est continué. Des routes ont été construites ou se construisent conformément au règlement arrêté par le Conseil des travaux publics, qui a également compris, dans ses nombreux projets élaborés, l'organisation d'une école des arts et métiers.

L'Université a ouvert ses cours publics de chimie, de physique, de botanique, d'histoire et de géographie. L'école d'administration poursuit son enseignement et forme des hommes dont la capacité spéciale sera d'un grand secours pour la bonne gestion des affaires provinciales. Dans peu de temps le gouvernement pourra percevoir directement et avec avantage l'impôt des dîmes au lieu de l'affermer comme par le passé.

L'impulsion générale a été vigoureusement donnée, jusque dans les provinces, où bon nombre d'habiles gouverneurs s'animent de plus en plus de l'esprit de progrès du gouvernement central. Cette impulsion sera durable et de jour en jour plus forte, car telle est la volonté du sultan Abdul-Aziz. Le pas le plus difficile est fait : le règlement de la question financière. Si déjà les revenus de l'État sont quatre fois plus forts qu'ils n'étaient à la fin du règne du sultan Mahmoud, on est en droit d'espérer qu'ils atteindront, en quelques années, un chiffre qui permettra au gouvernement de liquider ses dettes, qu'il a toujours payées avec une ponctualité exemplaire, et de développer, sur une plus grande échelle, les immenses ressources du pays.

Avoir ainsi amélioré la situation en augmentant les revenus et en diminuant les dépenses, en inspirant aux fonctionnaires publics des idées d'ordre et d'équité, en retrempant l'esprit public par une volonté toute dirigée vers le progrès, avoir enlevé le caïmé, payé ou consolidé les dettes, liquidé d'énormes arriérés, rassuré le commerce et facilité ses transactions, rétabli la confiance publique, relevé le crédit au dehors, pacifié les provinces, accru les forces de terre et de mer, réalisé de nombreuses améliorations, imprimé un élan général vers un meilleur avenir, gagné le cœur de ses sujets et l'admiration des nations étrangères, n'est-ce pas un beau commencement de règne?

Le sultan Abdul-Aziz a l'ambition des grandes choses, mais avant de mettre la main à l'œuvre, il voudrait voir ce qui s'est fait de grand ailleurs. On apprend mieux par soi-même, par ses propres yeux, que par les rapports oraux ou écrits.

Mais où aller? en Occident? c'est trop tôt.

L'Egypte est la contrée de l'Orient qui passe pour s'être le mieux approprié les idées de progrès de l'Occident. D'importants travaux en agriculture et en industrie ont été exécutés sur cet antique sol des Pharaons. Il y a là de belles voies de communication, des chemins de fer, des canaux; il y a des fabriques, des systèmes d'arrosage, un grand mouvement commercial, de vastes cultures; toutes choses que le sultan voudrait voir implanter dans ses états d'Europe et d'Asie. C'est en Egypte qu'il ira. Outre le plaisir de visiter ce pays, qu'aucun souverain de Turquie n'a vu depuis que le sultan Sélim Ier le conquit en 1517, il aura celui de revoir Ismaïl pacha, qui lui a beaucoup plu pendant son récent séjour à Constantinople.

Le sultan Abd-ul-Aziz ne boit ni vin ni liqueurs; il ne fume même pas ; jouissant d'une forte santé, il n'aime pas la vie sédentaire, il a besoin de mouvement ; il veut voir, il veut apprendre par lui-même.

L'occasion est du reste favorable pour s'absenter de sa capitale : le pays est parfaitement tranquille, et il n'est pas à craindre qu'il soit troublé de sitôt.

Quant aux frais du voyage, ils ne concernent nullement le trésor de l'Etat, mais seulement la cassette de Sa Majesté, excellente ménagère, qui, au besoin, trouverait du crédit.

Ayant eu l'honneur d'être du voyage d'Egypte, j'en ai écrit le journal, je le transcris ici.

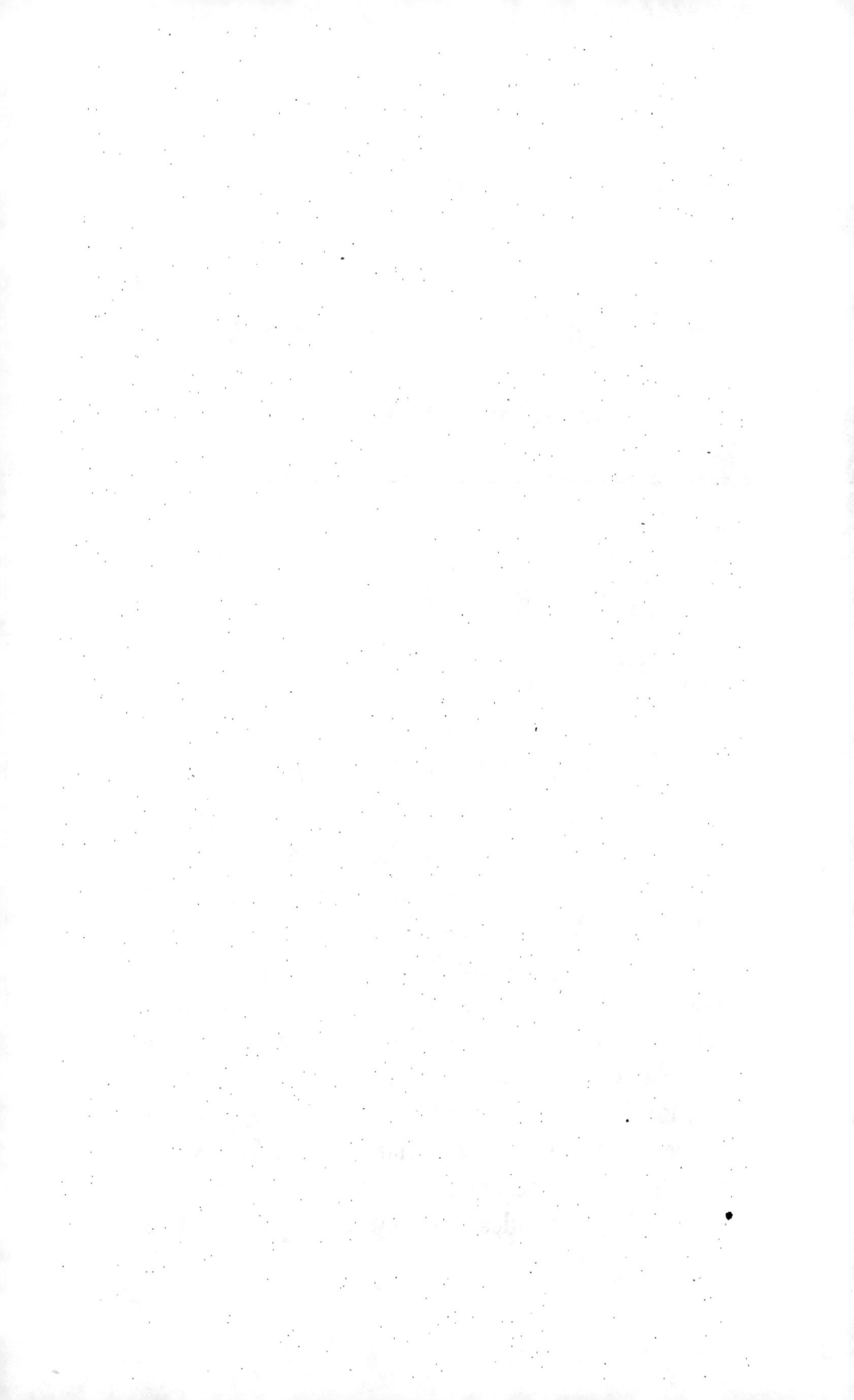

VOYAGE

DU

SULTAN ABD-UL-AZIZ,

DE STAMBOUL AU CAIRE.

PREMIÈRE JOURNÉE. — 3 AVRIL.

MER DE MARMARA.

Le vendredi-saint, vers trois heures de l'après-midi, la flottille impériale quitte le port de Constantinople et entre dans la mer de Marmara dans l'ordre suivant :

1° Le magnifique yacht *Fëizi-Djéhad*, qui sait le chemin de l'Egypte, portant S. M. le sultan Abd-ul-Aziz, son fils le prince Ioussouf Iz-ed-din éfendi, le ministre de la guerre Fuad pacha, le ministre de la marine Mehmed pacha, les chambellans Iaver bey, Hassan bey, Halid bey, Emin bey..., le premier secrétaire Moustafa éfendi, les imams, les mouçahibs, le médecin particulier du sultan, Marco pacha, les aides-de-camp Saïd pacha, Hosséin pacha, Bécim pacha, Moukhtar bey, Réouf bey...., le peintre M. Masson, les employés du palais, quelques zouaves et spahis, gardes-du-corps...;

2º La frégate *Medjidié*, portant les princes Mourad éfendi, Hamid éfendi et Réchad éfendi, le docteur Capoléoni...;

3º La frégate *Taïf*, ayant à son bord les fériks Selim pacha et Ismaïl pacha, les livas Sami pacha, Salih pacha, Ismet pacha, Ioussouf pacha, Husni pacha, des colonels et des majors, faisant partie du cortége impérial, les secrétaires du palais Halim éfendi, Chevket bey, Moukhtar éfendi, le secrétaire général du ministère des affaires étrangères Abro éfendi, la musique impériale avec son chef M. Guatelli, le pharmacien en chef M. Diamantidis, le chimiste du palais Georges bey (della Suda fils), le dentiste M. Roux, le décorateur des palais M. Percheron;

4º La corvette *Smyrne;*

5º Le bateau à vapeur *Kars,* chargé de voitures et de chevaux;

6º Le *Péiki-Chéref,* ancien bateau de plaisance de S. M. I., qui fera le service de courrier;

7º Le petit bateau *Guemlek,* qui suit tout pavoisé comme les cinq précédents.

Le temps est magnifique, et la mer de Marmara, éclatante comme le marbre dont elle a pris le nom.

Adieu, Stamboul! adieu, pour quelques jours! tu es muette à notre départ; le seras-tu de même à notre retour? Aujourd'hui ton bien-aimé Padichah te quitte, tu es triste; dans quelques jours, quand il te reviendra, tu lui feras fête.

Si souvent que l'on ait contemplé le magnifique spectacle qu'offrent Constantinople et ses environs du point où le Bosphore et la mer de Marmara mêlent leurs eaux, chaque fois qu'une perspective nouvelle s'ouvre sur ce tableau, on le regarde avec amour, soit qu'on s'en approche, soit qu'on s'en éloigne. Lord Byron écrivait à sa mère : « Je n'ai jamais vu aucun ouvrage de la nature ou de l'art qui m'ait fait autant d'impression que la vue qui se développe de tous côtés, des Sept-Tours jusqu'à la Corne-d'Or. »

L'installation est à peu près terminée à bord, même celle des cuisines, puisque l'on vient de servir le *kebab* (rôti), la salade, le helva et le pilaw.

La soirée est digne de la journée.

Il suffit de changer d'horizon pour que l'on se sente porté à regarder avec attention des objets que l'habitude de les voir nous rend indifférents. Si j'étais encore sur le revers de la colline où j'ai passé plusieurs années de suite, il est probable que je laisserais, sans peut-être les regarder, le soleil se coucher à l'occident, et la lune se lever pleine à l'orient, tandis qu'ici, sur mer, du haut de la passerelle, je ne puis me lasser d'admirer l'astre du jour, dorant de ses derniers rayons ces plaines qui ondulent presque au niveau des eaux, et l'astre des nuits faisant briller plus vivement au haut des cieux sa lumière argentée à mesure que celle du jour s'affaiblit et disparaît.

Sur le rivage on n'aperçoit plus que des ombres et des souvenirs. Lorsque je vois notre frégate, si pesamment chargée, fendre lestement les ondes, ma pensée va se reposer sur Hercule que les Argonautes abandonnèrent

là, à gauche, sur la rive d'Asie, parce que son corps
un peu lourd surchargeait beaucoup leur navire et que
son grand appétit aurait fini par occasionner la famine
dans l'équipage. Le vaisseau des Argonautes devait être un
des plus grands et des plus solides que l'on construisît dans
ce temps-là. Comment un seul homme pouvait-il le sur-
charger ? Nous porterions, nous, des milliers d'hercules.
Si les cinquante héros de cette antique expédition, les
Jason, les Castor et Pollux, les Lyncée, les Laerte, les
Thésée, les Orphée..., avaient pu revivre et voir naguère,
traversant ces mêmes plages, les héros de la grande expédition moderne, les St-Arnaud, les Canrobert, les Pélis-
sier, les Bruat, les Raglan, les Dundas, les La Marmora
et autres, auraient-ils été étonnés ! s'ils avaient pu contempler les bâtiments immenses des flottes alliées, leur
Argo leur aurait paru bien mesquin! Mais aussi l'humanité
a acquis, depuis eux, une expérience de plus de 3000 ans.

Hercule, ainsi abandonné sur cette terre, s'en alla
s'ingérer dans les affaires du roi de Troie, Laomédon,
finit par le tuer et par ravir sa fille Hésione, qu'il em-
mena en Grèce; ce qui causa, par représailles, le rapt de
la belle Hélène par Pâris : et de là, la seconde grande
expédition des temps antiques, qui eut pour résultat la
ruine de Troie par les Grecs.

DEUXIÈME JOURNÉE. — 4 AVRIL.

———

DE GALLIPOLI A MÉTELIN.

Le 4 avril, au lever du soleil, nous arrivons à Gallipoli, où le *Feïzi-Djéhad* nous a devancés de plus de deux heures. Nous restons là une heure et demie, parcourant des yeux le bel horizon qui se déroule autour de nous.

La mer est calme et unie comme une glace. Le ciel est pur. L'Hellespont, qu'élargit en cet endroit la baie de Gallipoli, étale des rives bien cultivées. La ville, dont la moitié est bâtie en amphithéâtre, n'offre de remarquable que les ruines de la forteresse au centre, et sur la pointe qui s'avance entre les deux ports, quelques belles maisons, le phare et les énormes blocs de roche que détacha et jeta pêle-mêle sur le rivage le grand tremblement de terre qui ravagea en 1357 toute la contrée, et permit à une poignée de combattants, postés en ces lieux par le fils d'Orkhan, Suléiman pacha, de s'emparer de cette ville, une des premières que les Ottomans aient possédées en Europe.

Les Français, dont les ancêtres fondèrent Gallipoli et firent trembler Bysance quelques siècles avant l'ère chrétienne, y ont laissé des traces de leur séjour pendant l'expédition de Crimée, surtout dans quelques rues et dans les routes des environs qu'ils ont remises en bon état.

A peine les derniers arrivés de la flottille ont-ils rallié devant Gallipoli que le *Féizi-Djéhad* reprend son élan et s'envole dans le canal. On le dirait pressé de revoir les lieux qu'il a quittés il y a deux mois. Le *Medjidié* fait de louables efforts pour le suivre de près, mais il reste toujours à une distance plus que respectueuse. Les autres bâtiments suivent dans le même ordre que précédemment. Le *Taïf*, qui a le plus de charge, qui porte deux énormes chalands suspendus à ses flancs, est celui qui a le plus de peine à observer les distances.

En sortant du port, nous laissons, sur la rive d'Asie, Lampsaque, dont on vante les melons. Autrefois elle était renommée pour ses vignes, mais critiquée pour le culte scandaleux qu'elle rendait à son dieu Priape, heureuse divinité que les potiers de la contrée ont préservée de l'oubli en continuant à donner à leurs gargoulettes les formes bizarres sous lesquelles elle fut adorée autrefois.

Quand Alexandre, à la tête de 40,000 Grecs, alla rendre à la Perse, dans la personne de Darius Codoman, les visites que Darius I et Xercès avaient faites à la Grèce, accompagnés, dit-on, de deux ou trois millions d'hommmes, il marcha d'abord contre Lampsaque, coupable d'avoir pris parti pour Darius. Apprenant que le philosophe Anaximène, né dans cette ville et l'un de ses précepteurs, venait solliciter la grâce de sa patrie, Alexandre jura de faire le contraire de ce qui lui serait demandé. Anaximène, instruit à temps du serment, proposa la destruction de Lampsaque. Alexandre fit grâce.

Après avoir sauvé Athènes, sa patrie, Thémistocle fut banni et alla demander un asile aux Perses qu'il avait complètement défaits à Salamine. Artaxercès Ier l'honora d'une magnifique hospitalité et lui donna Lampsaque pour lui fournir sa provision de vin. Napoléon Ier, tombé de sa grandeur, voulut, comme Thémistocle, aller s'asseoir au foyer de ses plus grands ennemis, mais toujours redoutable et redouté quoique déchu, il n'y trouva ni Lampsaque, ni son vin, ni son climat.

Voilà à droite, la vallée du fleuve de la Chèvre, *(Ægos-Potamos*, où se vida la grande lutte entre Sparte et Athènes, dite guerre du Péloponèse, par la victoire du rusé Lysandre sur les Athéniens, que les conseils d'Alcibiade, autre victime de l'ostracisme, alors en exil chez les Perses, auraient pu sauver, s'ils avaient été écoutés par ses compatriotes aussi légers qu'ingrats.

Nous retrouvons ici les alcyons (ielkovan, *âmes damnées*), dont l'aile rase sans cesse, sous nos yeux, la surface du Bosphore de Constantinople. Dans leur rapide essor, ils doivent franchir la mer de Marmara en bien peu de temps. Un de mes compagnons de voyage m'explique ainsi le vol de ces oiseaux: « Le prophète Suléiman (Salomon), à qui Dieu avait donné l'empire sur tous les animaux, ayant une lettre à envoyer dans un pays éloigné, la confia à un de ces oiseaux, qui, par malheur, la laissa tomber dans la mer. Depuis lors ses descendants vont ainsi effleurant les eaux pour chercher la lettre. » N'est-ce pas aussi ingénieux que le drame mythologique de l'infortunée reine Alcyone qui, voyant son mari Céyx noyé dans la mer, se précipita dans les flots pour l'em-

brasser et périt elle-même? Les dieux, touchés de leur
infortune, les changèrent tous les deux en alcyons,
leur accordant le privilége de faire leur nid sur les flots,
lesquels devaient être, au temps de la ponte, toujours
tranquilles.

Autre histoire dramatique. Là, à droite, un peu dans
les terres, était autrefois Sestos, qu'habitait la belle Héro,
prêtresse de Vénus. Sur cette pointe de Nagara, à gauche,
s'élevait Abydos, patrie du jeune Léandre. Tous les soirs
celui-ci traversait l'Hellespont à la nage pour aller voir
Héro qu'il aimait. Un soir que la tempête soufflait, il
périt; et le lendemain, son amante, voyant son cadavre
sur le rivage, se précipita dans les flots.

Dans ses pérégrinations en Orient, le chevaleresque
lord Byron renouvela la prouesse de Léandre, il traversa
le détroit en une heure et quelques minutes et en fut
quitte pour la *fièvre*, à ce que disent les beaux vers qu'il
termine ainsi:

> He swam for love, as I for glory.
> It were hard to say who fared the best:
> He lost his labour, I my jest.
> For he was dronw'd and I' ve the ague.

> *Il nagea pour l'amour, comme moi pour la gloire.*
> *Qui des deux remporta la plus belle victoire?*
> *Il perdit son labeur comme je perds mon jeu :*
> *Il périt dans les flots, j'en sors la tête en feu.*

En annonçant à sa mère qu'il a fourni la même carrière que Léandre, le jeune lord lui dit dans trois lettres
successives: « Mais je n'avais pas de Héro pour me recevoir à l'autre bord. »

Phryxus et Hellé, fuyant les fureurs de leur belle-mère
Ino, voulurent aussi traverser ce détroit à la nage montés
sur le bélier à la fameuse toison d'or, mais Hellé se laissa
choir dans l'eau et y périt ; et c'est depuis lors que ce
détroit s'est appelé *Helles-Pont* (mer d'Hellé), comme
la tour du phare de Scutari se nomme, qui sait pourquoi ? Tour de Léandre, et *Kiz-Koulessi* (tour de la jeune
fille) en turc.

Si cette mer avait été aussi calme qu'en ce moment
lorsque Xercès construisait son pont de bateaux à Abydos,
ce grand roi des rois n'aurait pas eu à la fouetter pour le
lui avoir emporté.

Pendant que le *Féïzi-Djéhad* reçoit les saluts des derniers forts du détroit, le *Taïf* et le *Smyrne* saluent d'un
coup de canon chacun Baba-Nagara, saint musulman,
dont le tombeau se voit à la pointe de ce nom. Une demi-
heure avant, ils ont également salué, sur la rive d'Europe,
le tombeau d'Ac-Baba. Au moment où le canon allait
tirer, sur un cri du capitaine, tous les zélés musulmans
se sont levés et tournés vers le tombeau ; les mains tendues, ils récitent des prières. Les Turcs, a dit Lamartine,
sont le peuple de la prière.

Vers 9 heures, les Dardanelles, seul nom de la contrée
qui rappelle l'ancienne Dardanie, nous regardent passer.
Les pavillons des grandes solennités flottent sur les forteresses et sur les consulats. Les soldats du fort Medjidié,
en construction à l'extrémité septentrionale de la ville,
se tiennent appuyés sur les pioches, nous contemplant
ainsi que la foule disséminée sur la rive. Peut-être tous
ces gens-là font-ils des vœux pour que nous les hono-
rions d'une visite à notre retour.

Du centre de ce magnifique panorama, qu'éclaire un beau soleil d'avril, nos regards errent sur la ville, sur ses environs que le printemps revêt de verdure, sur ces collines d'Asie que ceignent au loin les sommets de l'Ida, sur cet évasement du détroit qui conduit déjà la vue jusqu'à l'infini de l'Archipel, sur ces arides falaises de la Chersonèse de Thrace, flanquées de canons... Nous comptons les citadelles, les forts et les bastions qui font cercle autour de nous : cinq en Asie et six en Europe. On voit que tout cela a été réparé, remis à neuf, reblanchi et a pris un véritable air de fête.

Notre second repas à bord est servi. Allons y faire honneur, et puis nous aurons, pour récréer nos yeux, l'aspect des rivages qu'Homère et Virgile ont rendus si attachants.

La traînée de fumée noire du yacht impérial se voit encore dans le lointain.

Entre la pointe des Barbiers et celle de Coum-Kalé, joli golfe aux contours riants et pittoresques. Coum-Kalé (forteresse du sable) croise ses feux avec le dernier fort de la côte européenne, Sed-ul-Bahr (barrière de la mer). Ces deux forts forment en effet, du côté de l'Archipel, la première barrière de feu du détroit des Dardanelles. Il est à croire que si tous ces forts avaient été en 1807 ce qu'ils sont en ce moment, il aurait été bien difficile, sinon impossible, à l'amiral anglais Duckworth de franchir ce passage avec l'escadre qui allait faire alors des menaces inutiles à Constantinople.

Coum-Kalé est bâti sur les alluvions du Simoïs, qui coule aujourd'hui un peu à l'est sous le nom de Menderé-Souiou. C'est entre ce fleuve et le cap Rhétée au nord-est que les 1200 vaisseaux grecs débarquèrent leurs 110,000 hommes et qu'ils furent ensuite tirés à sec sur le rivage. Du camp que les Grecs établirent près de leurs vaisseaux, ils s'élancèrent pendant dix ans, par les vallées du Simoïs et du Scamandre, jusqu'à Troie, dont la position faisait, avec le cap Sigée, situé non loin de Coum-Kalé et l'îlot du phare de Ténédos, un triangle à peu près équilatéral.

Les tombeaux d'Achille et de son ami Patrocle s'aperçoivent sur la rive entre Coum-Kalé et le cap Sigée. Celui d'Ajax est près du cap Rhétée.

La première pensée d'Alexandre en abordant en Asie fut d'aller honorer, sur son tombeau, la mémoire d'Achille, son aïeul.

Homère, chantant la colère de ce fougeux fils de Pélée, et Virgile, peignant le sac et l'incendie de la ville de Priam, dont il sauva Enée pour en faire la souche des Romains en Italie, ont répandu sur cette guerre de Troie un intérêt tel qu'il charmera à jamais le monde des intelligences. L'auteur de la *Franciade* (M. Viennet) fait à son tour de Francus, fils d'Hector, le fondateur de la nation française.

Vers 11 heures nous sortons du détroit, laissant derrière nous le cap Hellès qui termine la presqu'île de Thrace.

A notre droite, l'île d'Imbros nous laisse voir, par dessus ses collines, les pics de Samothrace hauts de 2000 mètres. Voltaire parle souvent des dieux Cabires de ces îles, dont les mystères furent autrefois si célèbres chez les peuples pélasgiques.

Lemnos, que j'appris à connaître en traduisant le premier chapitre de Cornélius Nepos (*Vie de Miltiade*) et où Vulcain et Philoctète soignèrent l'un sa jambe et l'autre son pied, paraît à peine dans le lointain au sud-ouest.

La petite falaise qui commence au cap Sigée, se continue jusque vis-à-vis des îles des Lapins, que notre pilote appelle *îles des ânes*, comme il nomme *Ghiaour-Keui* le village de Iéni-Chéhir, ancienne Sigée. Sur cette falaise, qu'accidentent quelques villages et quelques tumuli, nous reconstruisons le rempart qu'Hercule éleva pour combattre le monstre marin auquel Hésione dut être exposée, ou plutôt pour repousser les pirates qui venaient enlever les jeunes troyennes. Par delà, la plaine de la Troade, maintenant assez monotone, va s'élevant jusqu'aux chaînes de l'Ida, que dépasse le Gargarus tout couvert de neige.

Dans le détroit de Ténédos, qu'élargit la baie de Besica (Bechikler), on cherche par la pensée la flotte des Grecs qui alla se cacher derrière l'île pour tromper les Troyens; les brûlots de Canaris, qui, au commencement de la révolution, lançaient l'incendie aux flancs des vaisseaux turcs; et la grande flotte anglo-française, qui se recueillit dans cette baie avant d'aller, en brûlant Sébastopol, venger Sinope, d'où le *Taïf* s'échappa seul.

Ténédos, que son antique dieu Phébus inonde en ce moment de ses rayons de lumière et de feu, n'est pas riche de végétation; elle a pourtant des vignes qui donnent de bon vin. Son port, vide de mâts, est sans doute encore ce qu'il était du temps de Virgile, *malefida carenis*, peu sûr aux carènes. De la ville on ne distingue que le fort.

Au-delà de Ténédos nous dépassons le vaisseau le *Féthié*, parti de Constantinople un jour avant nous avec des soldats à son bord. Quoiqu'il ait de la vapeur, toutes ses voiles sont tendues, et sa marche ajoute au charme du tableau.

Le *Féïzi-Djéhad* ne paraissant presque plus, l'ordre de marche est rompu. C'est à qui pourra se dépasser. Le *Medjidié* se maintient bravement au second rang. Le *Taïf* est dépassé par le *Peïki-Chéref*, puis par le *Kars* et enfin par la corvette.

Mételin, l'ancienne Lesbos, déroule devant nous ses hautes et longues chaînes. Entre l'île et le cap Baba s'ouvre le golfe d'Adramit, route que le *Ghemlek* prend pour se rendre à Smyrne. Nous passons à l'ouest.

Devant Baba-Bournou, nos bâtiments à canons saluent le saint dont le cap porte le nom.

Lesbos a orné de belles pages l'histoire de l'Eolie. Ses habitants étaient presque tous beaux, poètes, musiciens et par conséquent un peu vains. Pittacus, *tyran* de Mitylène et l'un des sept sages de la Grèce, leur donna de bons enseignements. Cependant le lyrique Alcée et la dixième muse, Sapho, conspirèrent contre lui et se firent bannir. Méprisant Alcée, qui l'aimait, et méprisée de Phaon, dont elle était éprise, la célèbre Sapho alla se tuer au saut de Leucade, remède contre l'amour qui consistait à s'élancer du haut d'un cap de l'île Ste-Maure dans la mer hérissée de brisants. Ceux, hélas! bien rares, dont le corps n'était pas brisé par la chute, avaient le cœur guéri du mal d'amour.

En voyant un essaim de dauphins jouer près du cap

Sigri, je me rappelle Arion : Ce Lesbien, poëte et musicien, ayant amassé de grandes richesses en Grèce et en Italie, les rapportait dans son pays, lorsque ses compagnons de voyage résolurent, pour se les approprier, de le tuer. Instruit de leurs desseins, Arion leur demanda de le laisser jouer encore une fois de son luth. Puis, voyant sans doute qu'il ne les avait pas touchés, il s'élança dans la mer. Un dauphin, que ses sons mélodieux avaient attiré, le prit sur son dos et alla le déposer en Grèce; dauphin bien digne d'avoir son corps constellé de 19 étoiles à la voûte céleste.

Au coucher du soleil de ce second jour de voyage, le cap Sigri et tout Mételin restent derrière nous. Chio et Ipsara, que nous voyons depuis quelque temps, sont encore loin.

Nous passons de nuit entre Chio et Ipsara.

SAMOS. — LES SPORADES.

Le jour de Pâques, au lever du soleil, nous nous trouvons entre Samos, aux rochers escarpés, et Nicaria, aux formes arides.

Le *Feïzi-Djéhad* a tout-à-fait disparu.

La joie que j'ai de vivre un moment dans ces beaux parages, sous un ciel si riant, me fait penser au bonheur de Polycrate, tyran de Samos. Sa félicité était telle qu'elle finit par l'ennuyer. Pour goûter du malheur, il jeta à la mer l'anneau qui le rendait heureux; mais peu de temps après, cet anneau, retrouvé dans un poisson, lui fut rapporté. Cambyse, qu'il s'avisa d'attaquer, le délivra de son bonheur en le faisant mettre en croix.

Né à Samos, le philosophe Pythagore voyagea dans le pays que nous allons visiter et devint l'un des hommes les plus savants de l'antiquité. Il enseignait la métempsycose et disait se souvenir d'avoir assisté, six ou sept cents ans avant, à la guerre de Troie dans le corps d'Euphorbe. Il s'abstenait de manger des viandes et des fèves. De nos jours, une partie des sujets chrétiens de l'empire ne mangent pas non plus des fèves sèches. Seraient-ils un peu pythagoriciens? Pythagore avait-il, oui ou non, une cuisse d'ivoire ? *That is the question*, que les temps modernes mêmes ont agitée.

Nicaria, autrefois Icarie, doit son nom au téméraire Icare, qui, s'enfuyant à travers les airs avec son père Dédale, de l'ile de Crète où ils avaient construit le Labyrinthe, s'approcha tellement du soleil que la cire de ses ailes se fondit, et il tomba dans la mer Icarienne. — Cela veut dire qu'Icare fit naufrage ici pour avoir voulu imprudemment se servir des voiles nouvellement inventées par Dédale. L'imagination grecque mettait souvent l'histoire en fables.

Les sinuosités du Méandre finissent dans les eaux où nous voguons, entre les îles Fourni, ancien repaire de pirates, à droite, et Agathonissi et Gaïdoro à gauche.

Plus à notre droite, sur les hauteurs de Pathmos, que j'entends nommer Batanos, le capitaine nous signale le monastère de St-Jean, ressemblant à une forteresse, et nous apprend que, depuis le sultan Sélim, une lampe y est entretenue aux frais de l'Etat en mémoire de St-Jean que les Musulmans honorent sous le nom de Iaia.

La vue du monastère m'inspire des idées dignes de ce jour, ainsi qu'à quelques compagnons avec qui je viens de manger une excellente omelette de Pâques.

Les Sporades, îles *dispersées* sur les côtes de la Carie et de la Doride, défilent, à notre droite, Nacri, Lipso, Léro, une petite île que le second du bateau nomme *malheureuse* (Khaïrsiz) parce qu'elle n'a pas d'habitants, Calymno aux pittoresques crêtes de roche, Riakali, Cappari, et, à notre gauche, le rivage d'Asie avec les petites iles de Farmaco, Anti-Farmaco et Karabaghlar ou Tcha-tlar, îlots déchiquetés dont la position et la forme attirent l'attention.

C'est ici la mer aux éponges. Ces îles et quelques autres emploient 600 bateaux à cette pêche et exportent annuellement pour 2,250,000 fr. de ces zoophytes. Les insulaires sont si bons nageurs qu'ils se font jeter dans la mer les pièces d'or ou d'argent qu'on leur offre et dont aucune ne se perd. Les femmes même nagent et plongent.

Cos (Stankeui) est devant nous. Depuis quelques temps les lunettes cherchent dans sa baie les mâts du *Feïzi-Djéhad* qu'on présume nous attendre là.

Vers 2 heures de l'après-midi nous rallions à Cos le yacht impérial qui s'y repose depuis 5 ou 6 heures. Tous les bâtiments sont ici, excepté la corvette, un peu retardée par un léger accident de machine.

Cos, fière encore du vieux platane et de la fontaine d'Hippocrate, qui naquit là et y fonda un temple au dieu de la médecine, était digne d'offrir un culte à Vénus qui aimait les beaux sites. Celui-ci est ravissant ! Il y a de la poésie sur cette côte, moitié plaines fertiles et verdies envahissant la mer, toute bordée de moulins à vent, moitié collines bien boisées et cultivées, s'élevant en pentes douces vers des sommets montagneux, pittoresque couronnement du tableau. Comme la végétation est belle et tranche bien sur les blanches façades des habitations à l'air élégant et propre ! On doit se plaire sur ce coin de terre.

Hippocrate, dont tout Esculape moderne sait par cœur les *Aphorismes,* fut non-seulement un grand médecin

mais encore un patriote désintéressé. Au lieu d'accepter
les plus brillantes propositions que lui faisait le roi de
Perse Artaxercès, dont les états étaient ravagés par la
peste, il préféra donner ses soins à ses compatriotes, frappés du même fléau. On dit qu'il mit fin à la peste qui
désolait Athènes en faisant allumer de grands feux au
milieu de la ville. On appela Hippocrate le *divin vieillard.*

A peine avons-nous le temps de jouir un moment de
cette vue et de nous demander si nous descendrons, que
le *Féizi-Djéhad* nous hèle ainsi : prenez le devant, vous
qui ne savez que faire attendre.

Le *Medjidié* obéit le premier, puis le *Taïf*, puis les autres. Le *Smyrne* approche et doit continuer sans s'arrêter.

Le *Féizi-Djéhad* va passer là une partie de la nuit, il
nous rattrapera bien vite.

Vis-à-vis de la baie de Cos se montre la baie de Boudroum, dont les côtes charment également la vue. On y
distingue deux forts, l'un près du cap Petara et l'autre,
au fond du golfe.

A Boudroum on va visiter les ruines d'Halicarnasse,
riche et célèbre cité dorienne, que la reine Artémise dota
d'une des sept merveilles du monde en élevant à son mari
et frère Mausole, dont elle avala les cendres, le tombeau
qui, dans la suite, a donné son nom de *mausolée* à tous
les monuments de même espèce.

Comme Cos avait produit le père de la médecine, Halicarnasse donna le jour au père de l'histoire, Hérodote.
Ses œuvres historiques furent plusieurs fois couronnées
aux jeux olympiques, et les anciens donnèrent le nom
d'une *muse* à chacun des neuf livres dont elles se composent.

Nous doublons la pointe de Cos, dont le golfe, appelé Céramique, s'étend bien au loin dans les terres vers les bases du Taurus.

Cos nous offre le revers de ses côtes méridionales, sauvages et arides comme nous en avons vu tant d'autres.

Devant nous, un peu à droite, paraît la tête des chaînes du Taurus, qui nous donnent du vent et que termine le cap Crio, un peu froid en effet.

Ce cap protégea jadis les deux ports de Cnide, autre grande ville dorienne, où le monde ancien venait admirer la Vénus de Praxitèle, comme il allait contempler à Halicarnasse le chef-d'œuvre de Scopas. La Vénus de Cos, œuvre aussi de Praxitèle, n'attirait pas autant la foule. Était-ce parce qu'elle était drapée tandis que celle de Cnide représentait Phryné dans toute sa beauté naturelle? Cette dernière, en punition, sans doute, du péché d'indécence, périt dans un incendie à Constantinople au commencement du Bas-Empire.

Après Cos et le cap Crio, se montre l'île de Rhodes, dont les montagnes ne le cèdent ni en hauteur ni en beauté à celles du Taurus que nous voyons en terre ferme.

A gauche, sur la route de la ville de Rhodes, que nous laissons pour suivre la ligne droite vers le sud, nous voyons l'île de Simi, appelée à bord Sumbaki, que les éponges enrichissent.

A droite nous avons les dernières Sporades, toutes petites, Iani ou Iali, Nisari, Piscopi, Kharki... Scarpanto est dans la même direction, à égale distance de Rhodes et de Crète.

Pendant l'après-midi de Pâques nous longeons et tour-

4.

nons Rhodes, si célèbre par son histoire et par son admirable climat. La rose lui a donné son nom. Horace l'appelle *Clara Rhodos*. On disait autrefois que, comme Vénus,
elle était sortie du sein des eaux; ce qui a pu arriver à la
suite d'une éruption de quelque volcan sous-marin, car,
si le ciel de Rhodes est clair et pur, si ses vallées et ses
monts ont des charmes sans pareils, la base sur laquelle
son sol repose ne paraît pas bien solide. Les commotions
souterraines, qui détruisirent l'île deux fois, avant et
après le commencement de l'ère chrétienne, la font sans
cesse trembler.

Au coucher du soleil, l'île de Rhodes est tout-à-fait dé-
passée et devant nous s'ouvre la pleine mer s'étendant
jusqu'aux côtes d'Afrique.

La flottille envahit cette plaine liquide dans l'ordre suivant : le *Medjidié*, le *Kars*, le *Taïf*, le *Smyrne*, le *Péiki-
Chéref*. Le *Feïzi-Djéhad* est sans doute encore à l'ancre
devant Cos.

À neuf heures du soir, non loin de Rhodes, une illumination des plus féeriques fête notre passage et tout le
monde de regarder, d'admirer et de demander: qu'est-ce
donc? Est-ce un vaisseau égyptien venu à notre rencontre? Est-ce la divine Cléopâtre allant au devant d'Antoine?
Les officiers du bord ont enfin reconnu le vaisseau *Péiki-
Zafer*, qui, comme le *Féthié*, avait quitté Constantinople
avant nous. Ces deux vaisseaux doivent attendre notre
retour dans les eaux de Rhodes.

CIEL ET EAU.

Le lundi 6 avril rien ne frappe notre vue que le ciel, toujours beau, et l'eau, toujours tranquille. Un bateau de commerce anglais va de conserve à notre droite.

Le *Féïzi-Djéhad* apparaît de bonne heure le matin au fond de l'horizon. Un peu après midi il passe près de nous, ce qui nous ôte un moment le plaisir de la passerelle, et bientôt il nous montre encore la voie.

La prière de nuit des musulmans vient de se faire à bord avec plus de zèle et d'ensemble que d'ordinaire. Pour l'accomplissement de ce pieux devoir, l'avant du navire était occupé par les soldats, les marins et les gens qui nous servent et nous donnent à manger; l'arrière, par les musiciens et les officiers inférieurs; les salons, par les pachas et les autres officiers supérieurs. Ce fut une demi-heure d'un recueillement exemplaire et édifiant. — Chaque groupe avait son imam improvisé qui, tantôt seul, tantôt accompagné, psalmodiait les *Dieu est grand, Dieu est bon* de la prière et donnait le signal des poses, des génuflexions et des prosternations. Tous les mouvements étaient exécutés avec une précision militaire.

Trois ou quatre petits groupes suivaient ces exercices religieux du haut des tambours et des toits des cabines. Si
la prière a été plus fervente et plus suivie, c'est que, près
d'arriver au port, nos co-voyageurs sentent le besoin de
remercier Dieu de leur avoir donné un temps et une mer
comme les marins eux-mêmes en voient bien rarement.
« Grâces soient rendues à Dieu ! s'écrient-ils, c'est comme
si nous avions fait une partie aux Eaux-Douces, dans la
Corne-d'Or. » Puis ils parlent de la bonne étoile d'Abdul-Aziz, étoile de bonheur pour tous.

CÔTES D'AFRIQUE. — ALEXANDRIE.

Le mardi 7, au point du jour, le yacht impérial apparaît dans le lointain, arrêté et en travers sur notre route ; bientôt aussi le phare et les palais d'Alexandrie sont signalés par les bonnes longues-vues. Une émotion nous saisit alors. C'est qu'après avoir foulé la terre d'Europe et celle d'Asie, nous allons poser le pied sur le sol africain , sans avoir, s'il plaît à Dieu, la mauvaise chance de ce général romain qui, au premier pas qu'il y fit , se laissa tomber par terre ; heureusement qu'il sut, aux yeux de son armée, se tirer de cet embarras, en s'écriant : « J'embrasse la mère commune des hommes. » Des prosateurs prétendent que César ajouta : « L'Afrique est sous moi, ce n'est pas une chute, c'est une prise de possession. »

Un mouvement se fait, dans toute la frégate, qui a pour cause les préparatifs du débarquement. Mes apprêts, bien simples, sont déjà faits. Du haut de la passerelle je contemple , je pense un moment à l'Égypte ancienne.

O phare ! que n'es-tu le fameux phare d'Alexandrie qui compta au nombre des merveilles du vieux monde ?

O terre de Mizraïm, que les Musulmans appellent encore de ce nom (Misr), que j'aurais voulu te voir sous le roi pasteur dont Joseph, fils de Jacob, administrait les États; sous Aménophis, quand Moïse lui disputait le salut du peuple de Dieu; sous le grand Sésostris (Zulcarnéin), quand, revenu de ses conquêtes, il occupait ses myriades de captifs à creuser des canaux, à fonder des villes, à ériger des obélisques et tant d'autres merveilles; sous les derniers Pharaons, quand florissaient, sur les rives de ton grand fleuve, Thèbes aux cent portes, Memphis, Éléphantine, Saïs, Xoïs, Héliopolis, This, Thanis, Bubaste et tant d'autres cités célèbres; avant que le Perse Cambyse eût frappé du pied ton bœuf Apis et profané les merveilles dont tes nombreuses dynasties avaient couvert ton sol!

J'aurais voulu te voir telle que te vit Alexandre, lorsqu'il vint, succédant aux Perses, bâtir Alexandrie, et chercher dans les oasis de tes sables un prétexte à son ambition d'être issu du talon de Jupiter comme Bacchus était issu de sa cuisse et Minerve, tout armée, de son cerveau!

J'aurais voulu te voir, étalant la splendeur que te donnèrent les Ptolémées, lorsqu'Alexandrie comptait 900,000 âmes, avait sa bibliothèque de 700,000 rouleaux ou volumes, son musée où elle recevait généreusement tous les savants de la terre, ses milliers de palais et de temples de marbre, lorsqu'elle passait dans le monde pour la reine des arts et des sciences, lorsque César poursuivait dans ses murs l'infortuné Pompée, ou qu'Antoine s'oubliait auprès de Cléopâtre; lorsque de grecque tu devenais romaine; et plus tard, lorsque les pères de l'Eglise greffaient le christianisme sur tes systèmes philosophiques!

J'aurais voulu te voir, parée de ton éclat oriental, sous les califes fatimites, quand la ville du Caire, nouvellement bâtie, se montrait la rivale de Bagdad et de Cordoue, les Athènes du moyen-âge; sous les Maleks Ayoubites, quand Salaheddin (Saladin) faisait fleurir les lettres et les sciences ainsi que toutes les vertus des vrais héros!

O terre d'Egypte! j'aurais voulu te voir, même dans ta décadence, à l'avénement des Mamelouks Baharites, lorsque le roi Louis IX débarquait à Damiette à la tête de ses preux et gagnait ensuite, dans l'esclavage à Mahsourah, un titre de plus à la béatitude; sous les Mamelouks Bourdjites, lorsque le sultan Selim, vainqueur, à Giseh, de Touman bey, te conquérait aux Ottomans; et enfin sous les derniers Mamelouks, lorsque Bonaparte, vainqueur, lui aussi, entre Giseh et les Pyramides, de Mourad bey et d'Ibrahim bey, implantait en toi les nouveaux germes de vie, développés ensuite par Mehmed-Ali, et que ton digne chef actuel Ismaïl pacha, tout le monde en a la confiance, va mener à maturité!

Nous approchons. Par habitude, notre œil, en apercevant des terres, cherche des collines et des montagnes; tout est presque à fleur d'eau. Ce qui paraît du rivage n'offre que teintes terreuses. Et nous qui pensions reposer tout d'abord nos regards sur des bouquets de palmiers, de bananiers, de cette riche végétation africaine tant vantée!

Les phares, les palais, les forts, les maisons, les bouts des mâts, les moulins à vent, s'élèvent peu à peu.

Près du *Feïzi-Djëhad* se tient une corvette à vapeur égyptienne; sans doute elle a débarqué S. A. Ismaïl pacha dans le yacht impérial, et une entrevue toute cordiale a déjà eu lieu entre l'auguste propriétaire de ce magnifique bâtiment et celui qui fut heureux naguère de cesser de le posséder.

Pendant ce temps, les traînards de la flottille arrivent tous à leurs postes; il est 8 heures du matin.

Les pilotes arabes prennent possession de nos passerelles, car les passes du port, serpentant à travers des bancs de sable qui ne se montrent qu'en quelques points, sont difficiles à suivre.

Puis le cortége nautique s'ébranle, convoyé par la corvette égyptienne.

Le *Feïzi-Djëhad* franchit de son train ordinaire la grande passe et pénètre dans l'Eunostos, le port du bon retour, près du palais à clochers de feu Saïd pacha, tourne sa proue droit au palais de Ras-et-Tin, coquettement assis entre la mer et le port, à la pointe occidentale de l'ancienne île de Pharos, devenue plus tard presqu'île.

Nous le suivons tous, sans accident aucun, et allons nous ranger à sa suite. Les ancres jetées, on se presse aux échelles, on s'y dispute, tous veulent être des premiers à descendre. Nous devons faire partie du cortége, disent les uns; nous voulons le voir, disent les autres.. Les maîtres des cérémonies en perdent la tête, ainsi que les commandants, dont les canots ne suffisent pas à l'impatience générale.

Mardi, à 11 heures du soir. Le crayon m'étant tombé des mains, ce matin, dans le tumulte du débarquement, je prends la plume cette fois , mollement assis sur un sofa d'un des appartements du harem du palais de Ras-el-Tin, harem qui s'est transformé pour nous en selam-lik; ses nobles habitantes ordinaires ont toutes fui devant notre invasion qui n'est pourtant pas hostile.

J'ai les yeux encore tout éblouis des éclats des illumi-nations et des feux d'artifice; mes oreilles tintent encore des coups de canon et des hourras qu'elles ont enten-dus depuis dix heures du matin.

Le débarquement nous a causé une de ces émotions qui ne s'oublient pas. Les rivages d'Afrique aux aimables contours s'étaient superbement parés. Les bâtiments du port, nationaux et étrangers, avaient déployé dans l'air leurs plus riches pavois, et, au milieu de tous ces décors, l'animation générale était encore ce qu'il y avait de plus beau à voir et à entendre. Pendant que le Sultan, qui avait laissé son canot aux princes Hamid , Réchad et Izzeddin , pour monter lui-même sur celui du vice-roi avec Mourad éfendi et Ismaïl pacha, se dirigeait vers l'échelle du Palais, les équipages du haut des vergues poussaient au ciel leurs *padichahemz tchog iacha* (que notre padichah vive longtemps!), les musiques jouaient leurs plus belles marches, les canons de mer et de terre lançaient dans l'espace leurs tonnerres et leurs nuages de fumée, les troupes, rangées sur les quais , et la foule, accourue sur les rives, remplissaient le port de leurs cha-leureux vivat; ces bruits, ces voix, ces décorations, la mer, la terre, le ciel, tout contribuait à former le spec-tacle le plus saisissant, le plus beau de démonstrations d'amour et de joie.

Sa Majesté, accueillie au quai par les princes et les fonctionnaires égyptiens ainsi que par Fuad pacha et des officiers de sa suite, est montée dans les appartements qui lui étaient réservés; visiblement émue, elle donnait à ceux qui l'entouraient des preuves de ses sentiments de satisfaction et de bienveillance, surtout au prince Halim pacha lorsqu'il a accompagné Sa Majesté jusqu'à ses appartements pour lui offrir l'hommage de son respect et de sa fidélité en même temps que ses félicitations de bienvenue.

Le travail d'installation générale a alors commencé.

Le palais de Ras-et-Tin, bâti par Mehmed Ali, grandiose comme tout ce que faisait cet homme extraordinaire, a son selamlik tout-à-fait séparé du harem par une vaste place oblongue. Le premier est sur le port, le second sur la mer. Le Sultan occupe le selamlik. Après ses appartements, viennent ceux des princes Mourad, Réchad, et Hamid dans le pavillon qui avance sur la cour, puis ceux du prince Joussouf, qui donnent sur le port. Les chambellans, les eunuques, les imams, les secrétaires, sont installés de ce côté.

Fuad pacha, Mehmed pacha, Mahmoud pacha, des officiers supérieurs de l'escorte sont au harem dont les principaux salons ont été également affectés au service des princes. C'est de ce côté que leur suite est logée ainsi qu'un grand nombre d'autres employés du palais impérial.

La musique et le reste de l'escorte militaire sont placés dans les bâtiments secondaires de la partie orientale du palais.

C'était l'heure du déjeuner. Agneaux, poulets, pigeons, rôtis, légumes frais, fines pâtisseries, bananes et autres friandises, tout cela venait bien après les repas du bord, qui finissent toujours par manquer de variété. Ici quelle abondance de vivres! deux tables sont magnifiquement servies à l'européenne, l'une au selamlik, l'autre au harem. Dans toutes les chambres on sert à manger à qui en veut, à qui en demande. Des fellahs, entendus et zélés, se tiennent aux portes, tout prêts à exécuter les volontés des nouveaux hôtes du palais. Le plus difficile est de se faire entendre d'eux, car ils ne parlent que l'arabe. Quelques-uns cependant comprennent le turc.

Enfin l'heure est arrivée où l'on a pu se retrouver, se revoir et causer. Nous avons su alors que la traversée avait été heureuse pour tout le monde, que le Sultan a joui en mer d'une santé parfaite, ainsi que les princes, que Sa Majesté n'a pas cessé de s'entretenir d'affaires, de projets médités, ou des choses du voyage avec ses ministres de la guerre et de la marine, avec son premier secrétaire, ses chambellans et ses aides-de-camp, mais particulièrement avec Fuad pacha le plus à même de parler à propos et avec fruit de tout et sur tout. Fils d'un homme savant et poète, Fuad pacha se montre digne de son père; il a beaucoup appris par l'étude et les voyages. Depuis Madrid et Lisbonne jusqu'à St-Pétersbourg, villes qu'il a visitées autrefois, il n'est pas de centre de civilisation en Europe où il n'ait vécu et fait provision de savoir et d'expérience, de même qu'il n'y a presque pas de province en Turquie où il n'ait eu à remplir quelque grande et difficile mission. Egalement apte à manier l'épée et la plume, vigoureux de corps et d'esprit, il sait, par son habileté et son énergie, dominer les circonstances les plus ardues. Fuad pacha est l'ami intime d'Aali pacha, parce qu'Aali pacha est un foyer intellectuel qui éclaire et qui réchauffe, parce qu'il est riche de savoir, d'idées profondes et solides et qu'il a eu de bonne heure l'expérience des hautes affaires du pays. Qu'il soit grand visir ou non, Aali pacha est le président obligé des grands conseils de l'Etat. Sous un Sultan qui veut, d'une volonté ferme et constante, le progrès du pays, ces deux hommes d'Etat, se fortifiant, se complétant l'un par l'autre, peuvent faire de la Turquie (et cela sera) ce que ses vrais amis désirent qu'elle soit.

La conversation de Fuad pacha est abondante, solide, variée et fleurie. L'occasion est belle pour lui d'être utile à son souverain et à son pays, et l'on peut être assuré qu'il ne faillira pas à sa mission, heureusement secondé par le ministre de la marine Mehmed pacha, à qui sa science spéciale, son ardent amour du travail et du bien, ainsi que son intégrité à toute épreuve, ont mérité l'entière confiance du Sultan.

Nous avons eu quelques détails sur la réception faite au vice-roi sur le *Feïzi-Djéhad*. Sa Majesté, après lui avoir exprimé le sincère plaisir qu'elle avait de le revoir, a voulu l'honorer d'une seconde investiture, tout officieuse, toute bienveillante, en lui ceignant un sabre dont l'auguste donateur avait daigné indiquer lui-même les gracieux et riches ornements. Redevenu un moment l'hôte du Sultan, Ismaïl pacha a été l'objet, pendant le trajet de la pleine mer au palais, d'attentions si bienveillantes et si gracieuses, qu'il a dû sentir s'accroître en lui le désir de rendre à son illustre visiteur, en témoignages de respect, de reconnaissance et de zèle, les honneurs dont il l'a déjà comblé.

J'étais impatient de voir la ville. A la faveur d'un moment de calme qui se fait dans l'après-midi, je vais, dédaignant les voitures mises à notre disposition dans la cour du palais, chercher, en dehors de la porte monumentale de cette belle résidence, un de ces petits animaux à longues oreilles qui pullulent en Egypte comme autrefois en Arcadie, et jambe deçà, jambe delà sur son petit dos que je crains de faire fléchir, me voilà mesurant rapidement la distance de Ras-et-Tin à la porte de Rosette, à l'extrémité du Bruchion, quartier noble de la ville des Ptolémées, détruit, hélas! dès le 3e siècle de l'ère chrétienne, sous Aurélien.

Chemin faisant, le conducteur, garçon de 14 à 15 ans, de mine éveillée, coiffé et vêtu à la légère et à la *négligée*, bras, jambes et pieds nus, m'ayant entendu parler français, me dit, en fouettant sa bête : « Monsieur, je sais français, moi. Que vous voulez, je dire et montrer tout à vous, moi. » J'en fais donc mon cicerone.

La grande rue que je suis, large, à dos d'âne, formée de terre solidifiée comme du macadam, n'ayant ni pierres, ni poussière, ni boue, est très agréable à parcourir. Les animaux et les voitures y vont vite, sans peine, sans heurt ni secousse. Un peu rétrécie par le marché arabe, elle s'ouvre de nouveau près de la belle place des Consuls. Jusqu'à cette place, les maisons qui bordent la rue, d'un style moitié italien, moitié oriental, n'ont rien de bien particulier. Comme elles n'ont pas de toit, on les dirait inachevées. Les petites boutiques arabes, d'un aspect très propre, se parent pour la soirée. Des objets de prix sont étalés, de belles étoffes forment tenture, des bougies ou des fanaux sont tout prêts à être allumés, de beaux lustres pendent au toit qui couvre la voie en certains points.

Ma surprise de trouver une rue si belle, si commode en Orient, augmente quand je vois la place des Consuls. Elle est spacieuse, rectangulaire, bordée d'élégantes maisons en pierre. Au milieu, sa promenade, limitée le long des larges voies latérales par une chaîne de fer, est plantée d'arbres, jeunes encore, et rafraîchie par deux bassins aux eaux jaillissantes. Au centre, s'élève un kiosque provisoire, destiné à être le bouquet des illuminations de la nuit. En deçà de l'Italie, il n'y a pas encore de place pareille.

Le Consulat général de France, déjà tout paré, pour la soirée, de verdure, de fanaux et de drapeaux français et ottomans, occupe le milieu du côté oriental de la place. Mme Amable Tastu, auteur de tant de beaux livres pour l'éducation de la jeunesse, est là en ce moment. Si je pouvais lui dire le plaisir que j'ai eu, tant de fois, à la lire..! N'est-il pas de mon devoir d'aller offrir mes hommages à son honorable fils, représentant de mon pays? Et d'ailleurs, j'ai une lettre pour lui d'un de ses bons amis de Constantinople. Je monte.... et l'accueil dont je suis honoré, ajoute un agréable souvenir à ceux de mon voyage.

De là, je vais, un peu plus loin dans la rue du quartier

neuf, bien digne de la place, souhaiter une entente
cordiale avec le gouvernement ottoman à M. de Lesseps,
toujours plein d'espoir, montrant toujours l'active intelligence et le persévérant courage qui lui ont mérité
l'estime de ses contemporains. Les réceptions de M. de
Lesseps sont toutes de cœur et d'empressement. En cau-
sant, il m'offre la carte de la Basse-Égypte qu'il vient de
publier; et à cette occasion je lui dis mon embarras de
m'orienter dans Alexandrie : «Cela va être vite fait, » me
dit-il : « montons sur la terrasse. » Et de là, en effet,
en quelques instants, à l'aide de mon excellent guide, je
vois tout, je comprends tout.

Je me mets le plan d'Alexandrie dans la tête sous la
forme d'une ancre de navire dont les pattes seraient, ainsi
que le jas, couchées horizontalement. Les pointes des
deux pattes portent les deux phares.

Entre les pattes ou la croisée et les bras du jas sont le
port neuf à l'est, que les navires ne fréquentent plus, et le
vieux port à l'ouest, hérissé de mâts aux bouts desquels
flottent au vent les pavois de la fête du jour.

La verge de l'ancre est l'isthme, appelé Heptastade
(sept stades, plus d'un millier de mètres) qu'on a jeté,
autrefois, au milieu de l'ancien port, dès lors partagé en
deux, pour réunir la ville d'Alexandrie à l'île de Pharos.

L'organeau de l'ancre, considérablement grossi, en-
ferme la ville ancienne dont l'enceinte fortifiée actuelle
n'embrasse qu'une partie.

Le coude formé par le jas et la verge, à l'est, est le beau
quartier, l'ancien Bruchion, le Péra d'Alexandrie; l'autre
coude, l'ancien Rachotis, en est le Galata, le quartier
commerçant et marin.

Après s'être promenés sur la ville, toute *terrassée*, nos regards vont chercher, au loin, à l'est, la pointe d'Abou-kir; plus près, les ruines du camp de César, plus près encore les *aiguilles* dont Cléopâtre orna le parvis du temple du père de son fils Césarion; au sud-est, les bastions de la porte de Rosette; tout près de nous le fort Bonaparte au pied duquel se trouve le tombeau de Saïd pacha, ainsi que, d'après les traditions arabes, ceux du prophète Daniel et de Locman; puis, tournant au sud-ouest, par dessus les tours et les poudrières de l'enceinte fortifiée, nous admirons la vigoureuse végétation des jardins des palais et des maisons de campagne qui bordent le canal Mahmoudiéh. Par delà, le lac Mariout ou Maréotis forme une immense plaine .iquide, séparée de la mer par la jetée naturelle sur laquelle débarqua Bonaparte, près de la tour arabe. Entre le lac et le Mahmoudiéh serpente la tête du chemin de fer d'Alexandrie au Caire. De ce même côté, plus près de la ville, nous distinguons un beau bois de palmiers, au-delà duquel se trouve sur un monticule la colonne de Pompée; nous distinguons également le fort Cafarelli, rapproché du vieux port et appelé par les habitants Merdjan-Tépessi, pointe de corail.

Resté seul un moment, je vois, du regard de la pensée, passer par là, emportés sur les ailes rapides du temps, Sésostris, Alexandre, Ptolémée Soter, Pompée, César, Sélim, Bonaparte, Nelson, Mehmed-Ali et tant d'autres grandes figures. Je vois Osiris, Isis, Sérapis, trembler comme Hérode à l'apparition de l'enfant Jésus que Joseph et Marie mènent aux bords du Nil pour le soustraire au massacre des Innocents. Je vois ces dieux antiques s'en-

fuir bientôt devant le saint zèle des prêtres de la nouvelle
loi, qui, les édits de Théodose en main, démolissent leurs
superbes temples. Je vois ces mêmes prêtres, démolisseurs
du paganisme, trembler à leur tour devant d'autres prêtres qui viennent étendre le culte d'un Dieu sans trinité,
sur cette terre d'Egypte, coupable d'avoir adoré autrefois
Knef, Fta et Fré, le soleil et la lune, le bœuf et la génisse,
le chien et le chat, le crocodile et la louve, l'ichneumon
et l'ibis, le lotus et l'oignon.... à coté des minarets je vois
de beaux clochers. Pourquoi ne vois-je pas aussi le Sé-
rapeum qui s'élevait jadis si beau à côté du Musée?
Comme la mosquée se greffa sur Sainte-Sophie, pourquoi
l'église ne s'implantait-elle pas de même sur le temple de
Sérapis? Pourquoi faire tant de ruines!...

Après cette seconde visite, très agréable et utile, je suis
allé voir, tout près, la place de l'Eglise catholique que des
Alexandrins osent comparer à la place de la Concorde de
Paris. C'est joli, même avec les baraques du cirque Sou-
lier, mais je n'aime pas la comparaison.

J'ai encore fait, dans ces quartiers, trois ou quatre
visites, dont l'une à la supérieure des sœurs de charité,
qui m'a dit, entre autres choses, que le Vice-Roi, malgré
ses préoccupations du moment, venait de lui faire donner
je ne sais plus combien d'ardebs de blé pour la nourriture de ses orphelines et de ses pauvres.

Tout ce que j'ai entendu dire dans la journée prouve
que le commencement de l'administration d'Ismaïl pacha
a fait concevoir les plus heureuses espérances pour l'avenir de l'Egypte. Les bonnes intentions et les louables

5

efforts sont de saison dans tout l'Orient : Que Dieu les
seconde et les couronne d'un plein succès!

Pour retourner au palais, j'ai pris la rue qui conduit
directement de la place des Consuls à la douane. Cette
rue, qui traverse la ville turque, est encore belle et commode, partout la circulation paraît aisée.

Le Selamlik du palais de Ras-et-Tin est comme un
belvédère d'où l'œil embrasse le port, l'arsenal, la douane,
les magasins, l'embouchure du Mahmoudiéh, ses quais
et ceux du chemin de fer, des forts, des fabriques, tout
ce qui est centre d'activité et de travail à Alexandrie,
Mehmed Ali devait surveiller de là l'exécution de ses
ordres, lorsqu'il construisait l'arsenal avec ses accessoires
et cette belle flotte que les alliés des Grecs détruisirent à
Navarin ; lorsqu'il creusait le Mahmoudiéh , important
travail qui coûta 7,500,000 francs, exigea 25,000 ouvriers
et fut cependant terminé dans le cours d'une année....

Le Sultan a passé une partie de l'après-midi à contempler, des fenêtres de ces appartements, ce vaste panorama
et à se faire redire comment Mehmed Ali avait créé la
plupart de ces grandes choses. Le canal et le chemin de
fer ont été les principaux objets de ses méditations.

A une heure après le coucher du soleil, lorsque Alexandrie, parée de ses plus beaux atours, éclatante de feux
et de lumières, était sous l'impression d'une agréable
attente, Sa Majesté est sortie du palais en calèche décou-
verte, précédée et suivie de quelques officiers, vraies
figures de soldats, portant noblement les beaux uniformes
des zouaves et des spahis.

Les princes suivaient, également en voiture.

Le cortége, auquel la cour et la porte du palais offraient un beau début, a parcouru lentement la grande rue, toute bordée de soldats sous les armes et de spectateurs accourus des quartiers éloignés et des villages environnants pour contempler les traits augustes du Padichah et lui dire leurs vœux de bienvenue.

Au marché arabe, tout éclairé *à giorno*, le passage s'est trouvé un peu étroit à cause de la foule qui s'y était ramassée. La marche est devenue plus lente comme pour donner au Sultan le temps de contempler le touchant tableau qui se déroulait sous ses yeux : Ces bons marchands arabes, dans leurs plus riches habits de fête, debout dans leurs petites boutiques qu'ils ont transformées en vrais boudoirs, prenant les poses les plus respectueuses, versant des flots de lumière et d'encens sur son passage ; étalant, pour charmer ses regards, tout ce qui pouvait le mieux faire ornement, et exprimant de la voix, des yeux et du geste, les vœux qu'ils font pour la prolongation de ses jours.

De distance en distance, les habitants avaient organisé des bandes de musique qui égayaient la scène par de joyeuses fanfares. Les femmes et les enfants arabes manquaient dans la rue, mais en revanche les fenêtres des maisons étaient ornées de têtes blanches et noires.

Dans le quartier arabe, les sentiments de la foule ont eu une expression grave, calme, peu bruyante. Aux approches, sur les bords et au milieu de la place des Consuls, où les spectateurs étaient plus compactes et surtout plus mêlés, l'émotion générale s'est manifestée en explosions de hourras et de vivats, poussés d'en bas, d'en haut, et par tous, nationaux et étrangers. Les Musulmans, enhardis, entraînés par les chrétiens, acclamaient, eux aussi, leur Padichah.

Le cortége a fait le tour de la place, les manifestations allant toujours croissant, Sa Majesté exprimait sa satisfaction à droite, à gauche, n'oubliant pas les balcons d'où partaient les vivats les mieux accentués, accompagnés de pluies de fleurs, qui venaient tomber sur son passage et quelquefois sur sa calèche.

A l'entrée de la place, M. Zizinia avait fait à lui seul une merveille d'illumination. A côté, un banquier israélite brillait aussi d'un vif éclat. En face, l'hôtel d'Europe, tenu par Cyprien, notre excellent maître d'hôtel au palais, faisait un digne pendant. Plus avant, on remarquait les façades de l'hôtel Péninsulaire et Oriental, du Consulat de France, de la maison Bravais, du siége de la société financière Egyptienne, devant lequel les mandataires de S. A. Moustafa pacha, ministre des finances de l'Empire, à qui le palais appartient, avait dressé, en échafaudage, une double illumination, une des plus belles de la soirée; celle du kiosque, construit à cet effet au milieu de la place et dont les élégantes formes architecturales étaient dessinées par des milliers de lumières de toutes couleurs, rehaussait les ornements de ce centre du beau quartier, admirable à voir en ce moment. Les jets des bassins ressemblaient alors, d'un peu loin, à deux obélisques de couleur argentée. Les rues, aboutissant à la place, étincelaient de feux variés et indéfiniment prolongés. M. Oppenheim exprimait ainsi que d'autres les splendides flammes de son hommage dans une rue latérale que tout le monde n'a pas visitée.

Au retour, comme le premier moment de respectueuse surprise était passé, la foule, dont les rangs s'étaient encore grossis dans les quartiers arabes, a eu des expansions plus fortes, plus osées.

Sa Majesté est rentrée au palais vivement touchée de l'universelle expression d'un si respectueux et si enthousiaste hommage, agréablement impressionnée par la beauté des rues et des places d'Alexandrie et par le majestueux éclat du Ras-et-Tin, qui, en ce moment, ressemble à un séjour enchanté. La place intérieure, symétriquement plantée de haies lumineuses, déploie une illumination aussi remarquable par ses dispositions artistiques que par ses vastes proportions. Des feux d'artifice ont été préparés à l'extrémité occidentale de la place, ainsi que sur les bâtiments du port.

Le côté de la mer n'est pas d'un aspect moins féerique que celui de terre. Des fanaux d'éclats variés (qui pourraient dire le nombre de ceux qui éclairent ce soir le palais, les rues et les places d'Alexandrie?) dessinent dans une demi-obscurité, depuis les bouts des mâts jusqu'aux lignes de flottaison, les formes d'une dizaine de bâtiments de guerre et d'écrivent, suspendus entre les grands mâts, des Medjidiés, des ancres, des canots. Des flammes de Bengale projettent çà et là leurs vives clartés. Les petits navires, les rives, les édifices qui les bordent, tout resplendit. Un ciel bien étoilé couronne ce tableau dont les ombres et les lumières charment les regards.

A peine le Sultan est-il rentré dans ses appartements, que les pyrotechniciens, déployant toutes les ressources, toutes les magies de l'art, attaquent le palais par terre et par mer et l'inondent de lumière. L'air siffle et résonne, l'espace s'enflamme, mille feux convergent du même côté, fusées, bombes, pétards tout éclate à la fois, et les éclats achèvent lentement la courbe jusque sur les dômes plombés du Sélamlik. Des bouquets de flamme étincellent près des fenêtres; des étoiles blanches, rouges et bleues se jouent dans les airs tout autour de la résidence impériale, tandis que les soleils, les portes, les fontaines, toutes les pièces d'artifice imaginables attirent les regards sur la place et dans le port.

Ce spectacle, auquel l'art a donné tout l'attrait de la variété et des surprises graduées, a été regardé avec plaisir pendant une heure. La foule, du rivage qu'elle couvrait et de la grande cour du palais qu'on lui avait ouverte, a joui à son aise de ce feu d'artifice, beau parmi ceux qu'on se plaît à admirer.

Il va se passer encore deux ou trois heures avant que ces flots de population soient rentrés dans leur lit. Me voici près du mien, un des huit cents qui viennent d'être confectionnés à neuf exprès pour nous, Après avoir rêvé quelque temps éveillé, je vais, je l'espère, y rêver endormi, qui sait de quoi? Ce séjour de la grandeur et de la puissance, ces splendides appartements, ces lambris dorés que je viens d'admirer, ces marbres de Carrare que je viens de fouler, vont-ils égarer mon imagination et lui faire croire qu'elle est la folle d'un logis princier ou royal en Circassie, ou dans le Soudan? Bacalum!

ALEXANDRIE.

Mercredi, à 11 heures du soir. Ce matin, de bonne heure, l'ordre a été transmis dans les chambrées d'expédier au Caire par les trains de la journée, les bagages et les gens encombrants. Cela veut dire que nous partirons demain pour la capitale de l'Egypte.

A Constantinople on nous avait fait peur du Khamsin et des fortes chaleurs de l'Egypte. Hier le temps était magnifique; et cette nuit un peu de pluie l'a encore rafraîchi; il est presque froid.

Après le déjeuner, les réceptions officielles et officieuses, qui avait commencé dès hier, ont été couronnées par celle du corps consulaire dont l'arrivée, un peu solennelle, a produit quelque sensation dans la cour et dans l'intérieur du palais. MM. les Consuls ont été reçus avec tous les honneurs usités en pareille circonstance et conduits dans une magnifique salle d'attente par S. Exc. Kiamil bey, introducteur des ambassadeurs et Kapou-Kiaia d'Egypte, qui se trouvait à Alexandrie depuis quelques jours. Bientôt ils ont été introduits auprès de Sa Majesté qui avait près d'elle Ismaïl pacha, Fuad pacha, ainsi que les prin-

cipaux officiers de sa maison en grand uniforme. Le
Sultan a fait à MM. les Consuls l'accueil le plus gracieux
et le plus bienveillant, les remerciant des vœux qu'ils lui
exprimaient et leur disant qu'il se plaisait toujours à voir
les représentants des puissances alliées et amies, que son
but en voyageant était de se mettre mieux à même d'accroître, par le développement de l'agriculture et du commerce, le bonheur et le bien-être de ses sujets sans distinction, unique objet de tous ses efforts, qu'un de ses vœux
les plus ardents était que les liens qui unissent l'empire
Ottoman avec l'Europe soient de plus en plus fortifiés et
que les étrangers trouvent dans ses États toute protection
et toute sécurité.

Les paroles de Sa Majesté, traduites par Fuad pacha,
ont produit la plus agréable impression sur l'esprit de
MM. les Consuls. Invités, après l'audience, selon les
volontés du Sultan, à prendre quelques rafraîchissements,
ils n'ont pas cessé, pendant tout le temps qu'ils sont
restés là, de manifester leur sympathique admiration
pour S. M. Abdul-Aziz, dont la nouvelle profession de
politique intérieure et extérieure, faite avec l'accent de
conviction que donnent le cœur et la conscience, venait
de les enchanter.

Après cette audience, le Sultan est sorti pour aller
visiter la ville, surtout la partie occidentale où se trouvent le canal, le chemin de fer, les fabriques, les beaux
jardins. Par ordre exprès, sa suite était peu nombreuse,
de sorte que presque tous les nouveaux arrivés, devenus
maîtres de leur temps, se sont répandus dans la ville
pour y faire des visites ou des emplettes.

Déclaré moi-même libre de mes mouvements, je suis monté en voiture avec deux des premiers fonctionnaires du palais qui, n'ayant pas été désignés cette fois pour faire partie du cortége impérial, ne voulaient pas aller du côté où ils pouvaient le rencontrer.

Comment faire pour communiquer leurs appréhensions au cocher qui ne parle qu'arabe? Je prie un Alexandrin de nous servir d'interprète : *taïb, taïb* (très bien! très bien!) dit notre Phaéton ; mais ce qu'il avait de bien gravé dans sa tête d'arabe, c'était de faire sa volonté avant de se soumettre à la nôtre, il n'avait pas encore vu le Sultan, et il voulait, pour le voir, nous le faire voir à toute force ; c'est ce que nous avons compris plus tard.

Au delà de la place des Consuls, il s'informe, à notre sollicitation, de quel côté s'est dirigé le cortége; on lui dit Moharrem-bey, et il fouette de ce côté-là. Mes compagnons, qui soupçonnent sa malice, se récrient. *là, là Padichah* (pas, pas de Padichah par ici) dit-il. Nous lui faisons signe d'aller plus lentement, il va plus vite, si vite que nous n'avons pas le temps d'admirer la campagne, si belle le long de l'avenue qui, du quartier neuf, conduit aux bords du Mamoudiéh. Toujours du même train, il nous mène juste à la porte du jardin de Moharrem-bey, où le Sultan venait d'arriver. Un petit coude de mur nous avait empêchés de voir à temps le piége qu'il nous tendait. Mes compagnons le saisissent par les habits pour le forcer à s'arrêter; il obéit enfin quand les chevaux du cortége lui barrent le passage. Mes deux compagnons s'esquivent et vont se cacher sur les bords du canal, d'où ils écoutent la musique.

Pour moi, que le caractère de personnage officiel ne gêne pas, j'entre dans le jardin. On me tend la main, on m'engage à voir ; on me demande comment je trouve l'endroit et je réponds: c'est le paradis terrestre. On me montre le Sultan, à qui Halim pacha faisait les honneurs de son jardin, près d'un pavillon qui m'a paru une merveille d'art sous des formes empruntées à la simple nature.

En ce moment, Sa Majesté mettait son bonheur à faire celui des jardiniers et autres employés de l'endroit en leur distribuant quelques pièces d'or. Ces braves gens étaient beaux à voir dans leur manière d'exprimer leur contentement et leur respectueuse reconnaissance. S'ils avaient vécu au temps de Titus, ils auraient voué un culte divin à Abdul-Aziz, dont le noble cœur aime les occasions où il peut réjouir l'âme de ceux qui travaillent et qui souffrent.

En pensant à mes compagnons, je me retire non sans féliciter de cœur Sa Majesté d'avoir rencontré au bout de son excursion un pareil séjour de repos.

En sortant du jardin, je salue les eaux du Nil qui alimentent le Mahmoudiéh et que je n'avais pas encore vues. Elles me paraissent bien troubles ! comment peuvent-elles devenir cette eau limpide et savoureuse que nous puisons dans les gentilles gargoulettes du palais?

A quelques pas du jardin je jette un coup-d'œil dans la case d'un fellah. Que c'est triste en comparaison de ce que je viens de voir !

Je retrouve mes compagnons disposés à attendre le départ de Sa Majesté pour pouvoir visiter le jardin, mais parmi les nouvelles qu'ils me demandent, je leur donne celle des préparatifs du dîner du Sultan dans le jardin même. Je leur propose alors d'aller au jardin Pastré; mais comme il faut passer devant Moharrem-bey, ils déclinent ma proposition. Nous nous décid... à nous en retourner en longeant le canal vers le débarcadère du chemin de fer.

En cet endroit, quelques habitations de fellahs, entassées sur la rive gauche du Mahmoudiéh, font un singulier contraste avec les usines, avec les cottages et les kiosques qui ornent la rive droite. Quelle apparence de pauvreté d'un côté et de richesse de l'autre?

Dans la tanière du fellah, rien pour s'asseoir, rien pour se coucher, que des mottes du limon du Nil durcies au soleil. Ce sont là les matériaux (c'est là l'unique *matériel* devrais-je pouvoir dire) dont il construit sa demeure. Le bois ni la pierre, dont il n'y a guère en Egypte, n'y entrent pour rien. Les provisions qui se voient autour ou au-dessus de sa cabane consistent en roseaux et en crottins de toutes espèces qu'il pétrit et façonne en gâteaux pour allumer quelquefois du feu. Le fellah n'a pour prise d'air que la porte et un petit œil-de-bœuf sur le côté. On n'aperçoit qu'une chambre qui doit tout abriter, père, mère, enfants, chèvre, chevreau... Les castors ont plus de goût pour la bâtisse que ces gens-là.

Si l'habitation et l'ameublement du fellah ne valent pas grand chose, les vêtements qu'il porte sur quelques parties de son corps, n'ont guère plus de valeur. Est-ce par nécessité ou par habitude qu'il vit ainsi? On prétend qu'il y a de l'argent sous ces toits de limon. Si chacun, dans ce monde, employait le sien de la même manière, que signifieraient les fabriques et les métiers de Lyon et de Birmingham, les ateliers de Paris et de Londres?

Les beaux quais du Mahmoudiéh, le mouvement qui s'y fait, les petits bâtiments et les embarcations grandes ou petites qui couvrent ses eaux, ont attiré notre attention.

A la station du chemin de fer nous avons admiré la contruction et les dispositions de l'édifice, les splendides wagons impériaux, déjà préparés, et aussi la collection ornithologique de la cafetière de l'endroit. Elle nous a montré des petits moineaux qu'elle aidait, par sa propre chaleur, à achever de naître, et dont les papas et les mamans, d'un caractère toujours criard et pillard, quelque apprivoisés qu'ils soient, voltigeaient dans la salle piaillant et becquetant nos vivres ou ceux des perruches, des perroquets, des merles et de maint autre volatile.

Plus en deçà, le quartier, assez accidenté, n'est guère remarquable que par quelques belles constructions, par des monceaux de ruines ou de décombres, par la colonne de Pompée, éboutée comme son corps le fut par Ptolémée, et par une forêt de palmiers, régulièrement plantée.

En traversant le Rhacotés, non loin de la douane, nous nous sommes crus dans une rue de Livourne ou de Marseille riveraine du port.

La voie que nous avons suivie dans la journée, et qui mesure bien de quinze à vingt kilomètres, est d'une douceur incomparable.

Ramené à Ras-et-Tin par la difficulté de me séparer, en ville, de mes deux compagnons, j'oublie les dîners auxquels j'avais été invité hier et je gagne la table d'hôte du Selamlik, il n'y a personne. Après quelques moments d'attente, je laisse servir, pour moi seul, le meilleur et le plus beau dîner que j'aie jamais vu de ma vie. Le plaisir que j'ai en le savourant est un peu troublé par le regret d'entamer, pour si peu, les grandes et magnifiques pièces qui le composent, mais la réflexion que des gens sans goût auraient, à mon défaut, tout gaspillé, me redonne courage. Personne ne me gêne (quelquefois des nègres œnophobes s'asseyent à cette table) pour couper l'eau du Nil des jus fortifiants qu'expriment les rives de la Gironde de l'Yonne et de l'Aube. Les garçons de service portent gants, frac et cravate blanche, parlent l'italien et sont d'une religion qui permet de boire de ce que l'on veut. Je m'informe de la santé du maître d'hôtel, M. Cyprien, ils redoublent de soins et d'instances. Enfin, je leur demande grâce et, pour dérober mon estomac à leurs séductions sans fin, je m'échappe de là, bénissant le suprême bienfaiteur des sultans et de ceux qui les suivent, remerciant de tout cœur Abdul-Aziz sous les auspice de qui je voyage si bien, je vois tant de belles choses et en mange de si délicieuses. J'ai également éprouvé de vifs mouvements de reconnaissance pour Ismaïl pacha qui, dans son hospitalité, se montre si grand, si généreux, si soigneux et si empressé de combler ses visiteurs, grands et petits.

Je vais raconter à mes deux compagnons de la journée l'état d'isolément dans lequel je viens de me trouver là où l'on est souvent si serré que l'on se voit obligé, comme disait Boileau, de manger de côté; ils se mordent les doigts de n'avoir pas mordu aux morceaux que je leur décris. Ils avaient oublié que leurs places étaient marquées au haut bout de la table et ils s'étaient fait servir, dans leur chambre, à la turque.

La soirée a été bien belle, plus belle que celle d'hier. C'est que depuis hier le Sultan a parlé pour dire ses intentions et le but de son voyage, c'est qu'il a été vu, en plein jour, du grand nombre. Ses déclarations de la journée ont rassuré et charmé le monde politique; sa belle et noble figure, mieux vue, a captivé les cœurs. Malgré la simplicité de son costume, Abdul-Aziz a en son auguste personne une majesté qui impose l'amour et l'hommage.

Lorsque le cortége est revenu, de nuit, du jardin de Halim pacha, la foule, plus serrée sur toute l'étendue de son passage, a été plus expressive dans les manifestations de ses sentiments; les rues et les places avaient plus d'ornements et de lumières. Les feux d'artifice, tirés encore de la cour du palais et des bâtiments du port, ont, par leurs combinaisons nouvelles et par leurs admirables bouquets, dignement couronné cette seconde journée des fêtes d'Alexandrie.

LE DELTA EN CHEMIN DE FER.
LE CAIRE.

Le canon nous a réveillés de bonne heure. Depuis que nous sommes ici, des salves annoncent régulièrement chacune des heures des cinq prières musulmanes: aux premières lueurs de l'aurore, à midi, au troisième quart de la course diurne du soleil, à son coucher et une heure et demie après.

La matinée est employée au transport des bagages restants. Des charriots les descendent au rivage et de là des petits bateaux à vapeur les remorquent sur des mahones jusqu'au quai du chemin de fer.

A dix heures, le Sultan quitte le palais, au bruit du canon, pour se rendre au chemin de fer. Sa Majesté traverse la ville en voiture, recueillant sur son passage de nouvelles moissons d'hommages. Arrivée à la cour de la station, elle est reçue par Messieurs les directeurs et conduite, à travers les salons et les salles d'attente qu'elle se plaît à examiner, sur la berge que tient le train impérial sous vapeur. Là, ses regards tombent pour la première fois sur un appareil de grande locomotion terrestre par la vapeur, embrassant rapidement les diverses parties dont il se compose.

Comment les wagons sont attachés les uns aux autres, comment leurs roues sont agencées sur les rails, comment la locomotive entraîne ces quinze pesantes voitures, comment de grandes masses d'hommes et de marchandises peuvent en peu de temps être transportées à de si longues distances, tout cela est vite compris; et du reste, le Sultan aura près de lui, pendant le voyage, des hommes qui pourront satisfaire son esprit investigateur sur tous ces points et sur d'autres. Après avoir encore jeté un rapide coup-d'œil sur l'étendue et les dispositions de l'édifice, il entre dans le wagon qui lui est réservé et dont les décors et le confortable ne lui laisseraient guère, fut-il plus ami du luxe qu'il ne l'est, regretter les somptueux salons de Ras-et-Tin.

Ismaïl pacha et Halim pacha suivent sa Majesté avec Fuad pacha et prennent place dans le compartiment voisin. Les princes ont un wagon spécial. Le reste du train est occupé par l'élite de la suite. Ceux qui ne sont pas les élus du moment, rempliront les voitures des deux ou trois trains qui vont suivre. J'ai la bonne chance d'avoir pour voisin l'homme le plus spirituellement gai de tout Constantinople, Omer Hafiz éfendi.

A 11 heures le train impérial se met en mouvement, salué par les cris et les gestes d'une nombreuse population arabe répandue pêle-mêle des deux côtés de la voie.

En dehors de la station, à droite, le lac Maréotis ressemble à une immense mer sans rivages; on n'aperçoit même pas la langue de terre qui le sépare de la mer.

A gauche, nous longeons le Mahmoudiéh dont la berge a été un peu relevée à cause de l'inclinaison du terrain vers le lac.

La rive droite du canal récrée la vue par l'éclat des villas, des fabriques et des moulins qui l'embellissent et par les touffes de verdure des jardins que le haut commerce d'Alexandrie y entretien.

Après avoir traversé quelques parties du lac desséchées, la voie ferrée se trouve tout-à-fait isolée au milieu des eaux. On dirait que nous glissons sur la surface de la mer.

Nous retrouvons la terre, toujours belle de l'autre côté du canal, mais d'un bien triste aspect du côté que nous parcourons. Lorsque, dans deux ou trois mois, ce lac sera presque tout desséché, gare aux poitrines des habitants d'Alexandrie! des miasmes malsains iront jusque là. Mehmed-Ali, qui a creusé le Mahmoudiéh, construit le barrage et exécuté tant d'autres grands travaux, voulait rendre ce lac à la culture, mais le temps lui manqua. Dans la guerre que les Français et les Anglais se firent au commencement de ce siècle, ces derniers, pour mieux combattre leurs ennemis, rompirent les digues de la mer et firent un lac de ces vastes plaines, qui avaient été desséchées et qui un jour sans doute seront cultivées.

La première station, Kafir-Daouar, est, en même-temps, un petit port du Mahmoudiéh; des canges en grand nombre, dont nous voyons les voiles, y stationnent. Les habitants se montrent nombreux. J'entends mes voisins les traiter de *maghrebler (qui ne sentent pas bon).* Ils ont tout autour des champs bien cultivés. Les eaux du Mahmoudiéh ont fertilisé ces plaines dont l'aridité, à la fin

du siècle dernier, abattait presque le courage des braves
des braves, Lannes et Murat, qui faisaient là leurs premières étapes de l'expédition d'Egypte. Nous avons moins
de peine qu'eux à parcourir ces lieux.

Dahmanhour, seconde station, est un bourg assez
considérable, qui, parmi ses huttes de terre, montre
quelques maisons de belle apparence, une mosquée, des
minarets, des tombeaux, des bouquets de palmiers, et
même des canons qui saluent notre passsage.

Près d'ici, Bonaparte, marchant, presque sans suite, à
une distance assez grande de la division, faillit être pris
par les mamelouks comme le conquérant Amrou l'avait
été à Alexandrie par les Grecs. Gourmandé par Desaix
pour s'être ainsi exposé. « Allons donc, répliqua gravement Bonaparte, qui, sans doute, ne voulait à cette époque
que faire une plaisanterie, mais qui plus tard crut, dit-on,
au fatalisme : il n'est point écrit là-haut que je doive jamais être prisonnier des mamelouks... Prisonnier des
Anglais, à la bonne heure ! »

La campagne devient de plus en plus belle des deux
côtés de la voie. Le Mahmoudiéh s'éloigne de nous pour
se rapprocher de la branche du Nil de Rosette, où il va
prendre ses eaux au village d'Aftch. Les blanches voiles
des canges et des dahabiés qui le parcourent, nous en
montrent le cours ainsi que celui du Nil, que bientôt
nous rencontrons nous-mêmes à Kafr-Zayad. Au lieu de
traverser le pont, le train fait encore quelques tours de
roue le long de la rive gauche et va s'arrêter au seuil d'un
joli petit kiosque et d'une rangée de belles tentes dres-
sées là pour la circonstance.

Nous passons à cette station une heure à nous rafraîchir et à contempler le Nil au cours large et majestueux, les champs que son limon a revêtus de vertes moissons, et surtout le pont dont les douze grandes arches aux voûtes et aux piles de fer défient la force de son courant, Ce pont est si long, si beau et si solide qu'il a coûté dix millions de francs. Avant qu'il fût fini, le chemin traversait le Nil sur des bacs, de là vint la catastrophe où périt Ahmed pacha et à laquelle Halim pacha n'échappa que par miracle, comme il le raconte en ce moment.

Pendant que nous sommes au repos, trois trains, chargés des nôtres, restés en arrière, et de nos bagages, passent successivement et poursuivent vers le Caire. Ces trains vus de flanc dans leur mouvement de passage, augmentent l'admiration de ceux qui n'avaient pas vu encore rouler avec rapidité sur le sol des masses pareilles tirées par un peu de vapeur.

Il nous reste juste la moitié du chemin à faire. Il est trois heures passées, nous partons pour ne pas arriver de nuit.

Le pont traversé nous sommes en plein Delta, dans le vaste triangle que forment avec la Méditerranée, les deux grandes branches du Nil. Nous ne voyons plus autour de nous, aucun coin de terre stérile, tout est végétation vigoureuse, cultures diverses, fourrages, moissons, tout est plaines sans fin, arrosées par de nombreux canaux, cultivées par de laborieux fellahs : hommes, femmes, enfants, travaillent à qui mieux mieux; couvertes d'animaux sans nombre, les uns labourant et charriant, les autres paissant les gras pâturages. Pas de montagnes, pas de haie, pas d'arbre dont les racines parasites puissent absorber les sucs nourriciers. Par-ci, par-là, des tertres, rompant à peine le niveau du sol, élèvent un peu les chétives demeures de ces actives populations, pour que l'inondation qui, pendant deux ou trois mois de l'année, fait une immense mer de leurs terres cultivées, ne puisse pas les atteindre. Ces monticules et, sur leurs flancs, quelques minarets, quelques maisons blanchies, quelques têtes de palmiers, c'est tout ce qui se remarque au-dessus de ces champs et de ces prés, les plus beaux et les plus fertiles du monde.

Trois quarts d'heure après, nous arrivons à Tantah, jolie et grande ville, que contourne l'embranchement du chemin de fer qui conduit à Samanoud sur le Nil de Damiette. Tantah tient des foires où les marchands européens viennent acheter les produits de l'intérieur du Delta. Près de cette ville, j'ai remarqué un ou deux champs de vignes, bien rares en Egypte.

Comme tout le monde a eu le temps de s'habituer au mouvement du train, nous allons plus vite, et à mesure que nous avançons, notre surprise augmente en voyant les terres se parer d'un éclat de plus en plus riche.

A Benaa, autre importante station, nous traversons la branche du Nil de Damiette sur un beau pont de fer. Nous remarquons un joli palais récemment bâti sur la rive droite du fleuve. A Benaa, le chemin de fer a un second embranchement qui mène, vers l'est, à Zagazig, d'où, par le canal d'eau douce creusé à travers l'antique terre de Gessen, on se rend au lac Timsah, que traverse le grand canal de l'isthme de Suez. C'est la route que suivent les ouvriers qui vont travailler à ce canal et dont quelques centaines surchargent au moment où nous passons, les wagons de tout un train prêt à partir pour Zagazig.

Nous voyons poindre à l'ouest la chaîne Lybique et à l'est la chaîne Arabique qui vont se rapprochant vers la haute Egypte où elles reserrent le bassin du Nil.

De Calioub, dernière station, nous apercevons les sommets des petites tourelles du barrage, les pointes des Pyramides de Giseh et le mont Mokatam, dominant le Caire.

Le soleil se couche par delà les monts et les sables de Lybie. Ses rayons de pourpre, se déployant en forme d'éventail, dessinent au-dessus des lignes de l'horizon, sur cette portion de la voûte céleste qu'il parcourait tout à l'heure, un tableau dont les teintes et les lignes ravissent la vue. Au nord et au midi le firmament se fait vert et à l'orient il revêt les couleurs du lilas.

A l'approche du Caire la plaine se couvre d'arbres de diverses espèces. A travers leurs feuillages, nous voyons briller les minarets et les coupoles de la capitale de l'Egypte.

Les palais et les maisons de campagnes qui bordent la longue avenue, plantée de beaux arbres, que nous suivons, nous avertissent que nous sommes arrivés. Sans nous arrêter au débarcadère ordinaire, d'où part le chemin de fer de Suez, nous poussons jusqu'à la caserne palais de Kasr-ul-Nil, dont l'esplanade, couverte de soldats sous les armes, sert de berge à la voie ferrée. Nous descendons, le crépuscule répandant encore d'assez vives clartés.

Onze heures du soir. Me voici encore, comme à Ras-et-Tin, dans un harem, celui du palais de la citadelle, où nous nous sommes installés de nuit. Notre nouvelle résidence vaut celle d'Alexandrie. Nous y sommes plus nombreux, et tout aussi à notre aise, sinon plus.

Le Sultan occupe le centre du palais au premier étage. Il a, à sa droite, le prince son fils avec le grand Aga, ses ministres de la guerre et de la marine, son médecin particulier..., et à sa gauche, les Princes ses neveux, ses secrétaires, ses imans..., ses chambellans et ses aides-de-camp se sont partagés les salons du rez-de-chaussée sous les appartements impériaux.

Les trois parties de ce vaste palais, construit, ainsi que celui d'Alexandrie, par Mehmed Ali, communiquent entre elles, dans le haut et dans le bas, par de belles galeries et ont, chacune, un grand escalier, des vestibules et des cours séparées. Comme le harem est devenu selamlik, la circulation est libre d'un bout à l'autre et dans tous les sens. Je viens de m'en convaincre, non sans ajouter à ma lassitude du jour, en faisant ma ronde du soir. Je le pouvais sans indiscrétion, car Morphée venait de fermer certaines portes devant lesquelles le respect, plus que les gardes, m'aurait empêché de passer, si elles eussent été encore ouvertes.

Comme Ubalde et son compagnon, quand ils cherchaient Renaud dans le palais enchanté d'Armide, je marchais de surprise en surprise en examinant un à un, aux clartés resplendissantes des lustres et des candélabres, les êtres mystérieux et grandioses de ce séjour vraiment princier.

Beaucoup de salons et des plus grands n'étaient pas encore fermés. J'en ai visité la plupart, sous prétexte d'y laisser mes souhaits de bonne nuit. A juger des appartements où sa Majesté repose, par la beauté de ceux que j'ai vu, je puis dire qu'ils sont dignes d'un souverain d'Orient.

Centres de compagnie et de représentation, pièces de retraite et d'intimes causeries, boudoirs bien ménagés autour des antichambres et le long des galeries, tout est grand, tout est riche, tout est beau de disposition, de goût et d'ornement. Le ciseau et le pinceau ont reproduit partout les charmes de la nature. L'art de l'industrie y a déployé le luxe des embellissements et du confort. Il ne manque là, au sein de ces grandeurs et de ces richesses, que des tableaux tels que ceux des amours d'Alcide et d'Omphale, d'Antoine et de Cléopâtre, que les démons avaient peints sur les portes d'argent ciselé, roulant sur les gonds, de l'or le plus pur, du palais décrit par le Tasse. Les vestibules, si spacieux, pourraient seuls contenir une exposition complète de peinture et de sculpture.

Sur ces parquets de bois odorant, sur ces dalles de marbre fin, entre ces murs si largement espacés, sous ces plafonds si élevés, où tout, teintes de fleurs et de soieries, éclats d'or et d'argent, est combiné pour le plus grand plaisir des yeux; où tout, tapis et sofas d'Orient, chefs-d'œuvre du luxe d'Occident, est dressé pour les plus douces aises du corps, où l'air qui caresse les flancs du Mokatam circule à souhait, rafraîchi par les jets d'eaux des salles de bain et de récréation, vrais modèles du genre, la vie doit s'écouler bien agréablement, même lorsque le Khamsin ou le Simoun inquiètent les gens du dehors.

Comme le baillement se gagne de proche en proche, de même le sommeil de ceux qui sont couchés près de moi, m'invite à dormir. Mais j'ai encore une lacune à combler dans le feuillet de ce jour.

Le kiosque de Kasr-ul-Nil où le chemin de fer nous a déposés, est un véritable palais dont les proportions architecturales et les magnifiques décors commandent une admiration particulière. Il est bâti sur le Bosphore du Caire, sur le Nil, qui porte là, amarrés au quai du palais, plusieurs steamers de plaisance que nous reverrons sans doute.

Pendant que le Sultan se repose un moment, le cortége se forme: chacun revêt son uniforme et se tient prêt.

La place de la caserne, quoique spacieuse, peut à peine contenir les voitures et les chevaux qui doivent nous transporter là-haut. Des troupes à pied et à cheval forment la haie tout autour.

Le crépuscule diminue ses derniers éclats pour laisser aux torches, aux mille flambeaux que nous voyons déjà luire, le soin de nous éclairer la voie.

Le cortége, grossi par des officiers et des dignitaires Égyptiens, part, salué par les troupes, longe des jardins et des bosquets et pénètre bientôt dans le Caire, beau comme Alexandrie l'a été, d'éclats de lumières, d'ornements divers, de manifestations de respect et d'hommages. Ses habitant se montrent en habits de fête et occupent tout ce qu'il y a de portes, de fenêtres, de boutiques, de places disponibles sur les deux côtés de la voie. Les rues ne sont ni aussi larges ni aussi régulières que celles d'Alexandrie, mais elles ne sont pas moins douces. Ce que nous voyons ici de beau, d'oriental, nous remet en mémoire les *Mille et Une Nuits.*

Après avoir traversé de longs quartiers, la route commence à monter légèrement. Devenue plus raide, elle s'élargit et serpente pour adoucir la montée. Près de la porte qui va nous introduire dans cette place de guerre et de plaisir, nous revoyons le ciel, et, sous sa brillante voûte, se dessinent à nos yeux les pénombres de deux grandes mosquées, des murs et des édifices de la citadelle. Au couchant les dernières lueurs de la fin d'un beau jour conservent encore des charmes en s'éteignant sur les ombres de la plaine limitées par les lignes ondulantes des monts de la Lybie.

La première porte, vrai porte de sûreté, franchie, nous en voyons, au bout d'une petite place, une seconde, solide aussi, qui nous donne entrée dans une cour, vaste place d'armes, où les préparatifs de la fête brillent du plus vif et du plus bel éclat. C'est le bouquet d'une féerie. Les fanaux, dessinant tout autour les plus jolies figures, sont ici, comme à Alexandrie, innombrables.

La foule, de ses cris; les musiques, de leurs fanfares; les troupes, de leurs armes et de leurs voix, saluent ensemble l'arrivée du Sultan dont la calèche, suivie de celle des princes, pénètre dans la cour, resplendissante de feux, qui mène à la partie centrale du palais. Les ailes de droite et de gauche, ainsi que les bâtiments de la place d'armes, sont envahis par la foule des arrivants.

Le Sultan entre au palais, ému et content; son visage

sourit de bienveillance à ceux qui sont là pour le recevoir.
Alexandrie avait réjoui son noble cœur. Le chemin de
fer, la campagne, qu'Abdul-Aziz a toujours aimée depuis
qu'il la voyait souvent avant d'être sur le trône, la station
de Kafr-Zayad, Kasr-ul-Nil, le Caire, se levant tout entier
pour le saluer, pour appeler sur sa tête chérie les bénédictions du ciel, la citadelle avec son spendide bouquet
d'hommages, tous ces lieux, toutes les circonstances de
ce petit voyage, ont beaucoup ajouté aux douces impressions qu'il avait déjà reçues. Son cœur en déborde, et
lorsqu'Ismaïl pacha, qui est l'âme de ce concert d'hommages, monte dans les nouveaux appartements du Sultan
pour lui souhaiter la bienvenue, Sa Majesté, en lui disant
sa vive satisfaction, détache de sa propre poitrine la
grande plaque du Medjidié et en décore celle de son
bien-aimé pacha, à qui elle n'avait pu donner encore que
son Osmanié; que pouvait-elle faire en ce moment de plus
honorable, de plus flatteur pour l'homme qui a su, par la
confiance qu'il a déjà inspirée, communiquer à toute
l'Egypte les feux de son zèle pour son souverain?

Sur cette bonne nouvelle, nous faisons notre premier
bon dîner à la citadelle. Puis nous allons assister au merveilleux feu d'artifice qui se tire à la cour d'honneur. Les
fusées rasantes, traversant la cour comme des éclairs, et
quelques grandes pièces fort heureusement réussies, ont
mis le comble aux joies inénarrables de ce jour. J'ai vu et
admiré l'art de la pyrotechnic à Paris, et je le trouve encore admirable ici.

Puis, on a causé. Le chemin de fer avait fait impression et l'on s'écriait: Plût à Dieu qu'il y en eût beaucoup

en Turquie! Les grandes quantités de marchandises,
venant de la Haute-Egypte, du Soudan ou de l'Inde,
transportés par les trains que nous avons rencontrés en
route, avaient été remarquées; et l'on trouvait que sous
ce rapport, comme sous celui du transport des voyageurs,
les voies ferrées sont une excellente chose. Les belles
cultures du Delta avaient été également remarquées, de
même que les systèmes d'arrosage. Les impressions générales étaient bonnes, puissent-elles être durables et
fécondes en bons résultats pour la Turquie! Ce vœu est
tellement ardent en moi, que je suis capable de rêver
cette nuit que je voyage en chemin de fer, de Constantinople à Bagdad ou à Belgrade à travers des plaines transformées en Edens.

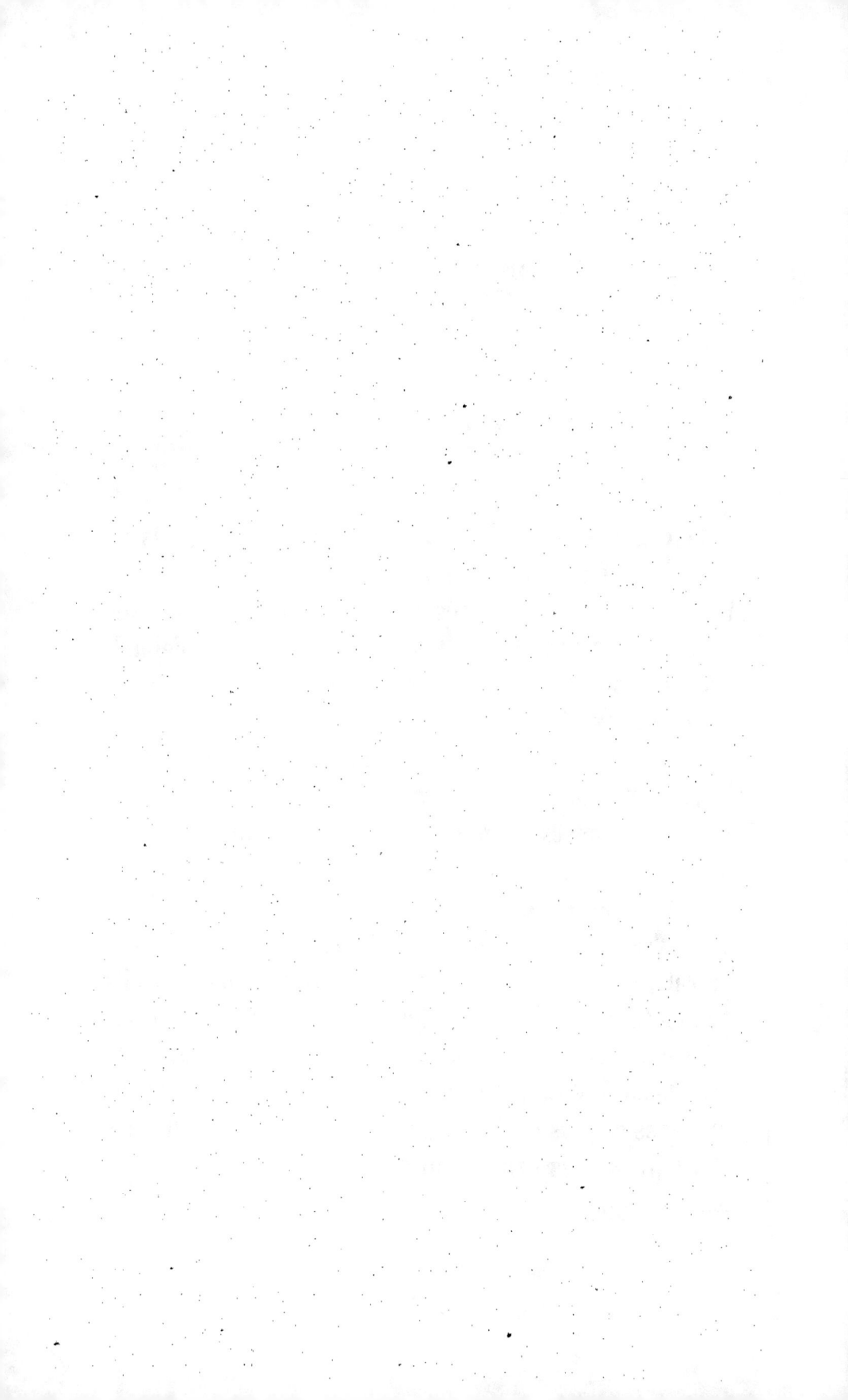

LE CAIRE.

Le canon annonce le retour de l'aurore aux doigts de rose, et soudain les voix sonores des muezzins font, du haut de mille minarets, résonner sur la ville jusque dans les profondes demeures du sommeil ces mots solennellement modulés: « *Dieu est grand! Dieu est grand! Venez à la prière... Il est mieux de prier que de dormir...* » Dès ce moment, où l'on ne voit pas encore clair, les pieux musulmans, se lèvent pour faire leur première namaz. Des nuées de fellahs, mieux vêtus que ceux que nous avons aperçus dans les villages, sont déjà sur pied dans le palais et se mettent au service de chacun. Veut-on de l'eau pour les ablutions, du feu pour le tchibouk, du café, de petits déjeuners sur des plateaux d'argent, ils servent tout avec un zèle digne d'éloges. Veut-on cent, mille chevaux et autant de voitures, ils sont déjà prêts dans la cour et dans les remises du palais. Tout est facilités dans ce pays où l'on érigeait autrefois des obélisques et des pyramides comme on dresse aujourd'hui des poteaux télégraphiques.

Quand on vit parmi les musulmans, il faut s'habituer à se coucher de bonne heure et à ne pas se lever tard. Je me lève donc quoique je n'aie pas d'heure sacramentelle pour ma prière. J'ai vu hier le soleil se coucher si beau dans les sables du désert de Lybie; je le verrai se lever non moins digne de contemplation du sein des sables du désert d'Arabie.

Suivant les galeries le long desquelles on prie et traversant les cours, où déjà il se fait beaucoup de mouvement, j'arrive à la petite place comprise entre la porte de la citadelle et celle du palais. Là je remarque les murs d'une mosquée détruite que l'on me nomme Kalaoun. Pour la remplacer, Mehmed-Ali a construit, à côté, sur les ruines du palais de Saladin, celle qui porte son nom et qui est digne, par sa position, son élégance et ses ornements de tout ce que faisait ce célèbre régénérateur de l'Egypte.

Avant d'atteindre le parvis de la nouvelle mosquée, je jette les yeux sur une plate-forme couverte de canons qui viennent de nous réveiller et que l'on recharge pour les salves de midi. On dirait qu'ils sont là pour détruire la ville, qui descend la pente et se prolonge jusqu'au delà du Nil. Comme c'est long et vaste!

Sur le parvis, je rencontre un vieux serviteur du palais qui revient de faire son namaz et, qui ne paraît pas bien pressé d'affaires. Je le salue en turc, il me répond en turc; et reconnaissant que j'étais des nouveaux venus, il se montre disposé à entrer en conversation avec moi. C'est la chance que j'ambitionne en ce moment, car je suis sorti sans cicerone. Comme moyen de séduction je

lui offre un cigare. Je m'attache à lui comme un missionnaire protestant, à Bagdad ou ailleurs, s'attache au juif
qui, pour son salut céleste et le plus souvent terrestre,
se montre disposé à protester sous une forme nouvelle,
contre l'église de Rome. Le missionnaire a besoin de lui
pour écrire l'importance de sa mission à ses mandataires
de Boston ou de Westminster, et moi j'ai besoin de mon
homme pour écrire la page qui suit.

Dans la crainte qu'il ne m'échappe, je presse mes questions. Avant tout, je lui vante la mosquée. Il entre avec
moi dans la cour que je vois dallée de marbre, entourée
de colonnes d'albâtre, embellie par la fontaine des ablutions et par une tour portant une horloge dont toute la
ville doit entendre les sons. J'apprends que cette horloge
a été envoyée à Mehmed Ali par *le roi* de France (autrefois
c'était Haraoun-el-Rachid qui envoyait des horloges à
Charlemagne) sans doute par celui à qui il donna lui-
même l'obélisque de Louksor que j'ai vu ériger à Paris,
sur la place de la Concorde, par l'ingénieur Le Bas, aussi
bas de taille que haut de science. Qui pourrait dire si les
appareils d'érection chez les Egyptiens ressemblaient à
celui qui occupait alors la moitié de la place de la Concorde? Ce dernier était sans doute plus scientifique et
exigeait moins de bras.

Mon cicerone veut m'introduire dans la mosquée, mais
n'ayant pas double chaussure en ce moment, je me borne
à admirer du vestibule l'or et l'albâtre qui brillent aux
colonnes, aux piliers, à l'autel, à la chaire, partout. Après
avoir bien regardé le tombeau de Mehmed Ali, plus beau
par les souvenirs que par le luxe des ornements, je de-

mande où est celui d'Ibrahim pacha, son digne fils. Mon
guide me conduit alors à un point de vue admirable de
l'autre côté de la mosquée, et, au midi de la citadelle et
de la ville, il me montre la mosquée et les tombeaux de
l'iman Chafi, un des grands interprètes des textes sacrés
de l'Islam, et près de là, au milieu d'un bouquet d'arbres,
les turbés de Tossoun pacha, d'Ibrahim pacha et d'un
grand nombre d'autres membres de la famille de Mehmed Ali.

A ce même endroit, en même temps qu'à la citadelle,
aboutissent deux branches de l'aqueduc qui, de l'entrée
du Vieux Caire, porte à ces deux places les eaux du Nil
élevées mécaniquement à une grande hauteur.

Le Vieux Caire, Giseh et les pyramides de ce nom, le
point le plus digne de contemplation, sont sur la ligne du
sud-ouest.

Les pyramides de Memphis se voient plus loin au sud.
Mon guide me dit que les Arabes appellent ces monuments *Ehrams* du nom du roi Ehram qui les fit élever du
temps du déluge,

A partir du Vieux Caire et de Giseh, une foule de palais
et de grands bâtiments, à l'aspect neuf et brillant, signa-
lent, à travers les îles de Rodah et de Boulak, le cours
du Nil jusqu'au faubourg de Boulak, au nord-ouest, vis-
à-vis duquel on voit, sur la rive gauche, le village d'Embabeh, quartier général des mamelouks à la bataille des
pyramides.

Entre le vieux Caire au sud et Boulak au nord, la rive
droite du Nil est séparée des quartiers de la ville par des
forêts de jardins et d'arbres plantés par Ibrahim pacha
sur des terrains autrefois marécageux et malsains.

En deçà de ces plantations, la ville est toute ramassée, et son aspect à vol d'oiseau n'offre que terrasses, dômes et minarets, le tout d'une couleur grisâtre, terreuse. Les éclaircies sont rares dans cette immense surface d'habitations. Vers le milieu, la place d'Abdin, où le Vice-Roi a sa résidence actuelle, présente un vide naguère rempli par un lac. A nos pieds, nous voyons deux autres places, celle de Roumailah, qu'orne la belle mosquée de Hassan, refuge des Arabes pendant la révolte de 1799, et celle de Karaméïdan qu'entourent des casernes et les murs de la citadelle. La place de l'Esbekieh, dans le quartier franc, m'est signalée au loin vers Boulak, presque perdue au travers des cimes des arbres.

Les minarets de la mosquée de Mehmed Ali ressemblent seuls à ceux de Constantinople. Tous les autres sont de style arabe. Leur plus grande masse supporte des galeries plus amples, mieux ornées, dont quelques-unes ont l'air de petits kiosques entourés de grilles et soutenus par des colonnettes. Mon guide me fait remarquer, non loin de la citadelle, le gracieux minaret de Mardani, les élégantes coupoles de Mahmoudiéh et d'Amir-Akhor.

Plus loin, il me signale la mosquée d'Ahmed ben Touloun, le premier des Turcomans auxiliaires des califes Abbassides qui d'esclaves se firent maîtres; plus loin encore, il nomme la mosquée d'Amr (Amrou), lieutenant du calife Omer, qui la construisit lorsqu'il fonda Fostat, improprement appelé le Vieux Caire. Le Caire ne fut fondé que trois siècles plus tard, en 969, par Djouhar, général du sultan Fatimite El-Moez. Au XIIe siècle, Fos-

7.

tat, qui s'étendait jusqu'au Mokatam et comprenait dans son enceinte la mosquée de Touloun, fut incendié par les Sarrasins effrayés de l'approche des croisés, et il n'en resta guère que les décombres que l'aqueduc traverse ; mais dix ans après cet incendie, l'Aïoubite Saladin ajouta au Caire des Fatimites la citadelle et toute la partie méridionale de la ville jusqu'au delà de Touloun.

Ne voyant pas bien le nord-est de la ville, de la *cité* de Djouhar, nous changeons de place. Chemin faisant, mon cicerone me montre l'endroit d'où s'élança dans l'espace, monté sur son cheval, le mamelouk Emin bey, qui échappa seul au massacre général ordonné par Mehmed Ali. La vue seule de la hauteur du saut me donne le frisson. Emin bey, voyant tous ses compagnons périr, sans résistance possible, sous les coups des Albanais, lança son cheval dans le vide. L'animal resta broyé sur place, le cavalier eut peu de mal ; il fut relevé, caché et devint ensuite l'ami de Mehmed Ali, qui, dès lors, fut libre de travailler comme il l'entendait à la civilisation de l'Egypte. Mehmed Ali imitait Pierre-le-Grand, à qui la destruction des strélitz permit de créer la Russie. Pour bien placer la Turquie dans les voies du progrès, le sultan Mahmoud suivit ces deux exemples en se débarrassant des entraves des janissaires. Si Trajan ou quelque autre avait ainsi exterminé les prétoriens, le colosse romain n'aurait pas croulé si vite, ni si misérablement.

A quelques pas de la porte par où je suis sorti du palais, mon guide me fait voir le puits de Joseph, *fils de Jacob*, travail digne des Pharaons ou des Romains. Au moyen de deux manéges, mus par des bœufs et placés

l'un près de l'orifice et l'autre sur un palier pratiqué dans
le rocher vers le milieu de la ligne verticale, ce puits
élève les eaux d'une profondeur de cent mètres jusqu'à des
réservoirs construits non loin de ceux de l'aqueduc. On croit
que les eaux puisées sous cette masse de rochers viennent
du Nil dont le lit doit être au niveau du fond du puits.

Du haut de la plate-forme où nous sommes parvenus,
le panorama se déroule immense sous nos yeux, y compris
la citadelle qui, à elle seule, vaut une ville. Derrière nous
le Mokatam s'élève encore étagé de forts. Pas un brouillard, pas une vapeur n'obscurcit cet horizon semé de
sables des deux côtés des pyramides et du Mokatam, de
décoration végétale en aval du Nil, d'éclats de poésie vers
Memphis, de fourmilières humaines, s'abaissant autour
des temples divins, en avant et au pied de la citadelle.

A l'est et en dehors de la ville, sur les confins du désert,
s'élèvent des groupes de tombeaux dits des Califes, des
Sultans des mamelouks. De ce côté paraît le palais d'Abbassieh. Sur les bords du Nil, assez loin de Boulak, nous
distinguons celui de Choubra, et plus loin encore les tours
et les murs du barrage, couleur de brique.

Mon guide me montre encore quelques mosquées dans
la partie orientale de la ville. La plus belle est celle d'El-
Azhar, mot qui veut dire *la splendide* ; elle fut fondée par
Djouhar en même temps que le Caire.

Non loin d'El-Azhar est Hassénéin, la mosquée des
deux Hassan. Sachant que l'un des fils d'Ali, Husséin,
a son tombeau à Kerbellah, près de Bagdad, je demande
la signification de *Hassénéin*. Mon cicerone me répond :
« Hassan, fils d'Ali et petit-fils du prophète Mahomet,

eut la tête tranchée par Iézid, fils de Moaviah. Sa tête fut
exposée à tous les outrages que surent imaginer les par-
tisans de Iézid. Une pieuse femme, du parti de Hassan,
profondément indignée de ces profanations, conçut, pour
y mettre fin, un projet des plus extraordinaires. Elle avait
un fils qui se nommait Hassan et dont la figure ressem-
blait parfaitement à celle du calife décapité. Elle coupa la
tête à son fils, et après que cette tête fut séchée et déco-
lorée, elle la prit, la cacha sous ses habits et se rendit au
lieu où l'on insultait encore au visage du fils d'Ali et de
Fatime. Elle s'approcha, disant qu'elle voulait, elle aussi,
marquer son mépris pour le mort; elle se baissa, prit la tête
du calife et laissa à sa place celle de son fils Hassan, sur
laquelle elle fit semblant de lancer de sa bouche un dernier
outrage. La précieuse tête fut religieusement conservée
par elle, ainsi que celle de son fils que l'assouvissement
de la rage des ennemis de Hassan lui permit enfin de
recueillir. Plus tard une mosquée fut élevée aux *deux
Hassan*, Hasséncin, sur l'emplacement de la maison de
cette femme. » A Sparte les mères auraient fait de pareils
sacrifices à la patrie.

A l'extrémité orientale du Caire s'élève la mosquée du
sultan Fatimite El-Hakem, dernière personnification du
dieu qu'adorent les Druses. Elle est, avec El Azhar, la
plus ancienne du Caire. Située entre la porte de la Victoire (Bab-ul-Nasr) et celle des Conquêtes (Bab-ul-Fu-
touh), elle servit de point d'appui à une des fortifications
que les Français construisirent autour de la ville. Après
avoir élevé ce temple à Dieu, El-Hakem se déclara lui-
même dieu. Seize mille habitants du Caire votèrent sa

divinité sur un registre spécial. Plus tard, le nouveau
dieu fit, à l'exemple de Néron, mettre le feu à la ville
dont une grande partie fut consumée. Il enjoignit aux
femmes, sous peine de mort, de ne jamais sortir de leurs
maisons pour quelque cause que ce fût, défendant aux
ouvriers de fabriquer aucune chaussure à leur usage et
ordonnant aux vendeurs des marchés d'aller leur présenter
les comestibles dans une grande cuiller à long manche
et d'y recevoir le prix de leurs denrées, tandis qu'elles
se tenaient cachées à tous les yeux derrière les portes
entr'ouvertes. Après avoir ainsi régné vingt-cinq ans, El-
Hakem fut assassiné sur le Mokatam, où il allait souvent
seul et sans suite, prétendant y avoir, comme autrefois
Moïse, des entretiens avec Dieu même.

Les mosquées de Kalaoun et de Goury sont plus dans
l'intérieur de la ville. Le sultan Kalaoun, surnommé *le
Sabre*, était savant en médecine. Aussi les malades vont-
ils à sa mosquée pour se guérir de leurs maux au contact
de ses reliques. La phthisie, la jaunisse, la stérilité des
femmes trouvent là des remèdes regardés comme efficaces.

Kansoun-el-Gouri, qui construisit le grand aqueduc,
qui voulut, avec Venise, empêcher les Portugais de s'établir
dans l'Inde (c'est alors qu'Albuquerque entreprit de détour-
ner le cours du Nil comme les Arabes l'avaient déjà fait),
eut à combattre le sultan Selim et périt dans une bataille
qu'il lui livra près d'Alep. La mosquée qu'il fonda, a
donné son nom au bazar Gourieh, un des plus riches et
des plus fréquentés du Caire.

Je demande à mon guide s'il sait sur quelle hauteur

du Mokatam fut enterré Kléber, il n'en sait rien. C'est là, un peu au-delà d'Abbassieh, à Héliopolis, que Kléber venait de remporter sa dernière victoire. C'est sur cette plaine qui borde le Nil, entre les pyramides et Embabeh, que Bonaparte lança ses républicains sur les mamelouks; c'est aussi là, près de Giseh, que Iavouz Sultan Selim fondit avec ses janissaires sur la cavalerie de Touman bey. Là aussi, à gauche, Amrou avait planté ses tentes devant le fort Babylone. Le triomphe du conquérant arabe fut le plus aisé, les Grecs n'ayant offert quelque résistance qu'à Alexandrie.

La ville de la victoire (Cahireh, Caire), entourée de jardins et d'arbres, baignée par le Nil, abritée contre les invasions des sables du désert par le Mokatam et par les pyramides, doit être un des plus agéables séjours de l'Orient. Les rayons rosés de l'antique Osiris, qui sort de sa couche nocturne, la revêtent en ce moment, ainsi que ses environs, de charmes que la plume ne saurait décrire.

Après avoir remercié mon cicerone et rôdé encore quelque temps sur ces hauteurs d'où l'on voit tant de belles choses à la fois, je rentre au palais vers lequel les curieux s'acheminent. On a déjà su que c'est à la mosquée de Mehmed Ali que le Sultan ira faire à midi la prière solennelle du vendredi. Les troupes sont déjà en rang dans les cours du palais. Ce sont des fantassins portant fez, jacquette et pantalon de toile grise, des lanciers, des dragons et quelques hommes couverts de cottes de maille de la tête jusqu'aux jambes. Les cavas ont des costumes de fantaisie et n'ont de commun que la ceinture et le sabre qu'ils portent tous. Sous peu ils revêtiront un uniforme particulier et obligé.

En allant offrir à qui de droit mes saluts du matin, je revois, au jour, la plupart des salles et des galeries que j'ai parcourues hier au soir aux bougies. Mon admiration ne diminue pas. Je trouve la table d'hôte à l'européenne dressée dans une des salles de l'aile qu'occupent les deux ministres. Là, du côté de la ville, se trouve un balcon qui domine tout le bassin du Nil. Des officiers égyptiens, mis à la disposition des princes et des pachas, m'indiquent encore, en attendant le déjeuner, quelques traits de ce tableau sans fin, que, depuis mon lever, je cherche à comprendre.

On déjeune, toujours bien, on fume et l'on s'habille. Les uniformes sont nombreux et riches, le cortége sera brillant.

Près du perron de la cour d'honneur, le coursier qui doit porter Abdul-Aziz, attend, beau d'allure et d'ornements. D'autres chevaux d'apparat, richement caparaçonnés, qui doivent se pavaner en tête du cortége, sont également prêts. Les officiers supérieurs, qui escortent à pied, forment deux longues files en avant du perron. Les pachas-ministres et les généraux de division, qui précèdent à cheval, sont vers la porte de sortie.

Le Sultan paraît, tout le monde s'incline et le cortége se met en mouvement. Un peloton de zouaves suit à pied, puis viennent les pachas aides-de-camp, les chambellans et les secrétaires, tous à cheval. Le cortége est admirable de tenue, d'élégance et d'éclat. Malheureusement la distance est trop courte pour qu'il puisse être bien vu dans tout son déploiement. Les soldats portent les armes et poussent de longs vivat ; les musiques jouent, les canons grondent. Les curieux, entassés sur les deux côtés du trajet, regardent et admirent.

La foule était grande dans la mosquée et tout autour.
Rarement solennité religieuse fut mieux favorisée par le
lieu, par le temps, par l'éclat du ciel et de la terre, par
la pompe du cortége, par les dispositions de l'assistance,
par toutes les circonstances capables de remuer l'âme
et de l'élever vers Dieu. Comment ne pas se sentir pris
d'un élan d'amour plus fort pour le Tout-Puissant en
entrant, là, à cette heure, au milieu d'un tel entraine-
ment, dans ce temple qu'on croirait céleste, suspendu
qu'il est pour ainsi dire entre la région des nues et celle
des demeures humaines, offrant aux regards tout ce que
la main de l'homme, guidée par le sentiment de la piété,
a pu créer de grandeur et de magnificence pour élever
à Dieu un sanctuaire digne de sa majesté !

On aime à prier au Caire en tout temps, mais en ce
moment, lorsque le souverain, offrant lui aussi son hommage à l'Eternel, va joindre ses vœux à ceux de la foule,
chacun est animé d'une ferveur nouvelle.

Un roi de France, dont la vie, jusqu'au dernier jour avait
été assez irrégulière, s'écriait, près de quitter le monde :
Quel est donc ce roi du ciel et de la terre qui fait ainsi
mourir les plus puissants rois d'ici-bas ? Je suis tenté de
m'écrier aussi : Quel est donc cet Allah devant qui seul le
Padichah dépouille le sabre d'Osman et se prosterne la
face contre terre, devant qui les puissants de ce monde,
revêtus de richesse et d'éclat, fléchissent le genou et
baisent le sol côte à côte des plus humbles mortels, des
fellahs et des bédouins en guenilles ?

Chaque prière du vendredi est accompagnée d'une
instruction sur quelques versets du Coran, faite par un

Kiatib du haut de la chaire de la mosquée. Celle d'aujour-
d'hui a eu pour objet de démontrer que les textes sacrés,
loin de repousser les innovations du progrès qui n'attaquent pas directement le principe religieux, prescrivent
au contraire de les accepter comme moyens d'accroître
le bien-être des peuples, créés par la bonté de Dieu.

Le Caire a donc ses beautés morales comme il a ses
beautés physiques.

Après la prière, sa Majesté a visité et contemplé le
tombeau de Mehmed Ali qu'elle a nommé grand homme,
disant que sa mémoire ne périrait jamais.

De retour au palais, le Sultan a reçu les notabilités du
Caire, les cheikhs et les patriarches, à qui il a dit, entre
autres choses, que travailler au bonheur des peuples est
un devoir sacré à l'accomplissement duquel chacun doit
concourir dans la mesure de ses obligations et de ses
forces. Toutes les personnes reçues ont été ravies de l'accueil plein de grâce dont elles ont été honorées.

Le Sultan ne sortira plus de la journée : soirée de repos et de congé général.

Je monte alors dans une voiture du palais en compagnie d'un lala blanc et d'un lala noir, que j'aime entre
tous les lalas du palais. Le second, enfant du Darfour, sait
l'arabe. Nous voilà descendant à grande vitesse la rampe
de la Citadelle et pénétrant, du même train, dans les
quartiers du Caire. Ce qui me frappe, avant tout, c'est la
volubilité de langue et l'adresse de notre cocher. Hooua!
rieglek! chimalek! yaminek! Par ces mots magiques de
gare! à vos pieds! à votre gauche! à votre droite! et
autres, proférés chacun selon le besoin du moment,

d'une voix stridente et du ton le plus impératif, il opère
de vrais prodiges, il passe au galop, sans casser ni tête
ni jambe, par des rues tortueuses et encombrées où le
meilleur cocher de Paris ne saurait lutter de vitesse sans
causer vingt malheurs à la minute. Il est vrai qu'il est
précédé d'un gars, léger et court vêtu, qui, de la voix et
d'une baguette qu'il tient à la main, l'aide à fendre la
foule. Chaque voiturier a son coureur qui lui ouvre le
chemin. On me dit que ces intrépides piétons trottent
ainsi depuis le matin jusqu'au soir sans jamais se lasser.
A eux deux, le voiturier et son *séis* trouvent le moyen
de ne jamais laisser languir leurs promeneurs, au milieu
d'embarras qui valent bien ceux que stigmatisait autrefois
le satirique français.

A chaque instant il me semble voir sortir de dessous
les chevaux et la voiture, des gens que je crois estropiés.
Aussi adroits que le cocher, ils se garent et s'échappent
sains et saufs. Je crie au miracle et me rappelle alors
qu'il y a au Caire un cheikh de derviches qui passe à
cheval sur des dévots étendus exprès par terre sans que
leurs corps éprouvent la moindre lésion ou contusion.
Les miracles se perpétuent en Egypte où autrefois les
statues de marbre exécutaient des symphonies au seul
contact des ondes lumineuses du soleil naissant, où les
verges de Moïse et des chotims de Pharaon étaient chan-
gées en serpents, les eaux du Nil en sang. Dieu nous garde
d'un tel prodige tant que le Sultan et sa suite auront encore besoin de boire en Egypte !

Que de mosquées le long de la rue ! La plupart ont l'air
d'être peu entretenues. Nous voici à la porte de Zouéileh

qui supporte deux tours ; elle marquait la limite méridionale du Caire de Djouhar. La partie que nous venons
de traverser et qui s'étend jusqu'aux ruines de Fostat,
forme la ville supplémentaire de Saladin. La mosquée de
Moyed s'appuie à la porte. Nous nous couchons dans
notre voiture pour atteindre de nos regards les sommets
à pic des murs et des minarets de cette mosquée, une des
plus célèbres de la capitale de l'Egypte. A la porte Zouéileh
furent pendus un grand nombre de condamnés célèbres,
entre autres, Touman bey.

C'est aujourd'hui fête pour tout le monde. Néanmoins
boutiques et magasins, ateliers et marchés, tout est ouvert. On n'y travaille pas, on s'y repose en nous regardant passer, on s'y étale au sein d'étalages d'objets les plus
précieux et les plus propres à accroître l'éclat de la fête.
Les promeneurs et les curieux montrent aussi leurs costumes les plus riches. Le tableau est surtout varié et animé;
il plaît à l'œil par les traits distinctifs qu'y projettent
l'Arabe de la ville, seigneur du lieu, noble de figure, de
mise et de tenue; le Fellah, le Bédouin et le Berber, gardiens des champs et des déserts, dont ils portent l'em-
preinte sur leurs visages et leurs costumes; l'Albanais,
homme de guerre et de police; l'Osmanli, personnage
officiel; le Copte, type pharaonique, toujours ployé sous
le labeur; le Grec, l'Arménien et le Juif, artisans et fabri-
cants du pays; le Franc, négociant, industriel ou voyageur;
le descendant de Cham dont la face d'ébène fait briller
aux fenêtres ses cornées d'albâtre et ses dents d'ivoire. La
taille et la marche du chameau y font contraste avec celles
de l'âne, ornement utile, sinon des plus beaux, des rues
et des places des cités égyptiennes.

Les Arabes ont des physionomies expressives et gaies, des corps déliés et peu lourds. Leurs yeux seulement laissent à désirer. On en voit beaucoup d'entièrement fermés, beaucoup qui, enfoncés et rougis, ne peuvent plus que cligner. Cela nous fait craindre pour les nôtres, mais ils ne courent aucun risque, nous n'avons ni chaleur ni poussière. L'étoile d'Abdul-Aziz couvre le ciel de nuages et, bien que l'on dise qu'il ne pleut jamais au Caire, elle va nous amener un peu de pluie. En attendant, on a eu soin de bien arroser les rues afin que rien ne troublât notre bonheur en Egypte. Notre calèche va comme si elle roulait sur le plan d'une prairie. Les marchands des boutiques se lèvent et les promeneurs se rangent pour la saluer au passage. Nous avons donc l'air de quelque chose!

Les rues tirées au cordeau fatiguent la vue; tel n'est pas l'inconvénient de la grande rue du Caire. On n'en voit jamais devant soi qu'une étendue de deux à trois cents pas au plus, elle n'est que saillies et rentrants. Des deux côtés, le bas est tout boutiques de pierre, ouvertes et remplies de mouvement; le haut est tout habitations de briques, fermées et silencieuses; les fenêtres grillées (mechrebieh), gracieusement dessinées, ne s'ouvrent guère que pour laisser voir des têtes d'enfants ou de nègres et quelques figures féminines qui semblent avoir peur du jour. Il n'y a pas deux boutiques ni deux maisons qui se ressemblent; elles diffèrent toutes de forme et de couleur, de plan et de hauteur. La fantaisie est l'édile du lieu. Ce qui paraît un goût général, c'est la peinture des façades des maisons et des mosquées en zones de diverses couleurs. Les parties de la ville qui portaient un air de trop grande vétusté, ont été badigeonnées d'une couche de chaux. C'est encore frais. Je vois même des têtes de poutres qu'on a coupées pour élargir les voies.

Aux endroits de la rue trop évasés, que le soleil, du haut du méridien, pourrait atteindre de ses feux les plus ardents, quelques solives jetées d'un toit à l'autre, forment, avec des toiles et des nattes, des tentes qui modèrent la chaleur et adoucissent les trop vifs éclats de la lumière solaire. Le Caire exhibe, comme Alexandrie l'a fait, au milieu d'un nombre infini de guirlandes, de lampions et de fanaux, des lustres de prix destinés à éclairer les fêtes qu'il nous donne.

D'un bout à l'autre, la rue est une longue suite de bazars qui ont successivement offert à nos regards tout ce qui peut être nécessaire à l'Arabe, riche ou pauvre, pour se vêtir, pour meubler ou décorer sa demeure; tout s'y voit, depuis les babouches, qui se confectionnent près de la citadelle, jusqu'aux fines soieries brodées d'or et d'argent qui ornent les abords des deux principaux khans du Caire, le Khan-Gouri et le Khan-Khalil, situés vers le centre de la Cité. Nous descendons pour visiter ce dernier, qu'on nous a le plus vanté. Au premier abord, il nous rappelle le bézestein de Constantinople ; seulement les richesses qu'il possède ne sont pas si nombreuses ni si entassées. On y voit peu d'objets, mais ils sont de choix et de prix. Si l'étalage est admirable de merveilles d'art et d'élégance, les étalagistes ne le sont pas moins d'éclat et de pose. En voyant ces vendeurs arabes aux belles têtes, si gravement assis au coin du sopha sur lequel reposent aussi les chefs-d'œuvre qu'ils exposent, je me figure involontairement les sénateurs romains attendant, dans les poses solennelles qu'ils avaient prises sur leurs chaises curules, le sort que les Gaulois, maîtres de leur ville, allaient leur faire subir.

Les vendeurs que nous avons sous les yeux, ne sont pas de ceux qui vous prennent par l'habit, qui vous rompent les oreilles pour vous forcer à acheter leurs marchandises, ils ne disent rien. Ils vous regardent passer. Si vous les saluez, ils vous rendent un gracieux salut; si vous les questionnez, ils vous répondent avec empressement. Desirez-vous un objet qu'ils ne possèdent pas, ils vous donnent, avec l'aide de leurs voisins non moins complaisants, toutes les informations désirables. Je ne sais comment je me laisse aller à leur demander si l'on vend dans ce khan des œufs d'autruche, ornés de peintures d'oasis, des zarfs et des tasses de terre noire ou rouge du Soudan, des têtes de crocodile ou d'ibis de même minéral, des cannes de bois tropical, tatouées par les nègres... Au lieu de rire de ma demande, ou de me dire avec humeur: « Mais, Monsieur, vous voyez bien que le commerce de Khani-Kalileh n'est pas un commerce de pacotille à deux ou trois francs la pièce; les mêmes mains qui cisellent ces vases d'or et d'argent, qui incrustent ce vermeil, qui damasquinent ces armes, qui tissent et brodent ces étoffes de soie et de laine, qui exécutent ces chefs-d'œuvre d'art et de goût, ne savent pas pétrir de la poterie, ou barbouiller de figures, des œufs et des cannes..., » au lieu, dis-je, de me mal mener, ils m'indiquent, le plus obligeamment du monde, le magasin où je pourrai satisfaire mes goûts, trop gênés par l'étroite dimension de ma bourse.

Mes compagnons avaient mission d'acheter ce qu'ils trouveraient de plus beau dans leur excursion ; mais se rappelant que l'exposition de l'Atméidan, à Constantinople, renferme en ce moment les mêmes richesses que Khan-Khalil et bien plus, ils se réservent pour des produits de l'Inde et de la Chine que nous allons chercher ailleurs.

Avant tout, les deux lalas veulent faire une pieuse visite à la mosquée d'El-Azhar et à celle de Hassénéin, voisines du Khan.

La mosquée d'El-Azhar mérite son nom (la Splendide) : elle brille, en effet, parmi les plus beaux temples de l'Islam. Le génie arabe a déployé là toute la magnificence de ses conceptions et l'art sarrasin a embelli ce séjour de la prière et de l'étude de chefs-d'œuvre de grâce, de finesse et d'élégance. Les anciens temples des Pharaons et des Ptolémées ont contribué à l'orner en fournissant le porphyre et le granit dont sont faites les mille colonnes qui soutiennent l'édifice et ornent ses superbes portiques.

C'est tout un monde que ce vaste temple, consacré à la prière, à l'étude et au soulagement des pauvres. Une multitude d'aveugles et autres malheureux trouvent, à El-Azhar, un asile assuré contre la misère et la faim. Cette mosquée est le siége d'une des premières Universités musulmanes. Les plus doctes oulémas viennent, des contrées les plus éloignées, y enseigner les lettres, les sciences et la jurisprudence à de nombreux étudiants,

venus eux aussi de tout pays, logés dans l'enceinte de la
mosquée, et entretenus à ses frais. Chaque groupe d'étudiants possède là son quartier de logement particulier.
On y remarque ceux des Indiens, des Persans, des Turcs,
des Syriens, des Kurdes, des Magrébins, des Arabes
de Bagdad, de l'Hedjas, de Nubie et autres contrées
africaines.

Cette mosquée servit de foyer à la première révolte du
Caire contre les Français, en octobre 1798, et elle ne
fut soumise qu'après bombardement du haut du Mokatam et de la Citadelle.

L'université d'el-Azhar avait compté au nombre de ses
étudiants l'Alepin Suléiman, qui, d'un coup, délivra
l'Egypte en poignardant Kléber, seul digne successeur
de Bonaparte, car le général Menou, qui remplaça Kléber
et prit le nom d'Abdoullah-Iacoub, en même temps qu'il
épousa une femme turque, devint trop zélé musulman
pour pouvoir conserver longtemps à la France sa nouvelle
conquête.

La mosquée de Hassénéin n'est pas si grandiose qu'El-
Azhar, mais elle est pleine de grâce. Les pieux musulmans vont la visiter pour faire une prière sur le tombeau
de Hassan, un des plus richement décorés et des mieux
entretenus qu'il y ait au Caire.

Les deux lalas voudraient encore visiter la mosquée de
Sitti-Zeineb, une des filles de Mahomet, mais elle est trop
loin pour aujourd'hui.

Revenus au point de la grande rue où nous nous
étions arrêtés, nous poursuivons vers le quartier franc,
composé d'une longue et large voie, appelée le Mouski et

de la place de l'Esbekieh, au dessus des boutiques et des magasins du Mouski nous lisons des affiches et des adresses en allemand, en italien, en français et en anglais, ce qui nous apprend la provenance des marchandises qu'ils renferment à l'intérieur. Il y a de tout cela à Péra de Constantinople dont les étalages et les habitations ont plus d'ampleur et de luxe.

C'est Saladin qui permit aux étrangers de s'établir au Mouski, terrible au chrétiens sur le champ de bataille, il leur fut toujours favorable en temps de paix. Le Khan-Khalil, qui fut autrefois la nécropole des Califes, n'a gardé que le tombeau de ce premier Sultan Lioubite, dont un historien a dit : « gens de bien ou méchants, musulmans ou infidèles, tous le regrettèrent sincèrement. » Cependant son Vizir Boha-ed-din, à qui les habitants du Caire imputèrent les contributions extraordinaires qu'exigèrent les embellissements de la ville, fut, sous le surnom de *Cara-quouch* ou *Cara-gueuz*, voué à la risée et aux huées publiques. Ce nom est devenu celui du *Polichinelle* oriental, espèce de journal d'opposition, toujours privilégié pour dire des vérités dures sans rien craindre, pour critiquer des actes de maladresse, d'injustice ou de tyrannie, en excitant le rire universel des spectateurs toujours nombreux à ses représentations.

Nous passons et arrivons à l'Esbekieh, place agréable à voir et à parcourir, si les voitures et les quadrupèdes de toutes sortes n'y soulevaient, malgré l'arrosage, des tourbillons de poussière qui desèchent le gosier et font craindre pour les yeux. D'un côté, la place est bordée de maisons, et de l'autre, de verdure. L'hôtel d'Orient en paraît l'ornement le plus saillant. Vis-à-vis se rangent, comme lieu de récréation, les cafés des *Délices, de l'Azhar, du Grand Orient*, tous chantants et concertants.

A l'hôtel d'Orient, se trouve un de nos compagnons de voyage, le seul à qui la traversée en mer n'ait pas été tout-à-fait heureuse. En allant lui faire visite, nous apprenons que M. de Lesseps est là. Nous montons chez ce dernier. En prenant quelques rafraîchissements qu'il nous offre avec sa grâce habituelle, nous causons canaux. Le canal d'eau douce, allant du Nil à Suez, est comme fini. La Compagnie, à qui il avait été cédé, vient de renoncer à son privilége et d'en faire abandon à Ismaïl pacha. Ce canal, dont les eaux vont fertiliser des plaines immenses, servira de communication directe entre le Nil et la Mer Rouge, ainsi que cela fut du temps du calife Omer. M. de Lesseps désirerait qu'il fut inauguré ces jours-ci, sous le nom de *Canal aziziié*. Cela pourrait-être, s'il ne passait pas pour trop proche parent du canal des deux mers.

Ce dernier est également très avancé, il ne reste guère à creuser que la tête du côté de Suez, partie autrefois canalisée. La communication par eau est près de se compléter entre la Méditerranée et les lacs Amers, voisins de la Mer Rouge. Les deux rives du Grand Canal sont déjà couvertes de villages qui ont chacun une mosquée, un iman et un cadi. Tout est Arabe, il n'y a là d'Européens que les ingénieurs du canal et quelques ouvriers non sédentaires.

M. de Lesseps m'engage à aller visiter ce grand travail, me disant que trois jours me suffiront pour aller, voir et retourner, et qu'il me rendra cette excursion facile et commode. « Je serais très-désireux de la faire, lui dis-je, mais j'ai peur. — Peur de quoi donc? des Bédouins? — De la politique. — Comment cela? Au moment d'entreprendre son voyage, le Sultan Abdul-Aziz a laissé consulter, sans trop croire lui-même à ses prédictions, un reste d'astrologue qu'il y a encore au palais. Cet oracle lui a dit qu'il ferait un voyage des plus heureux s'il ne touchait pas au fruit défendu. Questionné sur ce qu'il entendait par là, il a nommé *les questions politiques*, disant qu'il fallait bien se garder d'y toucher, et ajoutant que l'agriculture, le commerce, l'industrie offrent un champ assez vaste d'exploration pour ne pas s'exposer à la gêne de la *Question* d'Orient. Mais cela ne vous regarde en rien? — Cela me regarde, car je suis de la suite. Merci, Monsieur de Lesseps. Tâchez de dépouiller du caractère politique qu'on croit qu'elle a, votre œuvre essentiellement commerciale et industrielle, et puis nous irons le visiter Anglais et Turcs en tête. L'Angleterre sera bien aise alors de voir venir, par cette voie, ses trésors de l'Inde et de la Chine, au lieu de les savoir exposés aux périls du Cap des Tourmentes. »

De là, nous allons fumer un tchibouk, et prendre un café chez Nubar-bey, un des plus zélés et des plus utiles fonctionnaires de S. A. Ismaïl pacha.

Nous poussons ensuite notre excursion jusqu'au Bab-ulhadid, (porte de fer), la porte la plus fréquentée du Caire. En revenant sur nos pas nous achetons, dans un Okel presque introuvable, quelques chinoiseries des plus gracieuses.

Partout les apprêts de l'illumination de la soirée sont poursuivis avec un zèle digne d'éloges. Tout nous promet une brillante fête. Quelle foule dans les rues !

Au palais, rien d'extraordinaire. Nous dînons et repartons. Les Princes sortent aussi, mais les Mihmoudars, attachés à leur suite, leur organisent un cortége officiel, qui ne leur permet pas de garder l'incognito. Cela les force à rentrer plus vite qu'ils ne l'auraient voulu.

Pour nous, nous continuons notre promenade, notre nouveau voiturier, qui a le verbe aussi délié et aussi aigu que le précédent, une fois sorti de la Grande rue, nous emporte comme l'ouragan emporte la feuille, nous faisant voir au vol, les rues, les places, les mosquées, les palais les plus dignes d'être visités. Parmi ces derniers il nomma ceux de Kiamil pacha, de Halim pacha, d'Ismaïl pacha, de Chérif pacha.... Partout on a rivalisé d'efforts pour donner à la fête le plus de splendeur possible. La place du palais d'Abdin, résidence actuelle du vice-roi, éblouit de l'éclat des torches et des fanaux dont elle est toute plantée. Les parties voisines du palais vont à l'unisson.

Toutes les rues, d'ordinaire bien noires la nuit, sont, en ce moment, aussi claires qu'en plein jour. Le Mouski et les environs des bazars Gouri et Khalil sont admirables d'éclat et d'animation. On se croirait dans des vestibules dans des vastes salons que des lustres et des candélabres à profusion inondent de lumière pour une solennité de nuit. Bon gré, mal gré, notre cocher doit aller au pas, tant les promeneurs sont nombreux. Quel brouhaha par moments, en certains endroits ! Quelles scènes ! Et quels décors ! Que de gaîté ! Du reste , à quelque fatigue d'oreilles près, on n'a aucun risque à courir au sein de cette multitude aussi inoffensive que bruyante dans les manifestations de ses joies.

A la citadelle, c'était comme hier au soir, plus beau peut-être. Les bouquets des feux d'artifice ont éclairé notre entrée. Ils étaient si ravissants et ils couronnaient des fantaisies si artistement imaginées et si bien exécutées que, dès ce moment, le Sultan s'est mis dans l'esprit de demander quelques artificiers à Ismaïl pacha pour les amener à Constantinople.

L'ÉMIR HADJ-DJEZIREH.

Le pèlerinage est chez tous les peuples un besoin de piété, un devoir religieux plus ou moins obligatoire. Les musulmans vont à la Mecque, les chrétiens à Jérusalem, les brahmistes à Bénarès, les bouddhistes à Lhassa...

Le Caire a eu aujourd'hui une de ses fêtes les plus chères, celle du départ des pèlerins pour les villes saintes d'Arabie, où ils doivent être rendus dans un mois pour les fêtes des sacrifices (Courban-Bayram), pendant lesquelles les cérémonies du pèlerinage s'accomplissent.

Le Sultan, qui avait présidé il y a deux mois au départ du Surré-Emini de Constantinople, a également assisté aujourd'hui au passage de la caravane du Caire.

A dix heures du matin, Sa Majesté s'est rendue à cet effet au magnifique pavillon que Mehmed Ali s'était fait construire, dans la partie méridionale de la citadelle, et d'où il aimait à promener ses méditations sur la ville et sur l'immense vallée du Nil.

La tête du cortége a bientôt débouché sur la place de Karameidar, couverte en ce moment de troupes et de curieux, et quelques instants après, lorsqu'elle a atteint le bout de la place de Rouméileh pour gagner la rue de la Citadelle qui conduit vers le centre du Caire, la caravane, entièrement déployée, a été vue serpentant sur toute l'étendue de ces deux places. Le coup-d'œil était beau, curieux et surtout oriental.

Lorsque l'armée des Grecs ou des Troyens défilait sous les yeux d'Homère (j'entends les yeux du génie), sa muse l'aidait à la dénombrer et à le décrire. Que n'ai-je aussi, en ce moment, une muse à invoquer?

Que de bannières, rouges, vertes, amples, minces, que de hampes, enveloppées de châles et portant au bout des lances, des queues de cheval, des clochettes de chapeau chinois...! J'en ai compté deux cents, partagées entre une vingtaine de groupes. Tout le monde chantait, les pèlerins et les amis ou dévots qui les escortaient. Chaque groupe, ou à peu près, avait ses fifres, ses tambours, ses cymbales dont les sons accompagnaient les voix des chanteurs. Les costumes n'avaient rien d'étrange : c'étaient des turbans blancs ou verts, des chalvars de toile blanche, des binichs d'étoffes de couleur. La foule allait à pied, les plus vieux s'aidant d'un bâton. Quelques privilégiés d'âge, de fonction ou de fortune, montaient des chameaux ou des ânes. L'émir Hadji, conducteur de la caravane, dépositaire du trésor, homme déjà vieux, avait un cheval et précédait de quelques pas le chameau sacré, chargé du *Mahmil*, des offrandes que l'Egypte envoyait à la Mecque pour l'entretien de la Kéaba.

Ce chameau, à demi perdu sous les riches ornements dont il était revêtu, portait une tour de forme pyramidale, haute de trois à quatre mètres, surmontée d'un petit globe orné de vert et flanquée d'une tourelle à chaque angle. Une petite ouverture, pratiquée sur la face de devant, semblait donner de l'air dans l'intérieur. Deux hommes à pied, allant au pas du chameau, presque entièrement cachés sous la tour, la soutenaient des deux côtés pour l'empêcher de perdre l'équilibre. La monture et sa charge n'offraient aux regards qu'éclats d'or et de rubis, On eut dit un trésor ambulant, enfanté et mis en mouvement par une baguette enchantée.

Quelques chameaux suivaient portant le grand étendard, des lances, des grosses caisses qu'on battait, des clarinettes qu'on jouait, quelques effets de voyage. Sur un, était monté un pèlerin complètement nu jusqu'à la ceinture.

La marche du cortége, ouverte par des compagnies de lanciers et de dragons, escortée par des cavas et des officiers, et fermée par un peloton de cavaliers à cottes de maille, était lente et grave, comme celle de toute procession où l'on prie.

La caravane, partie de l'extrémité méridionale de la ville, a ainsi traversé tout le Caire, recevant des milliers d'accolades et de vœux de bon voyage, et est allée se recueillir par delà les portes Nasr et Futouh, sur les limites des sables qu'elle va bientôt envahir. Aussitôt qu'elle se sera complétée par les contingents qui accourent de toutes parts, elle se mettra en route vers la mer Rouge. A Alexandrie nous avions vu force Marocains, Algériens et Tunisiens, accomplissant le pieux voyage. Les bateaux à vapeur et les chemins de fer épargnent aux pèlerins de nos jours des fatigues qui étaient souvent fatales aux pèlerins d'autrefois. Une fois le canal des deux-mers achevé, au lieu d'être trois mois en voyage à travers des terres et des déserts où beaucoup faisaient le pèlerinage de l'éternité, les pèlerins de Constantinople n'auront plus, après sept ou huit jours de navigation, que douze heures de marche pour arriver à la Mecque.

Le kiosque où le Sultan se tenait en ce moment est voisin de l'endroit d'où le mamelouk Emin bey exécuta à cheval son saut périlleux. Sa Majesté s'est laissé conter cette aventure. La version qu'on lui a faite diffère de la mienne, en ceci : Emin bey ne se serait pas relevé sur le champ et serait, au contraire, resté inanimé près de son cheval. Des Bédouins seraient survenus et, pour s'emparer de ses armes et de ses richesses, lui auraient tranché le cou aux trois quarts. Emin bey, seul ou avec l'aide de quelque âme charitable, aurait rajusté sa tête sur ses épaules et aurait, après quelque temps et moyennant quelques soins, recouvré sa première vigueur. Il n'est pas étonnant que les Arabes aient diversement brodé sur un thème qui y prête si bien.

Après le défilé de la caravane, le Sultan, accompagné d'une suite peu nombreuse, est allé faire une excursion en ville.

Nos emplettes d'hier avaient plu. Les deux lalas et moi sommes allés les compléter. Cette fois notre voiturier n'a pas pu percer la foule, que la queue de la caravane retenait dans la Grande rue, force lui a été de prendre les traverses pour nous mener dans le voisinage du Mouski. Là, nous avons accaparé, pour compte, toutes les merveilles de peinture, de gravure et de sculpture sur bois odorant ou sur ivoire que l'Inde, la Chine et le Soudan avaient en dépôt dans les okels du Caire.

Le télégraphe, qui relie entre eux tous les palais du Caire, avait annoncé, à la citadelle, que le Sultan dînait à Djézireh, palais d'Ismaïl pacha, situé dans l'île de Boulak, appelée en arabe Djézireh. Trouvant une occasion d'aller voir ce palais, j'en ai profité. Bientôt après, je m'embarquais à Kasr-ul-Nil, je longeais le musée-Mariette et une partie du port de Boulak et arrivais à destination sur l'autre rive. Les chambellans, qui venaient d'assister au dîner de Sa Majesté, allaient dîner à leur tour. Je m'assieds à leur table, et mangeant, je hume le parfum de fleurs qu'en France on appellerait exotiques, je respire, à longs traits, la fraîcheur des eaux jaillissantes des bassins où se jouent un essaim de canards, les plus rares spécimens de l'espèce, je considère des arbres dont je ne connais ni les feuilles ni les fruits, je repose mes regards sur des buissons en fleurs, ou les plonge dans des allées, bordées de plantes aromatiques et conduisant vers le harem, ou le long d'une série de salons qui forment un des plus agréables selamliks qu'il y ait en terre musulmane ; j'admire, je savoure ce que l'on appelle le bien-être. La musique égayait ce séjour de délices et de repos, riche de ce qui peut charmer les sens, inaccessible à ce qui les incommode, aux regards importuns, au bruit, à la poussière, à la chaleur. Comme les derniers rayons du soleil s'éteignaient sur les sommets du Mokatam, on commençait à illuminer le jardin et les deux rives du Nil. L'ombre du soir venait ajouter le charme du mystère aux mille autres charmes de cet Eden.

Le Sultan avait manifesté le désir de voir les enfants d'Ismaïl pacha. Enlevés un moment à leurs études pour être présentés à Sa Majesté, ils s'en retournaient alors au palais de Meniel, qu'ils habitent, dans l'île de Rodah. Là, loin des distractions, des fêtes auxquelles tout le monde, excepté eux, prend part, ils poursuivent le cours de leurs travaux sous l'habile direction de M. Jaquelet, à qui Son Altesse les a confiés d'une manière absolue, leur interdisant, pour ainsi dire, le harem, même la nuit. L'homme qui s'entend de la sorte aux affaires de famille, doit conduire avec sagesse celles de la grande famille publique.

A notre retour, une heure après le coucher du soleil, le Nil, les jardins, les rues, les bazars du Caire, la citadelle nous ont apparu comme une immense chapelle ardente où brûlait un immense luminaire, non pour les morts, car personne n'y pleurait, mais pour nous qui, grâce à Dieu, vivons de la plus belle des vies.

Les artificiers attendaient à leur poste pour nous faire fête. Les fusées rasantes ont encore beaucoup plu, ainsi que plusieurs belles pièces. Une façade du palais avec portes et fenêtres a, pendant vingt minutes au moins, brillé d'éclats vifs et variés et en même temps lancé des détonations telles qu'on eût dit qu'un régiment entier d'infanterie exécutait des feux à volonté dans la cour d'honneur.

A la fin, le Sultan a dit tout son contentement à Ismaïl pacha, et en lui renouvelant son intention de rester encore quelques jours au Caire, il lui a donné à entendre qu'il serait bien, pour le repos des artificiers et

des habitants de la ville, que les illuminations cessassent
à partir de ce soir.

Toujours temps magnifique, point de khamsin; ainsi
que cela avait été prévu, il est tombé hier et aujour-
d'hui un peu de pluie. Notre bonheur continue; Machallah !

Pendant le reste de la soirée, le Sultan, qui avait déjà
expédié d'Alexandrie un bateau-poste à Constantinople,
fait partir pour la même destination, le mouçahib Abdul-
Kérin Aga, avec mission d'aller rassurer son auguste
Mère sur sa santé et prendre, en même temps, de ses
chères nouvelles. Un train spécial doit conduire le mes-
sager à Alexandrie où l'attend une corvette qui a déjà
reçu l'ordre de chauffer. Par la même occasion les
papiers d'Etats, relatifs aux affaires courantes, sont transmis à la S.-Porte.

En même temps, Sa Majesté, voulant faire *déposer sa
carte* dans les harems du Caire dignes de son haut et
bienveillant intérêt, remet la liste des adresses à son
second mouçahib, avec ordre de remplir cette mission
dans la journée de demain. Cette liste contient quatorze
adresses, dont quelques-unes portent les noms des veu-
ves de Mehmed-Ali, d'Ibrahim, d'Abbas et de Saïd, et les
autres, ceux des harems des membres survivants de
cette grande famille. En recomptant les adresses, l'excellent Ramis-Aga, flatté de la confiance de son auguste
Souverain et Maître, n'exprime qu'une appréhension, celle
de ne pas trop savoir comment il pourra placer dans
son petit corps les quatorze cafés et les quatorze sorbets
qui, d'après ses calculs les plus modérés, lui seront offerts

dans l'espace de trois ou quatre heures. Les bienséances
Orientales n'admettent pas de refus dans ces sortes d'occasions. Il faut se vaincre ou déplaire. Ne fumez pas, si
vous voulez, le tchibouck qu'on vous sert, mais accep-
tez-le, tenez-le à la main et le mettez de temps à autre
à votre bouche. Tâchez même de manger le morceau de
viande ou de pâtisserie qu'un voisin officieux, pour vous
prouver ses bons sentiments, vous met dans l'assiette
avec les mêmes doigts dont il mange. C'est patriarchal.

J'ai vu une aimable baronne allemande, à qui on avait
expliqué ces *bienséances* dont je parle, fumer bravement
un narguileh peu propre qu'on lui avait offert en riant. La
tête lui en tournait ; et comme on lui demandait pourquoi elle l'avait fumé, elle répondit : est-ce que je n'y
était pas tenue ?

CHOUBRA.

La journée s'est brillamment et agréablement passée. Sorti de bonne heure du palais de la citadelle, le Sultan a dirigé son excursion vers le nord de la ville. Au bout de l'excursion, bien au-delà de la porte Hadid et du bourg de Boulak, se trouvaient le palais de Kasr-el-Noussa et de Choubra, ainsi appelé du village de ce nom. Le premier, appartenant à Ismaïl pacha, n'a été visité qu'à la légère, en passant. C'est surtout vu de la sorte qu'il plaît. Il n'a rien de bien grand ; son architecture est coquette, élégante, aérienne. Je crois que Sa Majesté en a fait prendre le dessin, Fuad pacha et Kiamil bey passent là avec quelques amis, leurs moments de loisir depuis que nous sommes au Caire. Le nom de Noussa signifie plaisance en Arabe. Il est bien porté par cette petite résidence princière, la plus séduisante d'appas extérieurs.

Abdul-Aziz se devait aujourd'hui à Halim pacha qui avait préparé Choubra pour le recevoir le plus dignement possible. Ce palais, autre œuvre de Mehmed Ali, situé sur le Nil et dans la partie des environs du Caire

la mieux plantée de palmiers, d'acacias, de sycomores et
d'autres arbres faisant ombre et bonne odeur, possédait
déjà ce qui pouvait le mieux distraire l'auguste visiteur:
des fleurs et des oiseaux, vrais charmes de ses heures
de repos dans ses palais de Constantinople. Sous ce rapport, Moharrem-bey à Alexandrie, et Djézireh dans l'île
de Boulak, avaient déjà plu au Sultan. Choubra a encore
plus d'attraits. Ses parterres sont plus brillants et ses
volières mieux garnies. Les collections végétales et zoolo-
giques y sont plus complètes et plus variées. Flore, dont
le culte fut si cher aux Grecs et aux Romains, déployant
tout large son manteau et effeuillant tout entière sa guir-
lande, a semé, en ces lieux, les trésors qu'elle fait éclore
sous les zones les plus favorisées. Les nymphes des eaux
se sont fait, là, des demeures ravissantes dignes de l'île
de Calypso. Carare a bordé leurs lits et, sur ces bordures, élévé tout autour, des rangées de colonnes pour
soutenir un cercle de jolis pavillons. Là dans des salons
délicieux, suspendus sur les eaux et sur les parfums
de fleurs, les maîtres de l'endroit peuvent, respirant la
fraîcheur et les aromes, caressés par les zéphirs et char-
més par les chants des oiseaux, jouir de la belle nature
et se reposer des soucis de la vie.

Outre ces pavillons élevés pour la retraite et l'horizon
du jardin, il y a, au-dessus de terrasses que parent des
fleurs et des buissons odorants, un magnifique kiosque
d'où l'œil peut, se détachant du jardin, errer à volonté
sur le Nil, sur ses îles, sur les belles campagnes qui le
bordent.

La vue n'est pas moins étendue ni moins agréable des
fenêtres du palais qui dominent le Nil.

Le Sultan a passé à Choubra la fin du jour et une partie de la soirée, s'entretenant, avec Fuad pacha et Halim pacha, d'horticulture, de travaux agricoles, du barrage qu'il apercevait pour la première fois.

C'était grande fête dans les quartiers chrétiens. Les Grecs, les Arméniens et les Coptes célébraient leurs pâques. M. de Lesseps avait invité à déjeuner quelques-uns de ses amis. En passant par l'Esbékieh ce matin, un pacha, un colonel de la suite du Sultan et moi nous sommes séparés du cortège pour aller prendre part à ce déjeuner auquel assistaient le brave général Princeteau, grand partisan du progrès égyptien, M. Bruguières-bey, médecin sanitaire français et directeur des établissements médicaux du Caire, M. Oppenheim, banquier, M. Jaquelet, précepteur des fils d'Ismaïl pacha et cinq ou six autres convives dont les noms m'échappent. La réunion a été cordiale et gaie. Il n'y a pas eu de toast politique.

Son Altesse Mourad éfendi allait au barrage en bateau à vapeur. J'y suis allé aussi en passant par Kasr-el-Noussa et Choubra, qui sont sur la route. Le Prince n'est pas descendu, se bornant à regarder du pont du bateau ce travail gigantesque. Je me suis trouvé seul avec deux étrangers à recevoir une partie des honneurs que l'on destinait à de plus nobles visiteurs. Dans l'espoir que le Sultan ou quelqu'un des Princes viendrait visiter le barrage, les deux régiments qui y sont casernés, avaient pris les armes et s'étaient rangés près du débarcadère; plusieurs chevaux avaient été sellés. Les officiers, désappointés de voir le steamer virer de bord sans que personne eût débarqué, ont paru heureux de recevoir en moi un repré-

sentant quelconque de la suite du Padichah ; ils m'ont fait
bon accueil et tout expliqué. Ils ont mis à ma disposition
des chevaux sellés pour parcourir le barrage, l'enceinte
fortifiée qui le défend, les kiosques, les jardins, les casernes
et autres établissements qu'il renferme. Une machine à
vapeur, bien installée dans l'intérieur de l'enceinte, sou-
lève un fleuve d'eau pour abreuver et arroser la place.

Le barrage, digne pendant des Pyramides qu'il regarde
en face, est une œuvre colossale, dont l'entreprise aurait
pu effrayer tout autre que Mehmed Ali. C'est une digue
à écluses en maçonnerie, jetée sur les Nils de Damiette
et de Rosette, juste à l'endroit où la pointe du sommet
de l'angle du Delta divise les eaux du grand fleuve et
les force à couler moitié à droite et moitié à gauche pour
mieux arroser et fertiliser toute la Basse-Égypte. Cette
digue, d'une hauteur et d'une longueur prodigieuses,
forme, en même temps, un magnifique pont, tellement
large qu'il a une grande voie pour les voitures, de beaux
trottoirs pour les piétons et des parapets couronnés de
petites tours en briques. Les jetées, faisant arcade, sont
assez rapprochées pour recevoir les portes destinées à
barrer le passage des eaux. Quelle solidité doivent avoir
ces points d'appui pour tenir contre une si forte pression !
Horace, voyant s'éloigner le vaisseau de Virgile, s'écriait
que le téméraire qui osa, le premier, se confier à l'immense mer sur une frêle barque, devait avoir le cœur
armé d'un triple airain ; il me semble que l'homme (Linant
bey) qui, après avoir scientifiquement calculé quelle force
le barrage allait opposer à la force du Nil, osa mettre la
main à l'œuvre en répondant du succès, avait un courage

encore plus fortement trempé. Sur les deux côtés de chaque Nil, des arcades plus larges, à voûte en pont-levis et formant bassin, permettent aux plus grands bâtiments de franchir le barrage. Un bateau à vapeur, qui passait en ce moment, me paraissait manœuvré par des pygmées, tant c'est haut.

Entre les deux Nils et des deux côtés de la ligne droite du barrage, en aval du fleuve surtout, s'étend l'immense enceinte fortifiée que Saïd pacha a fait construire et qui, de son nom, s'appelle *Saïdié*. Les ouvrages de défense ne dépassent presque pas le niveau de la plaine, mais ils sont protégés par le Nil ou par des fossés que ses eaux alimentent.

De belles allées de ronde, ornées de verdure d'un côté, et de l'autre, de parapets gazonnés que longent de gros canons braqués aux embrasures et de jolies piles de boulets peints de noir, relient entre eux les bastions qui font saillie. Ce sont d'agréables promenades, bien sablées ; le tout est en si bon état, si bien tenu, que l'on croirait que cela n'est achevé que depuis hier. On m'a dit qu'il y a là, tout autour, cinq cents canons au moins. Ils y seront bientôt rouillés faute d'ennemis à combattre. On m'a dit encore que l'auteur de tout cela aurait mieux fait d'employer l'argent englouti dans ces inutiles forti-fications à poursuivre l'achèvement du barrage dont Mehmet Ali, son illustre père, ne posa la première pierre que trop tard, deux ou trois ans avant sa mort.

Le barrage sera-t-il achevé ? Si les portes des écluses étaient mises en place, si le vaste système de canalisation nouvelle que l'idée du barrage comporte, était mené à bon terme, la Basse-Egypte pourrait être arrosée à volonté, d'une manière plus régulière et plus complète, et ses produits seraient considérablement augmentés.

Les eaux du Nil, qui commencent à croître en juin, ne sont assez élevées pour inonder les plaines qu'en septembre, octobre et novembre. De janvier en juillet elles sont ordinairement basses. Alors on est obligé d'alimenter les canaux au moyen de manéges, de roues à pots (*sakieh*), que des bœufs font tourner. Le long de ces canaux, on voit les fellahs puiser l'eau nécessaire à leurs terres au moyen de grandes écoupes (*délou*), ou de simples paniers dont on se sert comme de seaux. Deux fellahs, placés à la tête de la rigole qu'ils ont pratiquée dans leur champ, tenant un de ces paniers par les deux bouts, le lancent sur les eaux du canal et du même élan le vident dans la rigole. Ce mouvement se continue comme par l'effet d'un ressort. Quelquefois un seul homme suffit à cet ouvrage, mais alors le panier est suspendu entre deux cordes comme une espèce de balançoire. Trois paniers, opérant l'un au-dessus de l'autre, peuvent élever l'eau à neuf mètres de hauteur. On puise encore de l'eau en l'élevant assez haut, au moyen d'un levier (*chadouf*), muni d'un seau à l'un des bouts et d'un contre-poids à l'autre. Un ou deux hommes abaissent ce levier, remplissent le seau, l'élèvent à l'aide du contre-poids et le vident dans la rigole.

Si le barrage et les canaux, ses accessoires indispensables, fonctionnaient un jour, donnant les résultats espérés, ces mécaniques sans nombre d'arrosement artificiel deviendraient inutiles et les bras et les bœufs qu'elles emploient seraient rendus aux travaux des champs. En outre, de grands espaces de terrain pourraient être conquis sur le désert pour être livrés à la culture.

La route du barrage au Caire est fort agréable, surtout vers le soir. Seulement sur le bord d'une prise d'eau que l'on venait de curer en vue de la prochaine crue du Nil, il nous a fallu porter la voiture l'espace de quelques mètres. A cela près, le voyage est plein d'agréments le long du Nil, sous cette double rangée d'arbres qui couvrent d'une ombre épaisse la grande route du Caire. Près de la ville, cette longue et belle avenue est ornée de riches villas, petits palais de la finance et du négoce. C'est là, dans une de ces délicieuses habitations, que M. Oppenheim traite ce soir princièrement ceux que M. de Lesseps a traités ce matin à l'hôtel avec cordialité.

Comme les cafés de l'Esbekieh sont animés, en cette sainte soirée des pâques grecques! Au Grand Orient et à l'El-Cazar on joue des pièces et l'on débite des chansonnettes comme au théâtre du Palais-Royal. On croirait entendre Ravel. Comment ces beaux accents et ces jolis visages se trouvent-ils réunis dans cette oasis du Caire? Sans doute par la loi du destin qui veut que le vaudeville français fasse le tour du monde. En quittant l'Egypte, Bonaparte prit soin de recommander la troupe théâtrale à son successeur Kléber. Aux Délices, une tribu allemande, comprenant les vieilles mamans et les petites filles, joue des airs délicieux. La plus charmante des harpistes chante des solos, qu'on applaudit, puis fait des quêtes, que les lions du lieu rendent fructueuses.

MUSÉE, FABRIQUES, PYRAMIDES.

Le Sultan va visiter aujourd'hui le musée d'antiquités de M. Mariette, les fabriques de coton et de soie de Boulak et le barrage. Je connais les fabriques et j'ai vu le barrage. Devant aller, par ordre, aux Pyramides, je fais aussi, en passant, ma visite au musée, qui est sur mon chemin.

M. Mariette, égyptologue habile et infatigable, a déjà mis en relief et recueilli beaucoup d'antiquités des plus intéressantes. Il poursuit sa tâche avec courage et persévérance, ayant à sa disposition un bateau à vapeur, qui stationne devant le musée, et les pionniers qu'il lui faut pour procéder à ses fouilles. En ce moment, sur le terrain qu'occupe son musée provisoire, il fait construire un bel édifice qui sera digne des richesses archéologiques qu'il doit renfermer. Son exposition actuelle ne montre qu'une faible portion des restes antiques qu'il possède déjà. Ce sont des spécimens de sarcophages, de statues, de dessins et d'inscriptions hiéroglyphiques, de vases, d'armes, d'ustensiles et autres divers objets. Une vitrine renferme des parures en or pur, des colliers, des pendants d'oreilles, des anneaux, des bracelets, des chaînes, des monnaies et je ne sais quoi encore. Il y a même un navire en miniature. Le vaisseau était dédié à Isis, comme reine de la mer; sur la voile blanche du vaisseau consacré, on traçait les vœux annuels que l'on adressait à la déesse. Le culte d'Isis passa aux Grecs, aux Romains et même aux Gaulois. La ville de Paris, autrefois appelée Lutèce (ville de boue), a dans ses armes le vaisseau d'Isis et a pris son nom actuel (*Parisii*, de *para* et *isidos*, *près d'Isis*) d'un temple que la déesse avait sur le même emplacement qu'occupe aujourd'hui l'église de St-Germain-des-Prés. On vit pendant longtemps dans un coin de cette église une statue de cette déesse, que le cardinal Briçonnet fit mettre en pièces parce que des femmes superstitieuses, la prenant pour l'image de quelque sainte, brûlaient des cierges devant cette idole. Le collége des prêtres d'Isis était à *Issy*, village voisin de Paris, qui lui doit son nom.

Tous ces objets datent de quarante siècles, et l'on croirait que quelques-uns de ces bijoux viennent d'être fabriqués par un des premiers artistes du Palais-Royal.

On dit que Napoléon III a vu, à Paris, toutes ces richesses et qu'il en a fait prendre des modèles. Abdul-Aziz a contemplé avec attention et avec intérêt cette vitrine et la plupart des objets exposés.

Quant à ces grosses statues, aux poitrines et aux ventres proéminents, aux larges épaules surmontées de petites et courtes têtes, certains musulmans ne les regardent qu'avec défiance, craignant de trouver en elles des idoles autrefois adorées. Qu'éprouveraient-ils s'ils voyaient une véritable momie avec la peau de son visage, ses dents, ses yeux, ses sourcils et ses cheveux bien conservés ? Pourra-t-on dans quatre mille ans contempler les traits des Parisiens de nos jours, embaumés par Ganal ? Qui vivra alors répondra.

Il y a des enveloppes de statues qui sont partagées en deux de la tête aux pieds. Que renfermaient-elles dans leur intérieur ? De vraies momies peut-être, ou bien des richesses telles que celles de la vitrine, extraites, dit-on, du sein des momies. Il est fâcheux que M. Mariette ne puisse pas répondre aux questions de tous et surtout qu'on n'ait pas plus de temps à soi.

Après avoir vu les restes de ses propres ancêtres aux musées d'Artillerie et de Cluny, les restes des Assyriens au Louvre, les restes des Romains à Naples et à Rome, les restes des Grecs au temple de Thésée, les restes des Egyptiens ici, il n'y a plus qu'à devenir soi-même reste, momie, et à aller contempler le couronnement de toutes les merveilles dans le monde qui ne périra point. Ainsi sera-t-il bientôt, hélas !

Du musée au Vieux Caire le voyage par eau serait fort agréable ; on verrait Kasr-ul-Nil, Kasr-Ali, Kasr-el-Aïny, un couvent de derviches et plusieurs établissements sur la rive droite du Nil ; le palais de Meniel, ses jardins et tous ceux qui ont donné leur nom à l'île de Rodah, sur la rive gauche ; on apercevrait peut-être, prenant le frais ou se baignant parmi les roseaux, non pas des crocodiles, qui vivent plus loin, mais quelque descendante de la princesse Thermutis, qui trouva là, dit-on, le berceau de Moïse et qui sauva des eaux du Nil, pour l'élever dans son palais, celui qui devait plus tard noyer sa royale famille dans la mer Rouge. Le voyage en barque serait, dis-je, plein de charmes, mais les rameurs égyptiens naviguent trop lentement. Les quadrupèdes à courtes jambes et à longues oreilles, dont la race parla sous Balaam, Esope et La Fontaine, nous feront rattraper le temps perdu. Nous sommes une demi-douzaine de voyageurs.

De longues allées de jardins et de bosquets nous mènent jusqu'aux ruines de Fostat sur lesquelles une salpétrière a étendu ses cours le long de la route. Nous traversons le Halig-el-Maouardy, principale prise d'eau du Caire, ayant devant nous la tête de l'aqueduc, vaste bâtiment où des sakiehs élèvent l'eau du Nil à la hauteur de la citadelle. Le Vieux Caire nous montre quelques belles maisons, des jardins, des ombrages où les voyageurs s'abritent avec leurs chameaux, des cafés qui ont un air de douce fraîcheur.

Nous nous détournons un peu pour aller voir la mosquée d'Amrou, le plus ancien monument religieux de l'islamisme sur le sol de l'Egypte. C'est le vrai type de l'architecture arabe primitive. L'ogive, la mosaïque, la sculpture d'ornement ont tracé là leurs premiers modèles. Que de colonnes autour de ce grand carré découvert, au milieu duquel s'élève la fontaine des ablutions, supportée elle-même par huit colonnes ! C'est grandiose, malgré les outrages du temps. Dans un coin de la mosquée est une source qui, selon les Arabes, communique avec le puits de Zem-Zem de la Mecque. Ainsi autrefois les eaux de la fontaine Aréthuse jaillissaient à la fois en Sicile et en Elide, s'ouvrant un passage par-dessous la mer Adriatique. A un autre angle est le tombeau du fondateur de la mosquée et de la ville.

Après avoir pris le fort de Babylone, bâti par les Perses et dont l'enceinte est devenue celle du quartier copte, voisin de la mosquée, Amrou donna à son armée le signal du départ pour Alexandrie. Au moment où l'on abattait les tentes du camp, on vint dire au général qu'une paire de colombes avait fait son nid sur le sommet de sa tente et que les petits paraissaient sur le point d'éclore. Comme on lui demandait ses ordres pour abattre sa tente : « A Dieu ne plaise, s'écria Amrou, qu'un musulman refuse sa protection à aucun être vivant, créature du Dieu Très-Haut, qui se sera placé avec sécurité sous l'ombre de son hospitalité ! Qu'on respecte ces oiseaux devenus mes hôtes, et qu'on laisse ma tente sur pied jusqu'à mon retour d'Alexandrie. »

La tente resta debout et fut même affermie contre tout accident. Les oiseaux protégés élevèrent sans trouble leur naissante couvée.

Après le siége d'Alexandrie, qui dura quatorze mois et pendant lequel Amrou ne s'échappa que par miracle des mains des Grecs qui l'avaient fait prisonnier, le général, nommé gouverneur de l'Egypte, remonta le Nil vers Babylone. « Où irons-nous placer notre nouveau camp ?» se demandaient les soldats les uns aux autres. « A la tente du général ! » s'écria-t-on de toutes parts, et l'armée vint en effet camper aux bords du Nil où Amrou avait ordonné de laisser sa tente plantée. Autour de cette tente les soldats se construisirent des habitations solides et permanentes ; les chefs, des maisons spacieuses ; les généraux, des palais, et tout cela forma la nouvelle capitale de l'Egypte qu'on appella la *tente*, Fostat. Elle prit en même temps la dénomination de Mesr, titre affecté aux capitales de l'Egypte et que Menf (Memphis) avait conservé jusqu'alors, malgré la concurrence d'Alexandrie; de sorte que le nom de Mesr-el-Atiquch, que les arabes lui donnent de nos jours, veut dire la *capitale ancienne* et non le Vieux Caire.

Nous reprenons notre chemin. Aux approches du port, le mouvement s'accroît, mais le tableau ne s'embellit pas. Sur le bord du Nil, les âniers, les bateliers, les petits marchands, les maraudeurs qui cherchent un moyen quelconque de ne pas mourir de faim, offrent un tel aspect de misère et de malpropreté qu'ils font mal à voir. Il y a là des gens couchés par terre et au soleil, qui se laissent dévorer par des essaims de mouches posés sur leurs figures. Ils n'ont pas la force de les chasser, ces fainéants!

Le quartier copte, à l'extrémité du Vieux Caire, serait curieux à voir, pendant ce second jour de Pâques, surtout l'église de Saint-Georges, bâtie à l'une des stations que la Vierge fit sur les bords du Nil; mais le temps nous presse. En attendant qu'une barque transporte nos montures à Gisch, nous faisons une descente au nilomètre, établi par les Arabes à la pointe de l'île de Rodah, après que ceux d'Eléphantine, de Koptos et de Memphis, fondés par les Pharaons, furent tombés en ruines.

Le nilomètre est une colonne élevée dans un puits carré où l'on descend par un escalier dont les marches inférieures plongent dans l'eau du Nil. Cette colonne est graduée en coudées. Chaque coudée, mesurant 54 centimètres, porte six subdivisions. Pour que l'inondation soit favorable il faut que la crue du Nil soit entre 16 et 22 coudées (entre 8 et 12 mètres). Les 16 enfants, jouant autour de la statue du Nil qui orne les musées d'Occident, représentent ces 16 coudées.

Au temps de la crue, des crieurs vont plusieurs fois dans la journée proclamer dans la ville le chiffre que les eaux ont atteint. Vers la mi-août, l'ouverture solennelle du Khalig est pour le Caire l'occasion d'une grande fête, pendant laquelle on lance dans le Nil une statue de terre appelée l'Aroussch (la fiancée). Au moyen-âge, le doge de Venise épousait la mer Adriatique en lançant avec pompe son anneau ducal dans le sein de cette mer. Autrefois les Coptes *mariaient* chaque année une de leurs jeunes filles au Nil pour qu'il fécondât leurs terres.

Pendant la première année du gouvernement d'Amrou, les eaux du Nil tardant à atteindre les seize coudées, les Coptes vinrent trouver leur nouveau gouverneur et lui dirent :

« Prince, il est, pour notre Nil, une loi établie par l'usage ; on doit s'y conformer, pour que ses eaux parviennent au degré nécessaire à l'irrigation des terres et à leur fécondation. » « Quelle est cette loi ? » dit Amrou. Ils répondirent : « Le treizième jour du mois copte *baounch* nous cherchons une jeune et belle vierge ; nous l'enlevons de force à ses parents, nous la parons richement des atours d'une fiancée, et nous la précipitons dans le Nil, au lieu consacré pour cette cérémonie. »

« Ce sacrifice, leur répondit Amrou, ne peut plus avoir lieu sous l'islamisme. »

Cependant le Nil restait stationnaire dans sa crue pendant les deux ou trois mois suivants. Les habitants furent effrayés et parlaient déjà de quitter le pays. Amrou en référa au calife Omar qui écrivit au Nil :

« Au nom de Dieu clément et miséricordieux, de la part d'Omar, fils de Khattab, au Nil béni d'Egypte.

« Si ton cours n'a jusqu'à présent dépendu que de ta propre volonté, suspens-le ; mais s'il a dépendu des ordres du Dieu Très-Haut, nous supplions ce Dieu, lui donner sa crue complète. »

Après avoir fait une lecture solennelle de ce billet, Amrou, selon l'ordre du Calife, le jeta dans le fleuve. C'était la veille du dernier jour de la crue du Nil, la fête de la Croix (15 septembre). Aussitôt les eaux commencèrent à croître et les registres du nilomètre portent que cette année elles montèrent jusqu'à dix-sept coudées et trois quarts. L'année fut abondante. Dès lors les Coptes abolirent avec joie l'horrible usage qu'ils conservaient encore, bien que le christianisme leur défendit d'offrir, à l'exemple de leurs ancêtres, de tels sacrifices au dieu Nil, qui enfanta l'Egypte de la nymphe Memphis, et dont le limon, chauffé par le soleil, avait créé les premiers habitants du pays. Ils remplacèrent alors la victime humaine par une statue de terre ; et cette cérémonie rappelle d'âge en âge la barbarie de l'ancien culte et l'humanité du vainqueur musulman qui l'abolit.

En 1798, Bonaparte fit célébrer la fête du Nil avec la plus grande pompe. Le 18 août, dès le matin, dit la

chronique, toute l'armée française prend les armes, et va
se ranger sur les bords du canal. Bientôt le général en
chef s'y rend de son côté, accompagné de son état-
major et des principales autorités du pays. En face de la
digue s'élève un somptueux pavillon, sous lequel il se
place avec le nouveau pacha du Caire. Une foule immense est accourue : elle bat des mains, elle voit avec
enthousiasme Ali Bonaparte, *le sultan Kébir*, et ses braves
prendre part à ses réjouissances. Au signal donné par
Bonaparte, un cheikh annonce l'élévation à laquelle le
Nil est parvenu. Par un heureux hasard, la crue du
fleuve se trouve être plus grande qu'elle ne l'a été depuis un siècle. La foule attribue cette espèce de miracle
à la présence des Français et se livre à des transports
d'allégresse.

Cependant la fiancée du Nil a été précipitée dans les
flots et voici qu'on travaille à rompre la digue. Au moment où le fleuve se précipite enfin, toute l'artillerie
française retentit à la fois, et c'est alors un curieux spectacle que de voir les hommes et les enfants se plonger
dans les eaux du Nil comme si des propriétés particulièrement bienfaisantes étaient attachées au bain de ce
jour-là. Les femmes y jettent des cheveux et des pièces
d'étoffes ; et, suivant la coutume, une flottille de barques
s'élance vers le canal pour obtenir le prix destiné à celle
qui pourra y pénétrer la première. Bonaparte voulut
décerner lui-même ce prix ; il voulut encore revêtir lui-
même d'une pelisse blanche le Nakib-Redjah, fonction-
naire qui préside à la distribution des eaux, et d'une
pelisse noire le mollah chargé de veiller à la conserva-

tion du Mikias. Bonaparte fit ensuite distribuer de nombreuses aumônes; le soir il fit illuminer la ville et la nuit s'écoula dans les festins.

Ce n'est pas sans raison que le peuple d'Égypte se réjouit en voyant une belle crue du Nil ; car les crues insuffisantes ont laissé dans le pays le souvenir d'affreuses calamités. Sous le calife Fatimite Mostanser, le Nil resta quatre ou cinq ans au-dessous du niveau favorable, et une famine horrible désola l'Égypte. Un ardeb de blé se vendit 1500 fr., un gâteau, 225 fr., un œuf, 15 fr., un chat, 45 fr., un chien, 75 fr. Le Calife avait dans ses écuries dix mille chevaux, chameaux ou mulets; tous furent mangés ; il ne lui resta plus que trois chevaux. Les habitants se dévoraient les uns les autres; les enfants, les femmes, les hommes même étaient enlevés au passage dans les rues ; une femme put s'échapper des mains des anthropophages; le tiers des chairs de son corps avait été dépecé et dévoré elle vivante ; elle survécut et rendit elle-même témoignage de sa terrible aventure. Le Vizir, se rendant au palais, fut jeté à bas de sa mule, qui fut enlevée et mangée sous ses yeux. Trois des auteurs de cette violence furent saisis et suppliciés. Le lendemain on ne trouva que leurs os à la potence. Le Calife lui-même s'était vu obligé de vendre jusqu'aux vêtements de ses femmes, qui sortaient nues du palais pour aller tomber mortes de faim hors de la ville.

Le Vali, menacé de mort s'il ne faisait pas cesser la famine, trouva enfin le moyen de forcer les accapareurs des grains, qu'il ne connaissait pas, à fournir quelques ressources aux malheureuses populations. Pour cela, il

tira de prison quelques criminels condamnés à mort, les
costuma en riches marchands et les fit publiquement
décapiter comme accapareurs. Chaque jour il renouvelait
ces exécutions, annonçant qu'il les continuerait jusqu'à
la cessation de la famine. La crainte d'une mort immé-
diate fut plus forte que la peur d'une mort éventuelle.
Les magasins secrets s'ouvrirent et la famine diminua. Des
inondations favorables et la sage administration du vizir
Bedr-el-Djemali, arménien d'origine, firent de la fin du
règne d'El Mostanser, qui dura 60 ans, une des époques
les plus heureuses pour les peuples d'Egypte. Le vizir Bedr-
el-Djemali, qui protégea le commerce, l'agriculture, les
lettres et les sciences, qui entoura le Caire d'une nouvelle
enceinte en briques, comprenant les plus belles portes,
Bab-el-Zoueileh, Bab-ul-Nasr, Baboul-Futouh...., fut
vénéré à l'égard d'Amrou et d'Ahmed-Ebn-Touloun. Les
noms et les titres honorifiques du Calife et de son vizir
sont gravés au Mikias, qu'ils réédifièrent.

Après l'exécution de Touman bey, le sultan Selim
se retira dans l'île de Rodah. C'est lui qui fit construire
la voûte qui recouvre le nilomètre. Il y bâtit aussi un
kiosque sur le mur duquel, en poète distingué qu'il était,
il écrivit, de sa propre main, des distiques arabes de sa
composition. Touman bey, réduit à la dernière extrémité, avait aussi exhalé dans une élégie arabe, la douleur
dont il était accablé, et son ami Kaït-Rahbi avait inscrit
les plaintes éloquentes de l'infortuné sultan sur les pierres
des pyramides. Le sultan des Ottomans chantait sa victoire et celui des Mamelouks, sa défaite.

Le sultan Selim habitait les bâtiments du Mikias,

10

lorsque Kansou-Adili bey, un des plus vaillants mamelouks, résolut d'attenter à ses jours. Il monta, au moyen
d'une échelle, sur les toits du nilomètre, mais au moment où il allait tirer sur le sultan, il fut découvert; il
sauta alors dans le Nil et échappa à des centaines de
nageurs envoyés pour l'arrêter. Une autre fois le Sultan
tomba dans le Nil d'où le patron de la barque ne le
retira qu'avec beaucoup de peine. Mais ces dangers
n'étaient rien auprès de celui que le nouveau conquérant de l'Egypte venait de courir à la journée de Ridania
où vingt-cinq mille mamelouks jonchèrent le champ de
bataille. Au premier choc, un escadron tout bardé de fer
vient fondre sur l'étendard de Selim. Ce sont des cavaliers
d'élite, commandés par Touman bey et ses deux plus
vaillants capitaines, Alan bey et Kourt bey. Tous trois ont
fait le serment de se saisir du sultan des Ottomans, mort
ou vif. Comme Mutius Scévola, quand il prit le secrétaire
de Porsenna pour le roi lui-même, ils se trompent et
prennent le grand vizir pour le Sultan. Sinan pacha se
tenait entre Mahmoud bey, Ramasan Oglou et le haz-
nedar Ali. Tous trois furent abattus par les trois mamelouks, qui rallièrent ensuite leur escadron. Selim versa
des larmes sur la mort de son grand vizir, qui ne put
être compensée à ses yeux par la conquête de l'Egypte.

C'est de l'île de Rodah, où ils avaient des quartiers
fortifiés, que les mamelouks turcomans furent appelés
Baharites, de *bahar* (mer), nom que les Arabes donnent
au Nil, comme les mamelouks circassiens, qui leur
succédèrent, furent nommés Bourdjites, des *Bourdj*,
châteaux-forts, dont la garde leur était spécialement

confiée. Les premiers avaient été chassés de la Haute-
Asie et refoulés vers la Syrie et l'Egypte par les invasions
de Gengiz-Khan, et les seconds avaient également fui des
bords de la mer Caspienne et du Caucase, poussés par
les hordes de Tamerlan. Lorsque le sultan Eioubite
Melek-el-Saleh, pour se défendre contre les croisés,
s'entoura le premier de mamelouks turcomans, un poète
contemporain lui reprocha ainsi cette impolitique mesure:

« Imprudent monarque, dans le nid de l'aigle tu
appelle les vautours. »

« Les fils du grand Salah-ed-din ont acheté des
esclaves pour se vendre à eux comme esclaves eux-
mêmes. »

Vainqueurs des croisés à Mansourah et à Fareskour,
ces mamelouks massacrèrent en effet El-Melek-el-Moaz-
zem Touran chah, fils de Malek-el-Saleh. Le malheureux Touran chah chercha un asile dans la même
tour en bois où le roi de France et ses chevaliers étaient
retenus prisonniers. La tour ayant pris feu, les prisonniers gagnèrent les navires qui, d'après un traité, devaient
les transporter à Damiette. Touran chah fut achevé près
de la galère du sire de Joinville, qui raconte dans son
histoire comment l'un des meurtriers, Fares-Oglay, qu'il
appelle Pharacatail, vint offrir à Louis IX le cœur du
Sultan, lui demandant une récompense pour avoir tué
son ennemi, et comment les émirs voulurent donner la
couronne d'Egypte au roi de France, qui la refusa.

Cette couronne, chose inouïe dans les annales musulmanes! passa alors momentanément sur la tête d'une
femme, Chagueret-ed-dur (arbre de perle), mère du

sultan massacré, Touran chah. Déjà pour faire reconnaître son fils, à la mort de son mari Melek-el-Saleh, cette femme avait exactement fait ce que fit Tanaquil à la mort de Tarquin-l'Ancien pour faire nommer roi son esclave Servius Tullius.

A la mort de son fils, voyant les conspirateurs embarrassés dans le choix du nouveau souverain qu'ils allaient se donner, Chagueret-ed-dur, qui, du fond de son palais, veillait sur les événements, sut avec sa dextérité politique en tirer un tel parti qu'elle fut déclarée reine d'Egypte. Dans une assemblée générale, les émirs, dont elle s'était attaché le plus considérable, Ibek-Azz-ed-Din, qu'elle eut pour *atabek* (régent), lui prêtèrent serment de fidélité. Les commencements de ce nouveau règne furent très-heureux; mais les mamelouks de Syrie ne voulurent pas reconnaître Chagueret-ed-dur, et le calife de Bagdad refusa l'investiture; il écrivit aux mamelouks du Caire: « Ignorez-vous que notre vénéré prophète a dit: *Malheur* aux peuples gouvernés par des femmes! » Chagueret abdiqua en faveur d'Ibek qui l'épousa, mais elle continua à régner et bientôt, pour être tout-à-fait maîtresse, elle fit assassiner Ibek dans son palais; après quoi elle eut elle-même un sort à peu près pareil à celui de la fameuse mère d'Athalie, Jézabel.

C'est le sultan Beybars-el-Bondokdary qui fonda la puissance des mamelouks Baharites. Par ses victoires sur les croisés et sur les Tartares, par l'extermination des assassins du Vieux de la Montagne et aussi par les monuments et les constructions utiles que l'Egypte dut à sa munificence, il mérita la reconnaissance de ses peuples.

Mais, en portant le premier coup à Touran-Chah et en tuant de sa propre main le Sultan son prédécesseur, il mérita aussi de recevoir, à l'apogée de sa gloire, le châtiment de ses crimes. Il marchait encore contre les Tartares lorsqu'eût lieu une éclipse totale de lune, où les astrologues virent la mort d'un grand prince. Persuadé que le pronostic le concernait et que le coup devait lui être porté par Daoud Nasser-ed-din, petit-fils de Touran-Chah, il lui présenta une coupe empoisonnée. Daoud ne but que la moitié de la liqueur. Croyant la coupe vide, Beybars la fit remplir pour lui-même, but et expira à côté de sa victime.

L'Empire des Baharites fut encore illustré par le Sultan Kalaoun et ses descendants, mais ce Sultan fut lui-même la première cause du détrônement de sa postérité, en créant, à l'exemple de Melek-el-Saleh, un corps militaire de douze mille esclaves circassiens qu'il sentait le besoin d'opposer aux exigences des mamelouks turcomans.

Cette nouvelle milice de mamelouks bourdjites détrôna bientôt le dernier rejeton de Kalaoun et se donna pour chef Barquouq, qui prit et mérita le titre de Melek-el-Doher, le Roi illustre. Cette dynastie compta ensuite parmi ses bons princes, Kaït bey, Kansou-el-Goury et Touman bey. En donnant asile sur les bord du Nil, Kaït bey à Djein, frère de Baïazid II, et Kansou-el-Goury à Korkoud, frère de Sélim 1er; ces deux Sultans Bourdjites provoquèrent contre-eux les Sultans Ottomans, ennemis bien plus dangereux que ne l'avaient été les croisés et les Tartares. Ezbeki, général de Kaïl bey soutint bravement la lutte contre Baïazid, il fit même prisonnier son beau-

père Ahmed Pacha ; et c'est à cette occasion qu'il construisit en actions de grâces la mosquée El-Esbekieh, qui a
donné son nom à la place et au quartier qui l'avoisinent.

Kansou-el-Goury , déjà octogénaire, ne fut pas si heureux contre Sélim. Vaincu près d'Alep par l'artillerie des
Ottomans, forte de cinq cents pièces, il tomba de cheval
et fut écrasé sous les pieds des cavaliers fuyards. Par la
défaite et la mort de son successeur Touman bey, le Sultan Sélim fit de l'Egypte une province Ottomane qu'il
s'empressa d'organiser et que les Pachas gouvernèrent jusqu'en 1768, époque où le mamelouk Ali bey *le Grand* lui
rendit l'indépendance qu'elle conservait encore en 1798.
Après quoi, Sélim quitta les bords du Nil emmenant mille
chameaux chargés d'or et d'argent. Il avait trouvé dans la
tente de Kansou-el Goury deux cents quintaux d'argent et
cent quintaux d'or, ainsi que des trésors immenses dans la
citadelle du Caire et dans les résidences des mamelouks.

Quelle mine que l'Egypte !

Le chef des Toulounides, Ahmed, fils de Touloun,
trouva sur ce sol des Pharaons plusieurs grands trésors.
Sur un songe dans lequel un de ses amis lui dit : « Lorsqu'un prince abandonne de ses droits, pour le bonheur
de ses peuples, Dieu lui-même se charge de le recom-
penser. » Il venait de diminuer considérablement les
impôts, lorsque deux jours après, en traversant le désert,
il vit un trou s'ouvrir sous le cheval d'un de ses esclaves.
Ahmed, étonné, examina l'ouverture et y trouva un trésor
qu'on évalua à un million de dynars (15,000,000 de
francs). Les historiens arabes parlent de deux autres trésors plus considérables; consistant en pièces monnayées

de l'or le plus pur qu'il aurait encore trouvés. A sa mort, quoiqu'il eût construit une nouvelle capitale entre Fostat et le Mokatam, *El Katayia,* des palais, des hôpitaux, des aqueducs, sa magnifique mosquée, et exécuté de grands travaux sur tous les points de l'Egypte, son héritage renfermait dix millions de dynars (150 millions de francs).

Le fondateur de la dynastie des Ekhchidites, Moham- med-el-Ekhchid, qui succéda aux Toulounides, trouva également beaucoup de trésors, qui lui permirent de mettre sur pied quatre cent mille hommes. « Ce prince, dit l'historien El-Massoudy, son contemporain, » s'occu- pait avec ardeur de la fouille des souterrains qui ren- fermaient les tombeaux des Pharaons, afin d'en tirer les richesses. Il faisait creuser profondément ; et on parvint, dans un endroit de ces tombeaux qui offrait de vastes salles, magnifiquement décorées; on y trouva des figures de vieillards, de jeunes gens, de femmes et d'enfants, dont le travail était merveilleux ; leurs yeux étaient des pierres précieuses; leurs visages, aux uns étaient d'or, aux autres d'argent... »

Lorsque le Caire fut à peu près bâti par son général Djouhar, le premier calife Fatimite d'Egypte, El-Moëz- la-din-illah, quitta Mansouriah (en Algérie), capitale de ses Etats Barbaresques, lesquels comprenaient aussi Malte, la Sicile et la Sardaigne, et apporta au Caire des richesses prodigieuses. « Ce prince, dit l'historien Ben- Chouah, avait fait fondre, avant son départ, tous ses trésors d'or et d'argent, en lingots énormes, dont la grosseur égalait celle d'une meule de moulin, et chacun de ces énormes lingots suffisait pour la charge d'un chameau... »

A ces sources de richesses, s'ajoutait le produit des revenus de l'Egypte, accru de celui des provinces asiatiques. Les historiens arabes assurent que, sous le règne d'Ahmed le Toulounide, les revenus de l'Egypte montèrent à cent millions de pièces d'or (un milliard et demi de francs).

Les hauteurs des crues indiquées par les nilomètres étaient les bases fondamentales de l'évaluation des revenus des terres et de la cote des impôts,

Nous traversons le Nil entre les pointes de l'île de Rodah et de l'île de Terseh. Le pilote de la barque puise de l'eau avec une coupe et nous en offre. Quoique bourbeuse, elle a bon goût. L'analyse chimique l'a trouvée en cet endroit cinq fois plus pure que la Seine ne l'est à Paris.

En voyant puiser de l'eau dans le Nil, je me rappelle le trait suivant : Une pauvre veuve voyageait sur le Nil avec son fils, ayant un passeport bien en règle, dont le paiement avait épuisé ses ressources ! Le jeune homme s'étant penché le long de la barque, pour boire de l'eau du fleuve, fut saisi par un crocodile et dévoré avec le passeport qu'il portait dans sa poche : Les officiers du fisc exigèrent que cette femme vendît ses vêtements pour prendre un autre passeport, dont le prix avait été fixé à 130 fr... Le gouverneur auteur de ces rigueurs barbares mourait bientôt après, le cou enfermé dans un collier de fer, et les pieds et les mains dans des entraves de bois.

Girgeh, qui florissait sous les Mamelouks, a aujourd'hui l'air d'un village peu en vogue. Les habitants ne cultivent pas plus la propreté que ceux du Vieux-Caire.

Je doute qu'ils accomplissent cinq fois le jour le devoir des ablutions. S'ils en faisaient au moins une ! Rien ne leur serait plus aisé, n'ayant qu'à se baisser sur le bord de leur *mer*; c'est ainsi qu'ils appellent le Nil. Ils sont si peu propres que quelques-uns des nôtres répugnent à leur demander une tasse de café. Nous leur achetons des oranges qui n'ont rien de sale sous leurs écorces.

Au sortir, du village que termine une grande fabrique de gâteaux à brûler, dont j'ai déjà dit la nature, la route serpente à travers des bois de palmiers, les plus beaux que nous ayons encore vus. Elle est souvent ombragée par les arbres qui la bordent. Nos montures, qui ont repris haleine, vont bon train; et nous, nous devisons.

Les deux frères Beato, habitants du Caire, qui, pour nous être agréables, ont voulu être de la partie, nous parlent, l'un, des vues du Caire qu'il a déjà prises, et l'autre, du sac de Delhy, où il était, et de la prise de Pékin, à laquelle il a aidé. Chemin faisant, ce dernier nous voyant nous prélasser sur nos bêtes, nous dit de prendre garde aux chutes, et quelques instants après, son propre roussin s'abattant, il roule lui-même dans la poussière, se plaignant d'une écorchure à l'un de ses pouces.

Un peu plus loin son frère a la même mauvaise chance, tandis que nous, tout novices que nous sommes dans l'art de chevaucher de la sorte, fournissons notre carrière sans accident, sinon sans émotions. Pour ma part, j'en éprouve d'assez vives, car mon baudet, le plus vigoureux de tous, habile à rejeter son mors hors du trou qui lui sert à braire, m'emporte, j'allais dire par monts et par vaux, m'emporte à travers la plaine comme les fougueux coursiers arabes emportaient les mamelouks lorsqu'ils allaient se briser contre les carrés de Desaix, les plus rapprochés des Pyramides. Mes étriers tiennent aux deux bouts d'une même courroie mobile, de manière que je puis allonger à volonté chacune de mes jambes à la condition de plier l'autre d'autant, rarement je suis en équilibre. Mon séis rachète le désordre de la bride et des étriers par le soin qu'il a de se tenir toujours près de moi et de me répondre en français.

Pour avoir tant couru le monde, M. Beato aîné n'en est pas plus humain pour sa monture dont il prétend redresser le caractère à force de la battre. Son jeune maître en guenilles se lamente comme se lamentait le peuple égyptien à la mort de son dieu Apis, qui était un bœuf, et crie à fendre le cœur : N'auras-tu pas pitié de ma pauvre bourrique ? Ce pauvre garçon, aussitôt que la bête est au repos, court lécher les endroits de sa cuisse où le bâton a laissé de trop fortes empreintes. Sa bête est son gagne pain, sa compagne, il y tient.

Au milieu de la plaine, le frais gazon d'un bois de palmiers, sur lequel se dessinent quelques taches d'ombre, nous invite au repos. Pendant une courte station que nous faisons là, je considère à mon aise l'arbre majestueux qui se couronne de palmes et qui produit les dattes.

Ulysse, nu et dénué de tout, voulant intéresser à son sort la princesse Nausicaa, lavant au fleuve le linge du palais de son père Alcinoüs, lui dit entre autres amabilités : « Je n'ai jamais vu, rien de si beau, de si

admirable que vous. Je crois voir encore cette belle tige
de palmier que je vis à Délos, près de l'autel d'Apollon.
En voyant cette belle tige, je fus d'abord interdit et
étonné, car jamais la terre n'enfanta un arbre si admirable. » Le palmier est en effet un arbre superbe. Au
bout d'une tige très longue et droite comme un i, une
quinzaine de petites branches se déploient de tous côtés
en palmes légèrement arquées, en amples diadèmes de
verdure. A travers ces palmes, de la pointe ligneuse de
l'arbre, sortent encore quelques pousses jaunes d'un ou
deux pieds de long, vraies corolles, qui, ramassées comme
les joncs enfermant les jonchées, produisent les fruits et les
retiennent jusqu'à parfaite maturité. Les dattes, avec ces
pousses, les bois et les feuilles de palmes qu'on emploie
à divers usages, donnent par an et par arbre, un revenu
de près de cent francs. Je me demandais comment on peut
grimper au bout de ces tiges autour desquelles les lisses
moignons des branches qu'on arrache chaque année,
laissent si peu de prise. Lorsqu'un homme se met en
devoir d'aller surveiller sa récolte encore en herbe, au
moyen d'une corde qu'il passe en cercle autour de l'arbre et de son corps, il prend, des pieds et des mains,
certains élans qui le hissent bien vite au sommet de
l'arbre.

Au bout du bois nous traversons le village de Konéissé
le long d'un étang où croupissent encore quelques eaux
fangeuses, reste de la dernière crue. Là tout se lave, se
baigne, s'abreuve même.

Au mois de septembre si nous voulions suivre la même
voie à travers cette plaine, nous ne le pourrions qu'en
barque, car alors tout est inondé.

Nous voici proche et en face des plus sublimes folies dont la vanité de l'être créé, qu'en théorie on nomme raisonnable, ait jamais laissé la trace ineffaçable. C'est grand, immense, de couleur un peu fauve comme le désert qui borne la plaine.

Mes lectures classiques m'ont laissé dans l'esprit que cent mille hommes à la fois étaient employés à élever ces montagnes de pierres et que tous les trois mois, pendant trente ans, cent mille hommes mouraient à la peine. Le chiffre de la mortalité est évidemment exagéré mais il était très élevé. Ces cent mille hommes travailleurs devaient se déployer sur toute la vallée du Nil pour extraire les pierres du mont d'Arabie, pour les charrier à travers le fleuve et la plaine jusqu'aux pieds de la chaîne Lybique, pour les asseoir là les unes au dessus des autres en l'état qu'elles nous apparaissent. Ces malheureux ouvriers, esclaves des vains et fastueux Pharaons, ne se nourrissaient que de racines ou de mauvais légumes et couchaient à la belle étoile. Ils devaient succomber par milliers écrasés par les pierres ou par les fatigues, ruinés par la faim ou par l'intempérie des saisons.

Qu'était-ce donc que cette sagesse des Egyptiens tant vantée, aux foyers de laquelle allaient s'illuminer Hésiode, Lycurgue, Solon, Thalès, Pythagore, Hérodote, Platon, Eudoxe et tant d'autres sages?

Sous l'oppression et la tyrannie les lois se taisaient, mais lorsque le soleil de justice venait à luire, elles reprenaient leur empire. Le jour où Kéops ou Choufou, Képhrem ou Chafra et Mycérinus ou Menkara, constructeurs des trois grandes pyramides, rendirent l'âme et

qu'ils furent, comme les derniers de leurs sujets, appor-
tés devant les juges des morts pour être jugés par eux,
ceux-ci, l'enquête publique sur leur vie entendue, portèrent cette sentence :

« Vous avez accablé vos peuples de corvées et d'impôts, nous vous déclarons indignes des honneurs de la
sépulture. Vous nous avez refusé le repos et le bien-être
que vous nous deviez, nous vous refusons l'obole sans
laquelle l'inflexible Caron n'admet aucun mort au passage
du lac Achérusie. Ces immenses tombeaux que vous
vous êtes élevés sur les ruines de vos sujets, sur les cada-
vres de tant de créatures du soleil, nous les donnerons
à ces souverains qui auront fondé des villes et des écoles
pour civiliser leurs peuples, ou creusé des lacs et des
canaux pour fertiliser leurs terres..., tel est notre arrêt. »

Au delà de deux ou trois petits villages arabes (Elka-
fra), ombragés de quelques palmiers, le terrain commence à monter. A la limite de la plaine, sur les flancs
des rochers qui servent d'assises aux Pyramides, nous
voyons un grand nombre d'excavations sépulcrales. Les
Bédouins, accourus à notre rencontre, nous apprennent
que les voyageurs qui veulent voir le lever du soleil du
haut des Pyramides passent la nuit dans ces salles autrefois occupées par des momies.

Nous gagnons le haut du plateau à travers des sables,
des décombres, des tessons de briques provenant des
déblaiements faits à l'emplacement d'un temple découvert par M. Mariette et autour du Sphynx, lequel se
dresse devant nous comme une apparition effroyable.
Ce fantôme, à l'aspect fascinant, dont la tête seule à huit

mètres du menton au sommet, semble garder les Pyramides, placé qu'il est en avant de la seconde qui occupe
le milieu de la ligne. Cette tête mutilée du nez, de la
bouche et des joues, a la forme humaine ; le reste du
corps est d'un lion et atteint, couché dans le sable, une
longueur de cinquante mètres au moins. Sur le poitrail
et sur la face du colosse on distingue les différentes couches du rocher dans lequel il a été taillé et qui devait un
peu dominer le plateau. Champollion a cru voir dans
cette figure gigantesque un hiéroglyphe signifiant *Sei-
gneur-roi* et représentant Toutmosis, ou quelque dieu
égyptien.

Un Bédouin essaie en vain de monter sur la tête du
sphynx, il ne peut pas même atteindre le haut de l'épaule.

Assis à l'ombre de la petite pyramide de la fille de
Kéops, placée, ainsi que deux autres, devant celle de son
père qui est la reine de toutes, nous retrempons notre
courage à un panier de provisions que nous avons
emporté avec nous. Une foule d'Arabes, fellahs ou
Bédouins, ressemblant pour le costume à des baigneurs
couvert de peignoirs à capuchon quelque peu sales et
déchirés, se tiennent rangés autour de nous comme la
meute autour des chasseurs dont elle attend la curée.
Ils se disputent les bouteilles vides comme Pyrame et
Thisbé, les os du gibier. Presque tous parlent italien,
français et anglais. Quand on leur demande s'ils savent
le français, ils répondent invariablement sur un ton plus
ou moins bédouin : *françis, soungez que du haut de ces
Pramides qrante sièques vous countantens; »* et ils ajoutent: *Napoulioun dit ça à ses souldats quand il venu ici.*

Un d'entre eux, ayant reçu la promesse d'une petite récompense s'il faisait la grande ascension, descente comprise, en cinq minutes, se met à grimper comme un chat par l'angle sud-est, le moins fréquenté. Arrivé au haut, réduit à nos yeux de la moitié de sa taille, il nous salue d'un cri qui semble venir de bien loin. Il descend rapidement et gagne la gageure.

Cela nous donne du courage. Le mien ne va pas cependant jusqu'au sommet du mausolée Kéops. Je suis de ceux à qui l'espace, vu de hauteurs inaccoutumées et sous forme de précipice, donne la chair de poule, et qui, sentant alors les jambes et toute force leur manquer, croient déjà rouler dans le vide. Je m'abstiens donc de l'ascension et me borne à visiter l'intérieur.

Des monceaux de décombres, provenant de la démolition du revêtement extérieur de la pyramide, en rendent l'entrée facilement accessible. Elle est pratiquée sur la face du nord, à égale distance des deux angles, et à 20 mètres au-dessus de la base. Là, pendant un moment de repos, un jeune Bédouin, boiteux d'une jambe, prépare, sans ordre, sur une pierre, une place pour mon nom qu'il me fait tracer au crayon. Puis il se met à graver mon initiale avec un couteau dont il est muni à cet effet.

Les bougies allumées, j'entre précédé de deux Arabes et suivi d'un troisième, A eux trois ils me tiennent en équilibre ou m'enlèvent bon gré, mal gré. Je crois redescendre aux Enfers, car, à l'exemple d'Hercule d'Orphée et d'Enée, j'ai vu autrefois le sombre Averne, j'ai traversé ses ondes lethifères porté sur les épaules d'un brigand calabrais, j'ai pénétré dans les noires demeures où Pluton

et Proserpine, sous les noms de Néron et de Poppée, pre-
naient leurs ébats et leurs bains souterrains.

La galerie que nous suivons, vrai boyau de tranchée,
quant aux dimensions, sinon quant au travail, qui est
d'un poli parfait, descend, descend toujours. « Où allons-
nous ? » m'écriai-je à moitié suffoqué. » Pas peur avec
nous, » disent mes guides. Enfin le chemin revient hori-
zontal et nous mène dans une chambre carrée où je puis,
sinon respirer à mon aise, du moins me redresser de
mon long. Cette chambre creusée dans le roc est à 32
mètres au dessous de la base de la pyramide, juste au
niveau du Nil qu'un canal souterrain, au rapport d'Hérodote, mettait en communication avec la pyramide. Quel
travail!! Du point où nous sommes jusqu'aux pieds de
mes camarades qui foulent la plate-forme du haut, la
verticale mesure 170 mètres ! quelle montagne élevée
par la main de l'homme ! quel poids au-dessus de nos
têtes.

A qui, à quoi fut destinée cette chambre ? à quelque
momie de bœuf ou d'ibis peut-être, ou bien à quelques
paquets d'oignons sacrés.

La galerie se continue un peu de l'autre côté, mais
sans issue apparente. Nous remontons jusqu'à la galerie
des autres chambres. Cette seconde galerie, que nous
avions aperçue en descendant et d'où part un puits
communiquant avec la chambre inférieure, est d'abord
montante, puis horizontale, elle conduit à la *chambre de
la Reine*, élevée de 54 mètres au-dessus de celle d'où
nous venons et pratiquée, comme les autres, dans l'axe
vertical de la pyramide.

Galeries et caveaux, tout est vide de sarcophages et de momies.

Nous revenons sur nos pas pour aller prendre le corridor qui va à la *chambre du Roi*. Ce passage est plus large, plus commode, un vestibule plus spacieux précède le caveau royal. Le sarcophage de granit rouge, qui dut recevoir la momie du roi, est encore là. Ce caveau, le plus grand des trois, et le plus élevé, est à 100 mètres au-dessous du sommet de la pyramide.

Par delà paraît un petit couloir où il semble que l'on ait dressé des échafaudages pour monter dans les cinq chambres qui ont été taillées perpendiculairement au-dessus de celle du roi afin d'alléger, croit-on, la pression pyramidale sur le caveau royal. Les couloirs et les chambres offrent un modèle d'appareillage qui n'a jamais été surpassé.

Tel est l'intérieur de ce monument colossal qui avait, dans son intégrité, 451 pieds (près de 150 mètres) de haut, au dessus du sol, avant qu'on eût enlevé les assises qui en formaient la pointe. La largeur de chaque base était, avec le revêtement, de plus de 230 mètres. Cette masse de pierres, d'environ soixante quinze millions de pieds cubes, pourrait fournir les matériaux d'un mur haut de six pieds qui ferait le tour de la France. Primitivement cette pyramide, de même que les autres, se terminait en pointe et était couverte d'un revêtement en pierre polie.

L'entrée même de la pyramide, où une dixaine de personnes peuvent maintenant se tenir réunies, était fermée. Plus tard le bout et le revêtement ont été démolis; ce

qui fait qu'on peut en gravir le sommet. Les assises,
rentrant de cinquante à soixante centimètres les unes
sur les autres, forment des gradins un peu élevés, mais
praticables avec l'aide des Arabes, surtout aux angles.

Des savants croient que la construction d'une pyramide commençait par le centre au tour duquel on ajoutait successivement des couches extérieures jusqu'à la
mort du Pharaon qui la faisait élever, de sorte que la
grandeur de la pyramide était proportionnée à la durée
de son règne. A ce compte, nous devons regretter que
Kéops, qui paraît avoir dépassé en âge tous les Pharaons
à pyramides, n'ait pas vécu autant que Nestor : il aurait
pu réaliser l'idée de la tour de Babel. Le plateau comportait encore une base beaucoup plus large.

Après avoir payé son travail au Bédouin qui a gravé
mon nom en artiste du désert, leurs bougies et leurs peines à mes guides, je vais, brisé de fatigue, me reposer
sous les tentes des Princes, puis sous celle du Sultan,
qui doit diriger vers ce lieu son excursion de demain.
Sous une de ces dernières, trois ou quatre grandes jarres
filtrent déjà une eau limpide et délicieuse. C'est là une
des meilleures fortunes que l'on puisse rencontrer dans
le désert.

Notre troupe s'étant réunie là, j'allais demander à un
de mes compagnons qui revenait de l'ascension comment le désert lui avait apparu du haut de la plate-
forme, lorsque je l'entends faire lui-même la même
question à un de ses voisins. Ce faux brave, en arrivant
là-haut, avait senti son cœur lui faillir ; il était allé
s'asseoir au milieu de la plate-forme le visage entre ses

mains, et lorsqu'il avait dû descendre, il s'était bandé les yeux de manière à ne voir que la place où il devait poser ses pieds. Le désert, lui dit-on, paraît une immense plaine, accidentée de petits rochers aux formes bizarres, qui dessinent quelques points noirs sur les couleurs rougeâtres des ondes sablonneuses. C'est la nature sans vie, sans charme, triste à contempler.

Les séis viennent nous rappeler qu'il est temps de songer au retour. Nous achevons l'exploration de ce vaste plateau que la main de l'homme a nivelé pour en faire une des nécropoles les plus curieuses de la terre.

Non loin des tentes que l'on dresse se voit la grande chaussée qui servit à transporter les pierres des bords du Nil sur le plateau qu'elle gravissait en pente douce, elle était construite en pierres polies, ornées de figures d'animaux, et avait 18 mètres de large sur 15 de haut.

Outre les trois grandes pyramides, la même esplanade en renferme six petites dont trois à côté de celle de Kéops et les trois autres au sud de celle de Mycérynus.

Les puits et les excavations qui servirent de sépultures sont en très grand nombre. A l'ouest de la pyramide de Kéops, ces puits sépulcraux sont symétriquement rangés. La plupart reçurent sans doute les momies des grands de la cour des Pharaons. Le plus remarquable de ces puits est celui qu'on appelle la *tombe de Campbell*, situé derrière le Sphynx.

Quelques temples furent également élevés dans l'enceinte de cette nécropole. On en voit des restes devant les pyramides de Képhrem et de Mycérynus. Nous descendons dans celui que M. Mariette a fait déblayer un peu au

sud-est du Sphinx. Ce qui en reste a été travaillé dans le
rocher, d'énormes blocs de granit rouge et d'albâtre bien
taillés dessinent plusieurs petits compartiments, en partie découverts. Au coin d'une des chambres on nous
fait remarquer un puits d'eau claire. Les Arabes veulent
nous en puiser, disant qu'elle est excellente. L'un d'entre eux consent à plonger dans cette espèce de gouffre
moyennant quelques piastres qu'on lui promet. Je tremble
en le voyant disparaître sous les rochers où l'eau circule.
D'où vient cette eau ? y aurait-il encore là une communication souterraine avec le Nil ?

Lorsque ces immenses travaux, dont les vestiges nous
paraissent encore si grandioses, étaient en état de conservation et d'usage, ils devaient étonner l'œil et frapper
l'imagination ; ils devaient offrir un ensemble bien rare
de ce qu'un peuple peut créer non de plus beau comme
art mais de plus prodigieux comme forme. Tout cela
date des premiers temps de l'Egypte ; et les premiers
jets du génie chez les peuples naissants sont gigantesques.
A peine réunis en nation, les Romains couvrent, eux aussi,
les monts Palatin et Aventin de ces monuments cyclo-
péens dont les traces imposantes subsistent encore, les
Grecs bâtissent les vastes et solides murailles des Acro-
poles que l'art n'embellira que dans les siècles suivants.
En cela les peuples imitent la nature qui fit de suprêmes
efforts pour enfanter les montagnes, qui se déchira les
flancs pour en faire jaillir les fleuves, avant de se parer
de verdure, de fleurs et de fruits. Toujours et en tout le
beau dans le grand avant le beau dans le gracieux, les
combats héroïques d'Homère avant les chants d'amour

d'Anacréon, le fumier d'Ennius avant les perles de Virgile, le sublime de Corneille avant le pathétique de Racine, les créations romantiques de Shakespeare avant les chefs-d'œuvre classiques d'Addisson, l'entassement des blocs de montagne de la pyramide Kéops avant les fines sculptures du palais d'Aménophis, représentant l'histoire de la naissance et de l'éducation du roi. Ici l'enfance vigoureuse de l'art ; à Louqsor, son âge mûr et sa perfection.

En quittant cette antique nécropole, je ramasse trois ou quatre morceaux de poterie pour pouvoir, plus tard, contempler quelques restes des quarante siècles qui, en contemplant les soldats de Bonaparte, leur portèrent bonheur. Les Arabes nous assiégent jusque bien avant dans la plaine, nous offrant des momies, des scarabées, des médailles, et nous supplient surtout de leur échanger, contre des monnaies turques, quelques pièces d'argent italiennes, allemandes ou grecques que d'autres leur ont laissées et qui n'ont pas cours au Caire.

A Gizeh, au Vieux-Caire, et le long des jardins nous voyons des airs de fête que nous n'avions pas remarqués le matin. Le lundi des pâques grecques cette année est le premier des cinquante jours du Khamsin. En ce jour, qui est censé être le dernier du printemps, chrétiens et musulmans se répandent dans la campagne pour jouir encore une fois de ses charmes avant que le souffle desséchant du Khamsin vienne les ternir. Les Arabes, aussi bien que les chrétiens, font aujourd'hui mille conjurations avec des gousses d'ail et je ne sais quoi encore pour se garantir de la funeste influence de ce vent. « Un homme placé à la bouche d'un four, a dit M. Lebas,

n'aura qu'une idée imparfaite des sensations excitées par
le Khamsin. » Ce doit être suffoquant, asphyxiant..

N'importe: avant de quitter l'Egypte, je voudrais voir
et sentir un peu le Khamsin. Dans ce monde, il faut
autant que possible d'abord se connaître soi-même, suivant la maxime de Socrate, gravée sur la porte du temple
de Delphes, et ensuite connaître toutes choses. La première fois que je m'embarquai, je sentis le plus ardent
désir de voir la mer en fureur et ses vagues se briser
comme des montagnes contre le navire qui me portait,
sans toutefois le submerger entièrement. Ce vœu fut
exaucé. Le golfe du Lion déchaîna contre nous la plus
affreuse des tempêtes. Le *Léopold II* mit trois jours pour
aller de Gênes à Livourne et nous eûmes jusqu'à deux
pieds d'eau dans les salons et dans les cabines. Plusieurs
fois, plus mort qu'en vie, je recommandai mon âme à
Dieu. Je fus satisfait au-delà. Le Khamsin sera-t-il aussi
favorable à mes vœux?

Dans la journée, comme nos regards effleuraient le
désert, cherchant au loin les pyramides de Memphis, des
tourbillons de sable noir ont apparu s'élevant dans les
airs comme de vrais nuages. Seraient-ils les précur-
seurs du Khamsin?

En sortant du musée d'antiquités égyptiennes, le Sultan
est allé faire une longue visite aux vastes établissements
industriels de Boulak. Il y a là non-seulement de nombreux métiers préparant et tissant le coton et la soie,
mais encore des forges, des ateliers de menuiserie, de
tournerie, de blanchisserie. Sa Majesté, qui a à cœur
d'assurer la prospérité des fabriques de Constantinople,

a examiné celles de Boulak avec beaucoup d'attention.
De là, elle a descendu le Nil en bateau à vapeur jusqu'au
barrage dont la vue a fait impression sur son esprit, naturellement porté vers les grandes choses. L'œuvre capitale
qu'il a entreprise, la restauration des finances, menée à
heureuse fin, Abdul-Aziz accomplira lui aussi d'importants travaux d'utilité publique. Ce qu'il voit ici, sert
à le fortifier dans les projets qu'il médite à cet égard.

Après avoir admiré ce que les travaux du barrage ont
de hardi dans le plan, de beau dans l'exécution et d'utile
dans le but, le Sultan a remonté le Nil jusqu'à Kasr-
ul-Nil où il a dîné. De retour à la citadelle, selon ses
habitudes, il a fait sa prière de nuit, a réglé avec qui de
droit ses affaires du jour et arrêté ses dispositions pour
la journée de demain. Puis, à son heure ordinaire, la
troisième après le coucher du soleil, il s'est retiré dans
son appartement de nuit.

——

LES PYRAMIDES.

N'étant pas en position, comme Sa Majesté, de décider le soir ce que je ferai le lendemain, je n'avais pas ce matin de parti pris pour la journée. J'étais dans l'état de quelqu'un qui attend des ordres ou des propositions pour avoir un but d'action ou de mouvement. Après avoir visité le quartier des princes et celui des chambellans et des aides-de-camp, où quelques-uns m'ont félicité d'être déjà de retour des Pyramides, j'étais arrivé dans celui de deux ministres. Là, au moment où le cortége impérial allait partir pour les Pyramides, et où, par conséquent, la réflexion n'était guère permise, je m'entends dire: « Ne venez-vous pas avec nous? » Je réponds: « J'ai vu la chose hier, » — « Raison de plus pour venir, » me dit-on, « vous nous montrerez la voie. » On n'avait nul besoin de moi pour cela, mais on tenait à m'inviter à la fête. J'ai accepté l'invitation, curieux que j'étais de voir le cortége se déployer dans la plaine et aux pied des pyramides. On ne voit pas tous les jours en pareil lieu une pareille caravane.

Les voitures nous portent sur la rive droite du Nil et
les bateaux a vapeur, sur la rive gauche. Là déjà le coup
d'œil a ses charmes : Des voitures, des chevaux, des chameaux, des ânes nous attendent pêle-mêle sur la rive.
Au débarquement chacun s'empresse de chercher le
mode de locomotion le plus conforme à ses goûts. Les
voitures seules ne sont pas en nombre.

Le Sultan monte sur la sienne attelée, cette fois, de
quatre chevaux. Ismaïl pacha et Fuad pacha n'ont que
deux colliers à la leur. Le reste du cortége va à cheval,
à âne ou à chameau. A Alexandrie et au Caire l'âne a
été défendu aux uniformes, ici la défense est levée.
Chacun va comme il veut, ou comme il peut. Par complaisance pour des compagnons de route qui veulent
essayer de l'âne, j'en prends un aussi. Son harnais
est un peu mieux conditionné que celui sur lequel j'étais
juché hier.

La matinée est chaude. Les ombrages qui bordent la
route aux environs de Gisch sont appréciés. Nous allons
vite et bien. Seulement, comme le Khamsin, nous sou-
levons des flots de sable qui doivent un peu incommoder
notre arrière-garde. Dans la plaine, on échappe à cet
inconvénient en prenant au large, car tout est route.

Le Sultan va grand train ainsi que sa belle escorte à
cheval dont les uniformes brillent comme brillèrent, il
y a soixante-cinq ans, en ce même endroit, les riches
costumes des compagnons de Mourad bey. Salih pacha,
fils de Guiritti Moustafa pacha, qui a exploré les lieux
autrefois, accompagne la voiture impériale. Mahmoud
pacha est aussi du cortége.

Vers le milieu de la plaine, la route est moins frayée et traverse souvent des champs récemment labourés; aussi l'équipage d'Ismaïl pacha et de Fuad pacha a-t-il l'air de rester en arrière. On fouette les animaux, mais ils n'en peuvent plus. On les remplace par d'autres. Vaine mesure! Leurs Altesses sont forcées de renoncer à la voiture et de continuer leur route à cheval.

Grâce aux réparations que la voie a subies aux approches de la nécropole, la voiture du Sultan arrive, sans accident, au pied de la pyramide, devant la tente impériale, qui s'ouvre vers l'angle nord-est du monument, par où se font ordinairement les ascensions. De ce point, on voit la pyramide, on domine toute la plaine et l'on reçoit à souhait la fraîche brise du nord qui s'élève en ce moment pour tempérer la chaleur du jour. Au lieu de souffler du désert comme ce matin, le vent vient de la mer et empêche le Khamsin d'arriver jusqu'à nous.

Lorsqu'on atteint le pied des Pyramides, on a déjà eu le temps d'en voir la forme,.d'en mesurer de l'œil la hauteur et l'ampleur. Cependant on regarde encore; on reste pour ainsi dire immobile les yeux attachés sur ces monuments dont rien n'approche, qu'on ne peut comparer à rien de ce que l'on a vu, qui forment un tableau unique parmi ceux qui sont les plus dignes de contemplation. Ainsi fait le Sultan, en écoutant les renseignements qui lui sont donnés sur la structure et la destination des Pyramides.

Les Arabes sont en plus grand nombre aujourd'hui; ils espèrent que la journée leur sera bonne. Ils se seraient endimanchés, si leur vestiaire le leur avait permis. Il est à croire que l'argent ne leur manque pas, mais, au lieu de l'employer à se vêtir, ils font comme l'avare, ils l'enterrent. Chaque visiteur leur paie de gré ou de force un impôt assez élevé, et ils reçoivent tant d'étrangers qu'ils finissent par apprendre leurs langues, bien que ce ne soit pas là leur affaire principale, c'est le baghchich qui les occupe quand ils vous souhaitent la bienvenue, quand ils vous guident, quand ils vous disent adieu, toujours et partout. C'est même dans les positions les plus difficiles qu'ils vous l'imposent avec le plus d'absolutisme. Etes-vous sur le point de faire un faux pas, de tomber en syncope, ils vous mettent le baghchich sur la gorge; ils vous tiennent suspendu sur l'abîme jusqu'à ce que vous mettiez la main à la poche ou que vous leur fassiez une promesse formelle. Celui qui leur répond alors avec fermeté : Vous n'aurez pas de baghchich (mafich baght-chich), se tire plus sûrement d'affaire que celui qui s'exécute de mauvaise grâce en payant le tribut demandé. Ces Arabes sont importuns, mais ils ont peur : le bras de fer de Mehmed Ali leur apparaît encore comme une épée de Damoclès, prêt à briser leurs têtes, s'ils commettaient quelque méfait, s'ils se ressouvenaient des habitudes du désert.

Pendant que Sa Majesté se repose et prend son déjeuner, les ascensions commencent. Quel zèle! et qu'elle agilité! Le spectacle est amusant. Quelques officiers de la suite montent avec les Arabes. Mahmoud pacha lui-même montre une agilité extraordinaire en gravissant le sommet et en visitant tout l'intérieur du monument Kéops. On dit qu'il a trouvé des médailles en faisant le tour des pyramides.

Pendant ce temps, sous les tentes voisines de celle du Sultan, M. Cyprien sert un déjeuner comme jamais touristes, nobles ou roturiers, n'en ont fait au pied des pyramides. Cela ne sent guère le désert. M. Cyprien, en illustrant l'art culinaire, ne sert-il pas plus l'humanité que ne le firent les Pharaons en élevant leurs gigantesques tombeaux?.

Les explorations ont ensuite commencé. Pendant son séjour sur le plateau, le Sultan a fait plusieurs tours à cheval et à pied, descendant dans les puits, dans le temple Mariette, examinant tout par lui-même et se faisant donner sur toutes choses les renseignements les plus détaillés. Ni la chaleur ni la fatigue ne sauraient empêcher Abdul-Aziz de réaliser jusqu'au bout un projet arrêté. Il s'agissait aujourd'hui de bien voir cette nécropole des premiers Pharaons; et il l'a étudiée attentivement dans toutes ses parties et dans son ensemble.

Les Ottomans ont l'habitude, lorsqu'ils voient, ou qu'on leur montre quelque chose de nouveau ou d'extraordinaire, de dire : *Né faïdé?* Quelle utilité cela peut-il avoir? Le Sultan, en faisant cette excursion aux Pyramides, a pensé qu'il ne siérait pas plus à un souverain qu'à un simple voyageur de faire quelque séjour au Caire sans aller voir ces monuments si célèbres; il a pensé aussi que la vue de tout ce qui porte un caractère de grandeur élève l'âme et donne plus d'ampleur aux pensées. Le beau inspire le beau, le grand engendre le grand.

C'est en contemplant les chefs-d'œuvre des maîtres que le jeune peintre, se sentant pénétré du feu sacré de l'inspiration, s'écriera: *Anche io son pittore!* et moi

aussi je suis peintre! Ce fut aux Invalides, au sein des
merveilles dont Louis-le-Grand venait d'embellir Paris,
que Pierre de Romanow se dit à lui-même: et moi aussi
je fonderai Saint-Pétersbourg et serai Pierre-le-Grand?
La lecture des vies des hommes illustres de Plutarque
peut faire un Bonaparte. Les triomphes de Pompée, qui
faisaient dire à César qu'il aimerait mieux être le premier
dans un village que le second dans Rome, inspirèrent
au conquérant des Gaules l'ambition qui le rendit
bientôt maître absolu du pouvoir. Les trophées de
Miltiade, en empêchant Thémistocle de dormir, lui donnèrent ce courage qui sauva la Grèce du joug des Perses.
Les exploits de Philippe, à qui son fils reprochait de ne
lui laisser rien à faire, poussèrent Alexandre à la conquête de l'Asie.

L'auguste fils du glorieux Mahmoud, lui aussi, à la vue
de ces monuments antiques, et surtout de ces prodiges
que l'art et l'industrie modernes ont opérés sur le sol de
l'Égypte, ouvre plus large son âme aux hautes inspirations,
et s'enflamme de plus en plus de la noble ambition des
conquêtes de son temps, conquêtes pacifiques et utiles,
dont la gloire consiste à assurer la prospérité des empires
par le développement du progrès agricole, industriel et
commercial. A ses côtés, le digne rejeton de Mehmed
Ali et d'Ibrahim pacha s'anime également de la louable
émulation de suivre les traces de ses illustres devanciers
qui ont tout fait pour relever l'Égypte du triste état où
l'Administration des mamelouks l'avait laissée.

Vers le soir, le cortége a pris son élan du haut de la
nécropole pharaonique, et, après avoir traversé cette

plaine si délicieuse à parcourir sur la fin d'un beau jour, il s'est arrêté au kiosque de Gisch, où Bonaparte après son triomphe des Pyramides , remplaça Mourat Bey, et où le dîner avait été préparé. A l'entrée de la nuit, les kiosques et les bords du fleuve ont été illuminés. La soirée était magnifique, c'était comme une nuit d'été sur le Bosphore. Le cortége n'est rentré à la citadelle qu'à l'heure du cinquième namaz.

En ce moment une quinzaine de muezzins, choisis parmi ceux qui se font le plus agréablement écouter lorsque, des galeries aériennes des minarets , ils appellent les habitants du Caire à la prière, exécutaient un espèce de concert près des appartements des princes sous les fenêtres des deux imans. C'était un vrai concours, et les vainqueurs allaient avoir l'honneur d'être emmenés à Constantinople pour annoncer l'*ézan* des vendredis du haut des minarets des mosquées impériales. Le vestibule où ils étaient réunis possédait toutes les conditions d'acoustique désirables pour développer les sons de voix de la manière la plus heureuse. Chacun des concurrents chantait à tour de rôle chacune des parties de l'ézan. De temps en temps tous répétaient en chœur. Les intonations étaient sûres ; les modulations, variées ; les voix, pleines, graves, sonores. C'était beau, c'était ravissant ! j'aurais voulu crier bravo ! j'aurais voulu que cela ne finit point , jamais je n'avais si bien entendu dire : Dieu est grand ! il n'y a de Dieu que Dieu !!

HÉLIOPOLIS, KHAMSIN, DJEZIREH.

Nous allons bientôt quitter le Caire. Les bagages partent déjà pour Alexandrie, chacun s'empresse d'achever ses emplettes. Grand nombre de chevaux, d'ânes, de vaches, de chèvres, de béliers, d'autruches, de perroquets, de pigeons et autres quadrupèdes ou volatiles vont quitter les bords du Nil pour ceux du Bosphore. Mille objets divers, des babouches, des ceintures, des couvertures, des burnous, des gargoulettes, des choses du Soudan, de l'Inde et de la Chine sont également échangés contre de belles livres turques que nous laissons au Caire pour le dédommager des frais de sa magnifique hospitalité. Pour moi, à mes emplettes antérieures, j'ajoute du moka, des dattes, des conserves de dattes et d'ananas, des noix de coco, des bananes vertes que le trajet mûrira, des hab-el-léziz (globules de saveur), petites graines que l'on trouve à foison à la surface du sol d'Arabie, comme autrefois les Israélites y trouvaient la manne miraculeuse. Je suis à peu près le seul qui n'achète pas de *quena*.

La journée s'annonce chaude et lourde, Est-ce que le Khamsin nous envahirait? Il n'est question d'aucune

12

exploration officielle pour aujourd'hui. On m'a beaucoup
parlé de Matariah, point situé à une heure du Caire vers
le Nord-Est. Personne, m'assure-t-on, ne quitte la capitale de l'Egypte, sans avoir fait une excursion de ce côté,
où l'on voit le Palais d'Abassieh, le sycomore de la Vierge,
l'obélisque d'Héliopolis, la forêt pétrifiée, située sur les
flancs du Mokatam et d'où le désert étale aux regards
tous ses charmes, si charmes il a.

Le lala blanc m'accompagne. C'est un des Turcs les plus
habiles et les plus honnêtes que je connaisse. Nous nous
civilisons l'un l'autre.

Nous ferons notre rentrée par la porte des Conquêtes
ou par celle de la Victoire. Pour jouir encore à notre aise
des beaux quartiers du Caire, du Mouski et de l'Esbekieh,
nous prenons par la *porte de fer*. C'est pour nous en ce
moment le chemin des écoliers, mais les voitures vont si
vite !

Les terrains du transit et des environs sont couverts de
flots de population. Ce sont des marchands fellahs, des
Bédouins nomades tout armés, des pèlerins se préparant
au grand voyage. Tout ce monde est plus ou moins à l'ombre ou au repos, quelques chameaux et dromadaires sont
aussi là pêle-mêle ne mangeant pas afin de donner de
nouvelles preuves de leur sobriété.

Le sol que couvrent çà et là des habitations et des jardins
plantés d'aloès et de cactus est quelque peu accidenté.
Tout ce côté de la ville, depuis Boulak jusqu'aux contre-
forts du Mokatam, fut autrefois remué par les français qui
y construisirent une infinité de forts.

Près du vaste palais qu'Abbas pacha fit construire sur

la route et à l'entrée du désert, l'horizon s'élargit et s'embellit. A droite, l'extrémité de la ville s'appuie sur les flancs du Mokatam; plus avant, aux pieds de ce mont, brillent les coupoles des mosquées et des tombeaux d'un grand nombre d'anciens souverains de l'Egypte; devant nous s'ouvre le désert béant comme une vaste mer, où rien n'apparaît au-dessus des sables que la ligne du chemin de fer tracée par les poteaux télégraphiques. Le côté gauche de la route réjouit la vue par l'aspect d'une riche végétation dont les vives couleurs vertes font un agréable contraste avec les teintes rouges et fauves des nécropoles, du Mokatam et du désert.

Nous prenons à gauche, à travers la plaine toute plantée d'arbres le long de ses champs de verdure; ces espèces de bocages nous paraîtraient bien charmants si le Khamsin n'y faisait sentir sa suffocante haleine. Décidément nous sommes pris par ce vent redouté, l'horizon s'obscurcit; le soleil lui-même se voile de nuages de sable. L'air s'échauffe et s'alourdit. Nous commençons à haleter comme si nous prenions quelque fatigue.

S'il y a au Caire des cochers très habiles, il y en a aussi de bien novices pour ne pas dire plus. Le nôtre de ce jour est sans doute arrivé hier des sources du Nil, de Tombouctou ou de Sakatou. Il ne sait pas plus où est Matariah que je ne sais où est la pierre philosophale. Il ne peut pas même demander son chemin. Il nous conduit à la porte d'un palais qu'il ne connaît pas. Je descends, et, avant de prendre des informations, je prie les suisses du lieu de me favoriser de deux verres d'eau pour éteindre le feu de la soif que le khamsin allume en nous, puis j'apprends que nous sommes à Coubbé, palais de Moustafa pacha, ministre des finances, où fuad pacha est venu dîner il y a deux jours. Je jette les yeux sur les jardins qui ne me paraissent pas des moins beaux du Caire. Les environs sont bien cultivés. Le long de l'avenue il y a même des vignes dont les dernières racines touchent les sables du désert, Je remercie ces bonnes gens en leur disant qu'à mon retour à Constantinople je ferai connaître leur bienfait à leur noble seigneur et maître. Ils font un signe au cocher pour lui apprendre que Matariah est derrière le palais et bientôt nous arrivons à ce village.

Deux jeunes coureurs de baghtchich offrent de nous conduire au *djimmès*, nom du sycomore sous lequel Joseph, Marie et l'enfant Jésus se reposèrent pendant leurs pérégrinations en Egypte. Cet arbre est planté au rond point de quelques allées d'un jardin copte. Sa tige, emblème de vétusté, a trois ou quatre mètres de circonférence, elle est toute tailladée, chaque voyageur enlevant une parcelle de son écorce, ou y gravant son nom, elle est peu haute et ne nourrit que quelques branches peu vigoureuses, dont j'arrache quelques feuilles pour en avoir un souvenir. Je cherche la source que la tradition place au pied du sycomore, et qui, d'amère qu'elle était, devint douce aussitôt que l'enfant Jésus l'eut touchée de ses lèvres.

En allant à l'obélisque, nous apercevons à la porte d'un jardin qui renferme le monolithe, une source aux eaux abondantes et claires comme du cristal, elle sort de dessous les racines d'un arbre, mais cet arbre n'est pas celui que les pèlerins vénèrent. Comment cette source peut-

elle jaillir là au niveau des terrains environnants? ses eaux
viennent sans doute du Mokatam.

Joseph et Marie durent trouver à Héliopolis un quartier juif avec un temple que Vespasien fit détruire après
la conquête de la Judée. Il y a là des tertres que l'on
appelle encore *tertres des juifs*. Ce fut aussi à Héliopolis
que Putiphar, prêtre du soleil, eut pour esclave Joseph,
fils de Jacob, que sa sagesse éleva ensuite au rang de
premier ministre de l'Egypte. Ce fut ici encore que Platon
se fit initier à la science d'Hermès Trismégiste, qu'Eudoxe étudia l'astronomie...

L'obélisque d'Héliopolis, placé au centre d'un jardin
arménien, est le plus ancien de tous les monolithes de ce
genre. Il a ses faces presque entièrement occupées par
les travaux de l'abeille maçonne, qui en cachent les inscriptions. Il ornait le magnifique temple du soleil, décrit
par Strabon, qui voyagea en Egypte vers le même temps
que Joseph et Marie. De ce temple, de cette grande ville
du Soleil, capitale de la Basse-Egypte, comme Memphis
et Thèbes le furent de la moyenne et de la haute, il ne
reste rien aujourd'hui que l'obélisque. Tout a disparu,
même les ruines, tout au plus voit-on à quelque distance,
de légères élévations de terrain qui semblent décrire une
enceinte. Sont-ce des monceaux de décombres sur lesquels
l'herbe a poussé? Bien des antiquités doivent être enfouies
sous ce sol, qui, à l'endroit le moins élevé, recouvre tout
le piédestal de l'obélisque et même sa base de près de
trois mètres. Les débris de la cité et les inondations du
Nil ont amené cet exhaussement du terrain.

D'après les ingénieurs français de l'expédition d'Egypte,

les dépôts du limon du fleuve élèvent le sol de 126 milli-
mètres (4 pouces 1/2) par siècle ; ce qui fait plus de deux
mètres pour la durée de l'ère chrétienne. Il a été constaté
que les Égyptiens bâtissaient leurs cités et leurs monuments sur des terrasses assez élevées pour n'être point
couvertes par les eaux. A Thèbes et ailleurs ces terrasses
factices ont été retrouvées à 18 pieds au-dessous du sol
actuel. On croit que celles d'Héliopolis sont à une profondeur plus grande encore, que de villes et de villages, que
de trésors cachés sous cette grande couche de limon que
les siècles ont superposée sur l'antique Egypte !

Ces élévations successives du sol de l'Égypte faisaient
dire à Hérodote : « un jour le terrain parviendra à une
telle hauteur, que les plus fortes crues ne pourront pas
l'atteindre; l'Égypte deviendra un pays stérile et absolu-
ment inhabitable.» L'historien grec, non plus qu'Aristote,
qui fut plus tard du même avis, n'avait pas sans doute
remarqué, comme on l'a fait depuis, que le lit du fleuve
s'exhausse en même temps et à peu près dans la même
proportion que la surface de la vallée, un peu plus dans
la Haute-Égypte et un peu moins dans la Basse. Il n'avait
pas non plus prévu l'idée du barrage.

Le sol de l'Égypte et le lit de son fleuve s'élevant de la
sorte depuis la Nubie jusqu'à la Méditerranée, d'où peut
venir tant de limon ? Il descend sans doute des montagnes de l'Abyssinie, du Kordofan, de la Lune, du Lion,
de *l'Épine dorsale* du monde, dont il forme peut-être les
gros filets; car ainsi que le prouvent en ce moment MM.
Speke et Grant, les eaux du Nil ont leur source dans ces
lointains parages, au lac Nianza, alimenté par les versants

septentrionaux des monts Lupota. Ces intrépides voyageurs ont enfin résolu le problème latin, *caput nili quærere*, équivalent à celui de nos jours, *chercher la quadrature du cercle*. Ce que ne purent ni les Pharaons, ni Cambyse, ni Alexandre, ni les Ptolémées, ni César, ni Néron, deux anglais l'ont pu : ils ont trouvé la tête du Nil; ils l'ont trouvée par de-là l'Équateur! Quel géant que ce Nil! Sa taille mesure plus de 1,000 lieues!

Au Vieux-Caire, la vitesse de son cours est de 70 centimètres par seconde, si elle était partout la même, ses eaux mettraient près de trois mois à arriver de leur source à la Méditerranée. Au retour, elles n'emploient pas tant de temps lorsque c'est une brise carabinée qui les emporte en nuages de la Méditerranée ou des Océans vers les hauteurs de la zone torride.

Quels systèmes hydrauliques que ceux qui servent à l'économie des eaux terrestres! Sans interruption et sans dérangement ils pompent des surfaces des mers, pour les accumuler sur les sommités de notre globe, des masses d'eau qu'aucune intelligence humaine ne saurait calculer. De là, des réservoirs immenses qui forment une de leurs plus admirables combinaisons, ils les distribuent ensuite avec mesure, pures des sels de l'Océan, sur toute la surface de la terre afin qu'elles y déposent leurs principes de vie et de fécondité. Et ces grands mouvements de va-et-vient des eaux s'accomplissent avec autant de régularité et d'harmonie que les cours du soleil et de la lune. Aussi les Égyptiens adoraient-ils le Créateur de toutes choses sous l'emblème du Nil aussi bien que sous ceux des astres du jour et de la nuit.

Le plateau des Pyramides que nous visitions hier, fut sans doute la nécropole de la ville d'On que les Grecs appelèrent Héliopolis. Les lieux de sépulture étaient toujours au couchant des cités. Par le choix de ce plateau, les fils du soleil (Phara-on) mirent au moins leurs tombeaux à l'abri des invasions du limon, qui ont enterré leur ville et leurs palais.

C'est à On que le phénix faisait ses apparitions. Cet oiseau merveilleux se renouvelait tous les 1,461 ans, nombre d'années dont se compose la grande période astronomique au bout de laquelle le soleil revient aux mêmes signes du Zodiaque. C'était, au dire de Tacite, une époque solennelle de renouvellement et de félicité. Il en fut du moins ainsi de son temps, sous Antonin, le meilleur, avec Titus, des empereurs romains. La fin de la période précédente se rapportait à la glorieuse 19e dynastie des rois d'Egypte, au règne de Séthi, un des plus sages Pharaons, qui fit élever son fils Rhamsès-le-Grand ou Sésostris avec 1,700 enfants nés le même jour que lui. La période suivante s'est terminée en plein règne d'Henri IV, «seul roi de qui le peuple ait gardé la mémoire, » contemporain d'Elisabeth, qui fit l'Angleterre si grande, de Sixte V... Les choses arrivant ainsi, il serait à désirer, pour la gloire et le bonheur du monde, que le phénix ne vécût pas si longtemps.

Cuvier regarde le faisan doré comme le modèle qui a servi à la description du phénix, qui, avec sa belle huppe, ses plumes dorées, sa queue blanche mêlée de plumes écarlates et ses yeux étincelants, était le symbole du soleil. A la fin de sa période, il se faisait un nid de plantes aromatiques et s'y consumait aux rayons du soleil. De la moelle de ses os sortait un autre phénix. Celui-ci, formant avec de la myrrhe une espèce de boule, la creusait, y déposait le corps de son père enduit de myrrhe et portait ce précieux fardeau dans le temple du soleil de la cité d'On. Après quoi le nouveau phénix s'en allait courir le monde pendant des siècles.

En retournant d'Héliopolis, nous nous bornons à regarder de loin la forêt pétrifiée. Le contact brûlant de l'atmosphère, l'aspect du brouillard de sable dont elle est saturée, nous effrayent trop pour songer à y aller. On dirait que, des limites de l'horizon, un immense incendie a lancé ses cendres chaudes, grises et rouges, jusqu'au sommet des cieux. Le ciel de Naples dut paraître tel lorsque le Vésuve couvrit de ses laves Herculanum et Pompéia. Le sort de Pline l'Ancien, qui fut alors asphyxié à deux lieues du cratère, me vient en souvenir. Nous sommes oppressés, desséchés, et c'est en cet état que nous passons, sans presque rien voir, la porte des Conquêtes et les quartiers environnants.

A l'approche de la nuit, la poussière de sable est tombée et l'air s'est rafraîchi. Nous avons retrouvé notre respiration ordinaire.

Le Sultan est allé, dans l'après-midi, combattre l'influence du Khamsim sur les bords des bassins du palais de Djézireh où il est resté jusqu'à la nuit.

Comme Sa Majesté se propose de repartir demain pour Alexandrie, elle s'est occupée aujourd'hui de régler ses comptes avec les habitants du Caire. Ils ont été si respectueux et si magnifiques dans leur réception ! La munificence du Sultan veut leur rendre le contentement dont ils ont rempli son noble cœur. Les soldats, les serviteurs, les pauvres, les établissements publics, les harems des descendants de Mehmed-Ali sont les principaux objets de ses libéralités. Des distinctions sont réservées *in petto* aux officiers et aux fonctionnaires dont l'intelligence et le zèle secondent le mieux les belles intentions d'Ismaïl pacha. Les largesses d'Abdul-Aziz ne sont ni mesquines ni exagérées. Le Sultan est maître absolu de ses mouvements et de ses passions. Il sait quels devoirs les convenances imposent à sa générosité, mais il ne perd pas de vue non plus les idées économiques que les circonstances ont contribué à graver dans son esprit. En cela il pratique de son mieux le précepte latin, *est modus in rebus....,* il est un terme dans les choses, en deçà et en delà duquel il n'est pas bien de se placer,

Vous devriez bien, me dira-t-on, vous rappeler ce précepte en écrivant votre voyage. C'est vrai ! Je vais me ranger et finir. Patience !

QUATORZIÈME JOURNÉE. — 16 AVRIL.

RETOUR DU CAIRE A ALEXANDRIE.

Notre départ va avoir lieu dans quelques heures. Avant de quitter le Caire, je veux le revoir du haut de la plate-forme, je veux jouir encore une fois de son grand et bel horizon que le soleil va dorer de ses rayons naissants.

Les matinées sont toujours belles ici. L'atmosphère est d'une transparence que rien ne trouble. Les sables d'hier se sont retirés dans le désert. Les particules ignées qui tourbillonnaient dans l'espace ont été bues par le soleil, comme disent les Arabes, ou par la rosée de la nuit. L'air est pur et frais. Le Khamsim a été refoulé dans le désert. Nous l'avons vu et senti, c'est assez. Pour ma part, j'en rends grâce à Typhon.

En revoyant ce magnifique panorama, que j'ai touché du doigt en plusieurs endroits, ma joie se mêle d'un regret. Que de choses à voir encore depuis le Caire jus-qu'au tropique du Cancer, jusqu'en Nubie ! Memphis, avec ses pyramides, son Serapéum et sa Statue colos-sale de Sésostris, le Fayoum avec le lac Méris, le canal de Joseph et le Labyrinthe, Thèbes, avec sa riche nécro-

pole et ses admirables palais de Karnac et de Louqsor,
les îles d'Eléphantine et de Philé avec leurs monuments
religieux; et tant d'autres lieux célèbres, couverts d'antiquités, les cultures de la Moyenne et de la Haute-
Egypte, dont plusieurs diffèrent de celle du Delta, les
rives du Nil supérieur, d'un aspect plus grandiose et plus
pittoresque, tout cela visité en temps convenable et au
moyen d'une *Dahabiéh* bien installée et bien conduite,
charmerait la vue et la mémoire.

A l'Est, le désert, Suez, la mer-Rouge, les miracles de
Moïse, le Sinaï, les canaux d'eau douce et d'eau salée,
le lac du Crocodile, la terre de Gessen, mériteraient
également d'être explorés. Mais par le temps qui court,
il est encore mieux d'aller voir si les fraises d'Arnaout-
Keui et les cerises de Chalcédoine commencent à mûrir.
O Meltem, dont la fraîche haleine caresse sans cesse,
même aux jours caniculaires, les délicieuses rives du
Bosphore, comme nous allons t'apprécier, pour peu que
les vents brûlants du désert nous inquiètent encore avant
notre retour !

L'heure du départ approche. J'entends les chariots,
chargés de nos bagages, rouler sur la rampe de la citadelle ; Je vois les nuages de poussière qu'ils commencent
à soulever aux abords de l'embarcadère du chemin de
fer. Il faut partir.

Pyramides, désert, adieu. Adieu, ville de la victoire.
Le ciel te garde du sort d'Héliopolis, de Memphis et de
Thèbes. Sois encore la brillante capitale des Fatimites,
de Salah-ed-din, de Mehmed Ali. Sois toujours le plus
beau rubis du merveilleux écrin des *Mille et une Nuits*.

Jeudi soir.

Nous voici de retour au harem du palais de Ras-et-Tin, rafraichi des deux côtés par les eaux de la Méditerranée que les Orientaux ont raison d'appeler Mer-Blanche.

Comme le Sultan s'est couché de bonne heure, des aides-de-camp et des chambellans ont pu dîner à la table d'hôte du mabéin. J'étais avec eux. Encore une fois, nous avons béni le nom de l'habile maître d'hôtel du palais, dont l'art sait si bien dégager notre appétit des torpeurs que la chaleur lui communique.

La température du jour n'a rien eu d'extraordinaire. Seulement à l'embarcadère du Caire, elle a été trouvé un peu élevée. L'endroit est bas, environné d'arbres qui, sans donner de l'ombre, interceptent la brise de la plaine. Depuis l'aurore jusqu'au départ, il y a eu là un mouvement tout-à-fait insolite, signalé par des tourbillons de poussière des plus incommodants. On eût dit que tout le Caire déménageait. Les deux voies, à l'esplanade de Kasr-ul-Nil et à l'embarcadère ordinaire, étaient envahies par je ne sais combien de trains, trains d'animaux, train d'effets donnés, achetés, ou de voyage, train de voyageurs, train impérial. Quel train! quel tumulte! quelle hâte! quelle crainte de n'avoir pas de place! et il y en avait beaucoup, plus qu'il n'en fallait, grâce à la prévoyance de la compagnie.

De neuf à dix heures du matin, le canon a annoncé la sortie du Sultan de la citadelle. Tout le Caire était en contemplation. Le cortége était brillant. Des deux côtés les adieux partaient du cœur. Il était aisé de voir que la foule remerciait le Sultan Abdul-Aziz de sa gracieuse visite en

adressant au ciel les vœux les plus sincères pour la prolongation de ses précieux jours. Les vivats des troupes
qui portaient les armes, à la citadelle et à Kasr-ul-Nil,
accompagnés de ceux des assistants, sentaient et commu-
niquaient l'émotion.

Le Sultan s'est arrêté quelques moments au kiosque
de Kasr-ul-Nil pour laisser à sa suite le temps de changer ses uniformes contre des habits de voyage. Après
quoi, le train impérial a pris son élan à travers les bocages des environs du Caire. Il avait été précédé de deux
ou trois trains, et autant d'autres l'ont suivi emportant
la queue de la suite et des bagages.

Au moment du départ, je m'oubliais à causer près du
wagon impérial lorsque le sifflet du signal s'est fait entendre. Je cours prendre ma place, mais elle est occupée : Je
me fais ouvrir un compartiment voisin où personne ne se
montre. La portière ouverte, j'y vois une foule de petits
mioches nés il y a sept ou huit ans en Négritie. Je recule,
lorsque de l'intérieur, on me crie : bouiouroun, venez,
venez. J'entre, pensant que cette société pourrait avoir
ses charmes. Le grand chambrier me fait asseoir contre
le lit du Sultan.

Ces huit petits nègres, tous gentils, venaient d'être
acquis par don ou par achat pour être, dans le harem,
les serviteurs du Prince Joussouf-Izz-ed-din éfendi. Ils
paraissaient tout étonnés de se voir habillés à l'européenne
et ne savaient guère la manière de se servir de leurs
vêtements étriqués et partout boutonnés. Aussi m'a-t-il
fallu souvent les aider à se rajuster et même leur éplu-
cher des oranges. J'étais leur baba. Un seul savait quel-

ques mots de turc ; les autres ne parlaient qu'arabe. Dieu merci, j'ai appris d'eux à demander de l'eau dans leur langue. Moïa ! moïa ! criaient-ils tout le long du chemin.

Quoiqu'ils fussent tous costumés en garçons, il y avait dans le nombre trois filles faciles à distinguer à leurs traits plus fins et à leurs manières plus calmes. Elles se montraient soumises aux garçons. Tous avaient déjà quelques teintes d'éducation. On les avaient sans doute dressés en vue de l'emploi auquel ils étaient destinés. Des enfants de bonne famille n'auraient pas joué, ni ri, ni crié autrement qu'eux. Ils m'amusaient, bien que de temps à autre ils me marchassent sur les pieds et qu'ils s'appuyassent sur moi pour dormir. Je n'avais pas à regretter les distractions, car, en allant au Caire, j'avais eu tout le temps d'admirer les belles et fertiles campagnes du Delta, que l'on revoit toujours avec un nouveau plaisir.

Le Sultan devait s'arrêter à moitié chemin et descendre pour visiter un endroit célèbre dans la contrée; mais après une courte station vis-à-vis de la tente qui avait été dressée à cet effet, le convoi a continué sa route jusqu'à Alexandrie où il est arrivé de bonne heure.

Le premier chambellan, Iaver bey, est seul descendu en chemin. Ayant avisé, à vol de train, deux beaux chevaux arabes paissant dans la campagne, il en a parlé dans le wagon comme de deux types qu'il serait bon d'emmener à Constantinople. Iaver bey a alors reçu l'ordre d'aller les chercher, et il n'est pas encore de retour de cette mission.

La soirée a été employée au repos et aux préparatifs du grand voyage que nous entreprendrons, assure-t-on, après-demain samedi.

Ici, comme au Caire, le Sultan veut faire des heureux, Il trouve juste que sa munificence s'étende sur Alexandrie qui a inauguré, avec tant d'enthousiasme et tant d'éclat, les fêtes de ce mémorable voyage. En ouvrant sa cassette à ceux que leur position rend surtout dignes de ses faveurs impériales, Sa Majesté acquitte une dette de bienfaisance envers eux et de reconnaissance envers tous.

ADIEUX A ALEXANDRIE.

Le bruit se répand que nous nous embarquerons aujourd'hui même après la prière solennelle de midi. Tout le monde se met aux apprêts. Je fais comme tout le monde; et après avoir recommandé mes légers bagages à des compagnons de route, je vais faire mes adieux à Alexandrie.

En traversant encore l'île de Pharos, je me la figure au temps où le caméléon Protée y paissait les troupeaux de Neptune. Alors elle était une véritable île. D'après Homère, une longue étendue de mer la séparait de la terre. Ce poète fait dire à Ménélas, racontant ses aventures à Télémaque:

« Dans la mer d'Egypte, *vis-à-vis du Nil*, il y a une certaine île, qu'on appelle Pharos. *Elle est éloignée d'une des embouchures de ce fleuve*, qui tire ses sources de Jupiter, *d'autant de chemin qu'en peut faire en un jour un vaisseau qui a le vent en poupe...* »

Il est possible que l'emplacement d'Alexandrie et la langue de terre qui relie cette ville au Delta entre les deux grands lacs Maréotis et Madieh, ne fussent alors qu'une vaste plaine liquide. On dit même que l'isthme de Suez n'existait pas autrefois et que la mer Rouge communiquait avec la mer Méditerranée. Le Delta tout entier n'est sans doute qu'une terre d'alluvion.

Le divin Protée, qui régnait sur l'île de Pharos, connaissait le présent, le passé et l'avenir,

Quæ sint, quæ fuerint, quæ mox ventura trahantur,

a inspiré à Homère et à Virgile quelques-uns de leurs plus beaux vers. Dans l'Odyssée, c'est Ménélas, jeté là par la tempête, qui consulte Protée. Par les conseils et par l'aide d'Eidothée, fille du devin, le roi de Sparte parvient à enchaîner le Dieu, quoique, sous ses efforts, il se change en énorme lion, en dragon horrible, en léopard, en sanglier, en eau, en feu, en arbre... Une fois dompté, le devin indique au fils d'Atrée le moyen de revenir dans ses états avec les grandes richesses qu'il a recueillies dans ces parages. Sa femme, Hélène, qui avait déjà visité ces côtes lorsqu'elles s'enfuyait avec le beau Pâris, rapporta d'Egypte un remède dont le monde doit regretter la perte. Comme on s'entretenait un jour, à la table du roi de Sparte, des pertes essuyées devant Troie et que les convives s'attendrissaient au point de ne pouvoir manger, « la belle Hélène, dit Homère, s'avisa d'une chose qui fut d'un grand secours. Elle mêla dans le vin qu'on servait à table une poudre qui assoupissait le deuil, calmait la colère et faisait oublier tous les maux. Celui qui en aurait pris dans sa boisson n'aurait pas versé une seule larme, quand même son père et sa mère seraient morts, qu'on aurait tué en sa présence son frère ou son fils unique et qu'il l'aurait vu de ses propres yeux : telle était la vertu de cette drogue que lui avait donnée Polydamna, femme de Thonis, roi d'Egypte, dont le fertile terroir produit une infinité de plantes bonnes et mauvaises, et où tous les hommes sont excellents médecins. C'est de là qu'est venue la race de Péon, » qui fut le médecin en chef des dieux de l'Olympe.

Dans les Géorgiques de Virgile, c'est le berger Aristée qui, sur les avis et les instructions de sa mère Cyrène, va interroger Protée. Cet infortuné pasteur, habile à faire du *iogourt* et du miel, venait de perdre ses abeilles; ce dont il était inconsolable. Protée, dont il se rendit maître à la façon de Ménélas, lui apprit l'origine de ses maux et le remède qu'il devait y appliquer. « En poursuivant d'amour sur l'herbe fraîche, lui dit-il, la belle Eurydice, femme d'Orphée, vous fûtes cause qu'elle fut piquée au pied par un serpent, piqûre dont elle mourut. Que de peines cette mort causa à Orphée, y compris celle de voir sa chère épouse mourir une deuxième fois! Pour que vos maux finissent, il faut que vous sacrifiiez aux mânes d'Eurydice et de son trop fidèle époux. » Des entrailles des taureaux et des génisses qu'Aristée immola et qu'il laissa vener neuf jours durant dans un bois sombre, sortirent, *dictu mirabile monstrum !* plusieurs beaux essaims d'abeilles. Avis à ceux qui voudraient multiplier les fabriques de miel. C'est Virgile, l'habile conseiller des agriculteurs, qui indique ce procédé à ceux qui auraient perdu leurs mouches à miel.

Après avoir dit mes adieux à la place des Consuls, je rentrais au palais, lorsqu'à l'endroit où la rue est le plus large, je rencontre le cortége impérial se rendant à la mosquée. Ici l'espace ne manque point au développe-

ment de l'escorte officielle qui apparaît dans tout son
éclat. Quatre chevaux d'apparat, conduits par des écuyers
à pied et précédés d'un aide des cérémonies à cheval,
ouvrent la marche. Suivent sur deux files les généraux
et les maréchaux, élite de figures martiales, montant
une élite de coursiers arabes. Leurs uniformes sont
variés, leur tenue est admirable, tout brille de richesse
et d'élégance. Après eux, vient le ministre de la
marine, puis Fuad pacha, qu'entourent deux aides-de-
camp, deux sergents et deux serviteurs. Un petit vide est
rempli par deux chevaux, richement caparaçonnés et me-
nés à vide comme les quatre premiers. Ensuite se montrent à pied deux longs rangs d'officiers supérieurs de
toutes armes et de tous uniformes, au fond desquels
s'avance majestueusement le Padichah, jouant avec son
noble coursier comme Alexandre jouait avec Bucéphale,
saluant du regard la foule qui stationne sur les deux
bords de la voie. Derrière le Sultan marche un peloton
de zouaves, puis un autre de chasseurs à pied. Les chambellans à droite et les secrétaires à gauche, les aides-de-
camp, continuant les deux lignes, viennent ensuite montés
sur des chevaux qui ne sont pas le moindre ornement
de la cérémonie. Un demi escadron de cavalerie forme
l'arrière-garde du cortége, au milieu duquel tous les
regards vont chercher le Sultan Abdul-Aziz.

Ce n'est point l'éclat de son costume qui peut désigner
le Sultan à ceux qui ne le connaissent pas. Rien n'est si
simple que sa mise. L'ombre de Suleiman-le-magnifique
aurait de la peine à l'agréer. Le fez d'Abdul-Aziz n'a nul
ornement; l'antique aigrette en a disparu. Son pantalon,
sa tunique et son manteau sont bordés de petits cor-

dons rouges, et c'est tout. Les plaques de ses ordres, le cordon de l'Osmanié et le ceinturon de son sabre relèvent seuls son uniforme de parade. Autrefois les pierres précieuses éclataient sur les vêtements des Sultans et même sur les housses de leurs chevaux; Abdul-Aziz ne les emploie plus à cet usage. Un coursier de belle et bonne race, revêtu d'un harnais élégant, pour lui-même de fines étoffes, bien taillées, bien drapées, c'est tout ce qu'il lui faut. Il dédaigne les ornements trop chargés. La Majesté qu'il porte en lui, la beauté de son corps et de son visage, son port, son air noble et bon suffisent pour captiver l'admiration générale.

Les Alexandrins sont accourus sur son passage, désireux de contempler encore une fois son auguste personne, dont la vue ne manque jamais de faire naître des sentiments de sympathique hommage.

De retour au palais, je m'étonne de me trouver presque seul dans cette vaste résidence; tous ceux des nôtres qui n'étaient pas du cortége, avaient couru s'embarquer. On enlevait les derniers bagages. Les miens étaient à bord. C'était le cas d'aller faire mes adieux à la salle à manger du mabéin Nubar pacha, qui n'était que bey à notre arrivée au Caire; Marco pacha, M. Oppenheim... étaient là. Je fais, à cette table, les provisions que de besoin et dis mes adieux à la société; après quoi je vais rejoindre à bord mes compagnons de voyage.

A peine avions-nous eu le temps de retrouver nos places sur le bateau, que le canon annonce l'embarquement de Sa Majesté. Nous restons là une heure pour laisser aux traînards le temps de rallier.

Pendant ce temps ceux qui reviennent du cortége, nous parlent des touchants adieux qui viennent de se faire.

Avec le vice-roi Ismaïl pacha, se sont trouvés à la mosquée Halim pacha, Ismaïl Bey, fils de Mehmed Ali pacha, récemment décédé à Constantinople, Tossoun pacha, fils de feu Saïd pacha..., tous futurs héritiers du Gouvernement de l'Égypte. En recevant leurs hommages et leurs vœux de bon retour, le Sultan a laissé voir toute la satisfaction que lui ont causée et la réception dont il a été l'objet et la vue de ce beau pays d'Egypte. « J'espère a dit sa Majesté, en regardant Ismaïl pacha, que par vos soins et par votre zèle, le peuple Égyptien deviendra de plus en plus prospère et heureux. J'ai été content de lui, et en toute occasion j'étendrai ma bienveillance sur lui ainsi que sur son digne chef.»

Que de remercîments chacun de nous aurait eu à faire à S. A. Ismaïl pacha! Pour ma part, je bénis et bénirai toujours son nom. Visiter l'Égypte avec toutes les aises possibles et imaginables, y être traité comme en pays de cocagne, et cela sans bourse délier, c'est là un bonheur qui oblige à reconnaissance Veuille le ciel le rendre en faveurs à qui je le dois!

Les officiers du bord nous apprennent que deux jours et deux nuits durant, la mer a été furieuse et presque pas tenable dans le port. Depuis hier, l'étoile d'Abdul-Aziz a rasséréné le Ciel, Borée a refréné ses souffles tumultueux et cédé l'empire des airs à la douce haleine des zéphirs.

Le dernier courrier, arrivé de Constantinople, nous a

également appris que, pendant que le Khamsin nous hâlait au Caire, la neige tombait sur les rives du Bosphore. Nous allons donc passer du chaud au froid.

Tous les bâtiments de la flotte impériale ont levé l'ancre. Ismaïl pacha, qui a accompagné sa Majesté jusqu'au *Feïzi-Djehad*, quitte son bord, emportant un dernier témoignage de la haute bienveillance de son souverain. Le yacht impérial se met en mouvement. Aussitôt les salves et les hourras d'adieu commencent, et l'émotion pénètre tous les cœurs. Ces tonnerres grondant de tous les bâtiments et de tous les forts, ces milliers de voix qui s'élèvent de toutes parts, semblent dire : « ô Padichah! nous vous remercions de votre gracieuse visite, puisse le Ciel vous accorder un bon retour et vous conserver longtemps à l'amour de vos peuples! »

A l'occasion du voyage du Sultan en Égypte, le roi galant-homme avait envoyé à Alexandrie, le vaisseau *Victor-Emmanuel*. En ce moment il mêlait ses pavois et ses salves à ceux de la flotte Égyptienne.

Un bâtiment français était aussi richement pavoisé. Comme il avait de nombreux sabords et pas de canons, bien des gens qui ignoraient cette dernière circonstance disaient : « pourquoi donc le français ne tire-t-il pas? »

Les saluts n'ont cessé que lorsque le *Feïzi Djehad* a gagné le milieu du port *du bon retour* (Eunostos).

Nous venions de franchir les passes avec un entier succès et nous jetions un dernier regard sur la ville d'Alexandrie, lorsque, vers son extrémité occidentale, nous voyons s'élever dans l'air des tourbillons de fumée, pareil spectacle s'était offert aux yeux d'Énée lorsqu'il quittait les rivages africains. La pauvre Didon, délaissée par lui, se faisait brûler sur un immense bûcher pour se guérir d'un amour méprisé. Grâces au Ciel, tel n'est pas le cas aujourd'hui. La fumée que nous apercevons est celle d'un train express qui remporte à toute vitesse Ismaïl pacha au centre de ses affaires que nous lui avons fait quelque peu négliger. Que Dieu l'aide à les remettre en bonne voie et à faire de l'Égypte ce qu'elle fut autrefois, le grenier du monde entier.

La nuit passée, je rêvais que j'étais gouverneur d'Égypte. Enfin, me disais-je, ce rêve que chacun de nous fait une fois au moins dans sa vie, se réalise pour moi. Je suis roi, et roi pouvant tout pour le bien et peu pour le mal. Sous les auspices de la Porte et de l'Europe, je vais, tout à mon aise, mettre en pratique mes théories de bon gouvernement. N'ayant nul projet de rébellion ni d'attaque, je n'ai point de trouble à redouter, sûr que je suis d'ailleurs d'amener mon peuple à soumission. Je puis donc donner libre cours à l'ambition que j'ai d'établir un gouvernement modèle, un gouvernement dont le chef se montre l'instrument docile et actif de cette sagesse providentielle qui veille sur les destinées des sociétés humaines pour les conduire au plus haut degré de bien être possible.

Comme le roi-prophète Suléiman, je demande à Dieu la sagesse. Comme Haraoun-el-Rachid, je m'applique à mériter le surnom de Juste. Comme son fils El-Memoun, j'aime la clémence, je protége les arts, les lettres et les sciences, je fais revivre les lumières. Comme Vespasien, en qui les Alexandrins, amis du faste et de la dépense, ne trouvaient qu'un homme simple et frugal, je me montre actif, infatigable, étant d'avis, comme lui, qu'un chef d'État doit mourir debout. Comme son fils Titus, je croirais avoir perdu ma journée si je ne l'avais pas remplie par quelque bonne action. Comme Trajan, je veux, en faisant fleurir la justice, en gouvernant avec les plus sages, en allégeant les impôts, en travaillant au bien-être de tous, conquérir le titre de *Très-bon*. Comme Adrien, qui disait qu'un prince doit ressembler au soleil et luire pour toutes les provinces, je vais, je viens, je suis partout, tantôt au Sennaar et tantôt à Damiette, tantôt dans la grande Oasis et tantôt à Suez. Mon passage ressemble partout à celui d'un bon père de famille qui visite ses terres et qui veut que ses travailleurs soient traités avec douceur et justice, et récompensés selon leurs œuvres. Partout je fais entendre ces paroles d'Henri IV : « Je veux que tous mes sujets soient tranquilles et heureux, au point que le plus humble paysan puisse mettre sa poule au pot une fois au moins dans la semaine. » Pensant, comme son digne ministre Sully, que *le labour et le pâturage sont les deux mamelles d'un État*, je pousse à la culture des terres et à l'élève du bétail. Pour encourager et honorer les travaux des champs, je fais comme les empereurs de Chine, je mets la main à la charrue. En travaillant ainsi moi-même, je donne du cœur à tous et remplis le plus saint des devoirs.

Un jour, un Ministre reprochait à Aureng-Zeb de travailler plus que son état de maladie ne le comportait. L'Empereur, indigné, dit à ceux qui l'entouraient: « N'avouez-vous pas qu'il y a des circonstances où un roi doit hasarder sa vie et périr les armes à la main, s'il

le faut, pour la défense de la patrie ? Et ce vil flatteur ne
veut pas que je consacre mes veilles au bonheur de mes
sujets. Croit-il donc que j'ignore que la Divinité ne m'a
conduit sur le trône que pour la félicité de tant de millions d'hommes qu'elle m'a soumis ? Non, non, Aureng-
Zeb n'oubliera jamais le vers de Saadi : *Rois, cessez
d'être Rois, ou régnez par vous-mêmes.* » Le même poète
disait un jour à un roi dont l'âme était agitée par la
crainte d'un ennemi puissant : « Fais grâce au faible,
soulage le pauvre, rends la justice à tous, et tu ne crain-
dras point d'ennemis. » Ces sages conseils, dont j'aime à
faire l'expérience, me réussissent pleinement : j'en
recueille les plus doux fruits. A mesure que je m'occupe
avec zèle du bien général et que j'assure le règne des
lois et de la justice, je vois tous les cœurs me faire un
rempart de leur amour et de leur dévouement.

Rien n'est puissant comme l'exemple. Aimez le travail,
l'ordre et la justice, et vous verrez bientôt le travail, l'ordre et la justice tenus en honneur par tous et en tout
lieux. Aimez vos sujets comme vos enfants, traitez-les
tous avec une égale équité, faites leur bonheur. Vous
serez heureux de leur félicité, fort de toutes leurs forces,
riche de toute leurs richesses, maître absolu de leurs
cœurs, contre lesquels aucun ennemi ne saurait prévaloir.

Grâce à la sagesse de mon gouvernement, les villes et
les campagnes sont à moi et pour moi, et, par leur influence, je conquiers le désert. Les tribus nomades éprou-
vant de plus en plus le besoin de se fixer, afin d'avoir leur
part au soleil de bonheur qui se lève sur le pays. Les

Bédouins les plus sauvages, mis de tous côtés dans l'impossibilité de nuire et frappés d'ailleurs du spectacle imposant qu'offre le nouvel ordre de choses, dépouillent eux-mêmes leurs habitudes de pillage ; ils déposent leurs armes et demandent à être admis au bénéfice des sociétés policées. La soumission gagne tout le monde, et la sécurité règne déjà partout. Comme Rollon le Normand, dont la sage administration soumit et civilisa le peuple le plus pillard et le plus dévastateur du monde, je fais exposer des trésors dans les campagnes, jusque dans le désert, et personne n'ose y toucher. Le seul cri de haro ! suffit pour empêcher toute injustice, toute violence.

Maître de toute les races, je les assimile entre elles, je relève leur moral, je leur assure à chacune une condition sociale convenable; par tous les moyens possibles je leur fais aimer le travail, leur donnant de bons conseils, des guides zélés et fidèles, mettant entre leurs mains de nouveaux instruments de labour et d'arrosage. — Sur toutes choses je leurs garantis leur légitime part dans les revenus du pays. J'ai déjà diminué de moitié les impôts, et comme la moitié restante est, grâce aux mesures économiques de l'administration, plus que suffisante pour assurer la marche régulière des affaires, à mesure que les circonstances me le permettent, je supprime entièrement les droits qui grèvent les objets de première nécessité. C'est surtout les classes pauvres que je m'applique à soulager le plus possible. Aussi tout le monde est-il content. Chaque fois que je parais en public, à la ville comme à la campagne, tous les visages s'épanouissent et expriment la joie et le respect ; tous les cœurs font des vœux pour moi.

Dans mes courses, je n'ai avec moi ni soldats ni gen-
darmes. Comme le roi Agis, qui sortait toujours sans gardes, je pense qu'il n'y a rien à craindre pour un roi,
quand il traite ses sujets comme un père traite ses enfants. Je ne suis jamais accompagné que de quelques
hommes dont le savoir et les conseils peuvent me servir
dans l'accomplissement de mon œuvre de réparation et
d'amélioration. Quels sont ces hommes? sont-ils musulmans, chrétiens, juifs, nationaux ou étrangers? Je n'en
sais rien. Ce que je sais, c'est qu'ils sont, comme moi,
animés du feu sacré, et capables de résoudre, dans le
sens le plus véritablement progressif, toutes les questions
sociales, administratives, financières, agricoles, indus-
trielles ou commerciales qui peuvent nous être soumises
ou que l'ardeur du bien peut nous faire soulever.

Selon le principe du Sultan Mahmoud, en fait de gouvernement et d'administration, je ne distingue point mes
sujets en groupes suivant telle ou telle religion, je ne
vois en eux que des citoyens du même pays, que des
membres d'une même famille. Je reçois également leurs
services et leur accorde à tous une égale protection. Je
fais réparer ou bâtir ici une mosquée, là une église,
ailleurs une synagogue. Le culte divin est un des premiers
besoins de l'homme, et il l'est pour les enfants de Moïse
et du Christ aussi bien que pour ceux de Mahomet. Il convient donc de les mettre les uns et les autres en position
de le pouvoir satisfaire. Dieu qui a donné à la création la
variété pour principal caractère, veut aussi sans doute la
diversité dans l'expression du culte qu'il attend de
l'homme, il la tolère du moins. Soyons comme lui,

tolérant. La tolérance est la première vertu sociale. Avec
elle et par elle seule la justice est possible. Pour moi, je
trouve que les joies qui découlent de la pratique de ces
deux vertus sont si douces, qu'il semble qu'elles viennent du ciel. Souvent, dans mes excursions à travers les
campagnes, où j'aime à ranimer le zèle des travailleurs,
assis sous un arbre comme les anciens patriarches, je
tiens avec mes assesseurs des lits de justice, et alors quel
bonheur n'ai-je pas de voir venir à moi, pleins de confiance, des gens de toute croyance pour m'exposer leurs
vœux et leurs besoins ! Là, nous accueillons tout le
monde, nous écoutons les réclamations, nous vidons les
différends, nous encourageons tout projet, toute proposition utile, nous distribuons des secours; nous prodiguons
nos conseils, nous faisons passer dans l'esprit de chacun
la passion du bien qui nous remplit. Par là, nous resser-
rons le lien social et fortifions de plus en plus le faisceau
des forces productrices. Par nos soins, les associations
s'organisent et impriment un nouvel essor à l'exploitation
des terres, hâtent les progrès de l'industrie, étendent et
activent les transactions commerciales. Le sol, partout
plus économiquement et plus complètement arrosé, se
couvre de nouvelles cultures et verse au centuple ses
produits. Les voies de communication s'ouvrent plus
nombreuses et plus praticables. Les transports devien-
nent plus commodes. L'aisance se répand partout, et, avec
elle, les demeures pour les pauvres, les hospices pour les
infirmes, les écoles pour la jeunesse, les usines pour les
travailleurs, les greniers d'abondance et les magasins
d'entrepôt pour les produits de réserve ou de débit; tout

se multiplie, tout s'élève comme des monuments d'une époque de progrès et de bonheur.

Ce n'est pas tout. Les populations ainsi conquises m'offrent leur concours pour une conquête des plus importantes, celle du Nil. Disposant d'autant de bras que je puis désirer, je force ce roi des fleuves à verser ses eaux, avec mesure, partout où il en est besoin. Jamais les berges, les barrages, les prises d'eau, les canaux, les lacs de réserve, n'avaient offert un pareil ensemble de travaux hydrauliques ; jamais cette antique terre des Pharaons n'avait vu pareilles mesures contre les dangers soit des inondations excessives, soit des crues insuffisantes.

Le Nil dompté, le désert l'est également, et se transforme en plaines fertiles, L'inépuisable limon du grand fleuve est une vraie pierre philosophale : il change tout en or sur des surfaces de terre immenses. L'Egypte est un véritable Eldorado.

Au milieu de tant de richesses je n'ai à moi que deux petits palais, l'un au Caire et l'autre à Alexandrie ; mais je pourrais en avoir des centaines, si je voulais. Chaque jour je reçois des adresses dans lesquelles les populations reconnaissantes du bien-être qu'elles croient me devoir, offrent de m'élever à leurs frais de nouvelles résidences. Je ne cesse de leur répondre : « N'avons-nous pas encore des pauvres sans habitation, sans pain, sans habits, des communes sans temple, sans école, sans grenier de réserve, des centres sans caravansérail, des contrées sans routes carrossables, des villes riveraines de la mer ou du fleuve sans quais, sans docks, sans magasins d'entrepôt? N'avez-vous pas encore beaucoup à faire pour le bien

général avant que de vouloir accroître ma fortune particulière ? Songez-y ; Songez que je me trouverais mal à
mon aise dans les palais que vous m'offrez, si des malheureux venaient s'y montrer tout autour poussant des cris
de détresse, étalant aux yeux les haillons de la misère. »

J'ai tant de fois exprimé mes sentiments à cet égard,
que mes sujets ont fini par se regarder solidaires les uns
des autres, les riches des pauvres, les puissants des
faibles Les grands ont regardé au-dessous d'eux et, les
petits se sont élevés. Chacun a trouvé sa place d'homme
au foyer social. La fortune publique, en s'accroissant
considérablement, s'est équitablement distribuée. Je pourrais me croire presque un Lycurgue.

Là-dessus, hélas ! je me réveille et me retrouve gros
Jean, comme devant, roi à la façon de Job couché sur
son lit de paille pourrie.

O Denis, Jacques II, Charles X, Louis-Philippe, que je
vous plains, si vous aimiez le pouvoir pour le même motif
que moi !

C'est surtout après avoir vu et étudié l'Egypte que l'on
relit avec plaisir la correspondance suivante:

« *Le Khalife Omar-ben-el-Khettab, successeur d'Abou-
bekr, à Amrou-ben-el-Aas, son lieutenant.* »

« Amrou-ben-el-Aas, ce que je désire de toi, à la
réception de la présente, c'est que tu me fasses un tableau
de l'Egypte assez exact pour que je puisse m'imaginer
voir de mes propres yeux cette belle contrée. Salut. »

« *Réponse d'Amrou-ben-el-Aas.* »

« O Prince des fidèles, peins-toi un désert aride et
une campagne magnifique au milieu de deux montagnes

dont l'une a la forme d'un monticule de sable, et l'autre celle du ventre d'un cheval maigre, ou bien du dos d'un chameau. »

« Telle est l'Egypte : toutes ses productions et toutes ses richesses, depuis Isoar jusqu'à Mancha (depuis Assouan jusqu'aux frontières de Gaza), viennent d'un fleuve béni, qui coule avec majesté au milieu d'elle ; le moment de la crue et de la diminution de ses eaux est aussi réglé que le cours du soleil et de la lune. »

« Il y a un temps fixe où toutes les sources de l'univers viennent payer à ce roi des fleuves le tribut auquel la Providence les a assujetties envers lui; alors les eaux augmentent, elles sortent de leur lit, et elles arrosent la surface de l'Egypte pour y déposer un limon productif. »

« Il n'y a plus de communication d'un village à l'autre que par le moyen de barques légères, aussi innombrables que les feuilles du palmier. »

« Ensuite, lorsqu'arrive le moment où les eaux cessent d'être nécessaires à la fertilisation du sol, ce fleuve docile rentre dans les bornes que le destin lui a prescrites, pour laisser recueillir les trésors qu'il a cachés dans le sein de la terre. »

« Un peuple protégé du ciel, et qui, semblable à l'abeille, ne paraît destiné qu'à travailler pour les autres, sans profiter lui-même du fruit de ses peines et de ses sueurs, ouvre légèrement les entrailles de la terre, et y dépose des semences dont il attend la prospérité de la bienfaisance de cet Être Suprême qui fait croître et mûrir les moissons; le germe se développe, la tige s'élève, son épi se forme par le secours d'une rosée bénigne, qui supplée aux pluies, et qui entretient le suc nourricier dont le sol s'est abreuvé. »

« A la plus abondante récolte succède tout à coup la stérilité. C'est ainsi que l'Egypte offre successivement, O Prince des fidèles, l'image du désert aride et sablonneux, d'une plaine liquide et argentée, d'un marécage couvert d'un limon noir et épais, d'une prairie verte et ondoyante, d'un parterre orné des fleurs les plus variées, et d'un vaste champ couvert de moissons jaunissantes. Béni soit à jamais le nom du Créateur de tant de merveilles ! »

« Trois déterminations contribuent essentiellement à la prospérité de l'Egypte et au bonheur de ses enfants : la première est de n'adopter aucun projet tendant à augmenter l'impôt ; la seconde, d'employer le tiers des revenus à l'augmentation et à l'entretien des canaux, des digues et des ponts ; et le troisième, de ne lever l'impôt qu'en nature sur les fruits que la terre produit. Salut. »

Nous voici en pleine mer Carpathienne, ainsi dite de l'île Carpathos (Scarpantho), la plus avancée dans cette partie de la Méditerranée. Allons-nous à Rhodes, à Candie ou plus loin ? Sous ce rapport, nous sommes un peu comme les hommes de l'expédition d'Egypte qui ne surent leur destination qu'au moment d'arriver sur les plages d'Alexandrie. Naguère il paraissait décidé que nous irions visiter le pays autrefois policé par Minos et Rhadamante, juges des morts, et gouverné en ce moment par un homme dont l'intelligence et l'énergie ont su y rétablir le calme et le respect de l'autorité. La présence du souverain en Crète serait pour Ismaïl pacha une

14

récompense de ses travaux et de ses succès, et pour les habitants un puissant motif de se raffermir dans leurs sentiments de soumission et de respect pour l'autorité souveraine.

Pendant les causeries du soir il se dit que nous voguons sur Rhodes. Peut-être a-t-on jugé l'île de Crète digne d'être l'objet d'une visite spéciale et directe.

SEIZIÈME JOURNÉE. — 18 AVRIL.

PLEINE MER.

L'horizon est sans bornes et ne nous montre que ciel
et eau. Seulement vers le milieu du jour, un innombrable
essaim de pélicans, volant de conserve avec la flottille,
attire nos regards et les distrait par la manière dont il
fournit sa carrière. Ces gros volatiles, dont la blancheur
contraste avec l'azur de l'horizon, occupent un espace
immense en longueur. Leur ligne rase l'eau, mais sur
quelques points de cette ligne quelques-uns s'élèvent en
demi-cercle, faisant la roue, sans doute pour renouveler
leur élan. Ces voyageurs ailés font comme ceux de l'espèce
humaine qui ont des ailes d'or : ils changent de climat
suivant les saisons.

La journée se passe en causeries et en lectures. Quelques-uns regrettent les festins d'Alexandrie et du Caire.
Mes compagnons de chambrée ont pris leurs mesures
pour que, de ce côté-là, nous n'ayons nuls regrets. Notre
sort est parfois envié.

Le *Feïzi-Djéhad* a disparu depuis hier au soir.

DANS LES EAUX DE RHODES.

Nous revoyons la terre, c'est le revers méridional des belles montagnes de Rhodes, que nous longeons; nous dirigeant au nord-est vers la capitale de l'île. Ces côtes respirent la poésie. Pindare appelle Rhodes la fille de Vénus et l'épouse du soleil, lequel se montre époux. si fidèle qu'il ne passe pas un seul jour de l'année sans se montrer à sa bien-aimée. Une pluie d'or descend du ciel sur Rhodes, disent les poëtes.

A notre droite, bien au loin sur la côte d'Asie, nous distinguons confusément le mont Cragus, dont un des sommets, appelé la *Chimère,* fut jadis un volcan. Les poëtes grecs en firent le monstre de ce nom, auquel ils donnèrent la tête d'un lion, la queue d'un dragon et le corps d'une chèvre. Sa triple gueule vomissait des tourbillons de fumée et de flammes. Bellérophon, nom de fâcheux augure, envoyé dans ce pays pour remettre au roi Iobate une lettre qui le priait d'en faire périr le porteur, reçut de ce prince l'ordre de combattre la Chimère. Monté sur le cheval ailé Pégase, il tua le monstre à coups de flèches; ce qui veut dire qu'amené là par un vaisseau, nomme Pégase, il donna la chasse aux lions et autres animaux féroces qui faisaient leur repaire des forêts voisines du volcan. Le héros échappa au sort qui lui était destiné. Depuis son aventure on appelle *lettres de Bellé-rophon* celles qui contiennent quelque chose de mauvais pour le porteur. Ne pourrait-on pas appeler de même *vaisseau de Bellérophon* tout vaisseau qui trahit l'hospitalité?

Glaucus, petit-fils de Bellérophon, qui donna son nom antique au beau golfe de Macri, conduisit des Lyciens au siège de Troie où il échangea avec Diomède ses armes d'or pour des armes d'airain; et de là aussi on a appelé un marché désavantageux, *troc de Glaucus*.

La petite île de Castel-Rosso, située dans le voisinage des forêts du Cragus, a des chantiers de construction où l'on peut acheter pour 25,000 francs un navire de 300 tonneaux.

Rhodes abaisse ses montagnes et élargit ses vallées vers la pointe où les trois villes do Camire, de Talyse et de Linde, déjà célèbres au temps de la guerre de Troie, bâtirent autrefois à frais communs la capitale de l'île. Elles employèrent à ce travail le même architecte qui venait de construire le Pyrée et la grande muraille d'Athènes.

Un des savants de notre bord nous fait remarquer que *Rhodes*, qui signifie *rose* en grec, veut dire *serpents* en phénicien, et que l'île, primitivement appelée *Ophinsa* (île aux reptiles), était autrefois remplie de serpents. L'espèce en était même monstrueuse, si l'on en juge par celui qui désola l'île vers le milieu du XIVe siècle et dont le chevalier Dieudonné du Gozon, nouveau St-Georges, suspendit les dépouilles comme un trophée au-dessus de la porte de la ville après avoir vaincu le monstre dans des combats pénibles et périlleux. Cette victoire lui valut le titre de *chevalier du dragon*.

Nous approchons. Toutes les lunettes cherchent par delà la pointe et la tour du phare, les mâts du *Féïzi-Djehad*, mais rien ne paraît. Bientôt le brick de la station se dirige vers nous et nous crie que c'est vers Smyrne que nous devons tendre la proue.

Comme à notre passage à Cos, nous éprouvons quelques regrets de ne pouvoir descendre. Rhodes a peut-être plus que la patrie d'Hippocrate des charmes qui attirent. Nous sommes, comme Ulysse en vue des sirènes, attachés sur le pont. Nous passons, regardant et admirant. C'est l'île de Calypso favorisée d'un printemps éternel. La ville, bâtie en amphithéâtre, est flanquée de collines verdoyantes qui vont s'abaissant en plaines vers la mer et se relevant par derrière pour former un sommet orné d'une riche végétation et offrant l'aspect le plus séduisant. La mer s'avance dans la terre pour former ses ports, car Rhodes en a deux ou trois.

A gauche une baie sablée est séparée par une langue de terre du grand port, à l'entrée duquel s'élèvent les tours de l'Archange et de St-Nicolas. Au fond du grand port, à droite, est celui des barques, adossé aux doubles murailles de la ville et fermé par une digue artificielle. Après ces deux ports, une autre langue de terre, terminée par une tour et se recourbant vers le point de la rive droite où s'élève le fort St-Elme, marque l'un des côtés du port des galères, le long duquel est le faubourg habité par le gouverneur, si mal traité en 1856 par l'explosion de la poudrière, déterminée par le feu du ciel. A la suite de ce faubourg se voient les habitations des consuls, et plus loin, sur une pointe sablonneuse, un grand nombre de moulins à vent.

Naturellement le *Colosse de Rhodes* nous vient en souvenir et nous cherchons les points d'appui de ses deux pieds, si grands qu'aucun homme n'en pouvait entourer, de ses deux bras, le gros doigt. On dit que ses deux pieds étaient posés sur les deux môles de l'entrée du port et que les plus gros vaisseaux passaient à pleines voiles entre ses jambes. Strabon et Pline affirment le fait et l'on est presque tenté de croire au prodige lorsqu'on réfléchit que le colosse avait 80 mètres de hauteur et que les navires des anciens étaient loin d'avoir les proportions du *Great-Eastern* ou seulement de l'*Hymalaïa*. Si le colosse s'écroula dans la mer, profonde en cet endroit, comment le juif d'Émèse, à qui le calife Moavia, maître de l'île en 672, en vendit les débris, trouva-t-il son compte à retirer du fond des eaux cette grande masse d'airain massif, qui y avait séjourné plus de neuf cents ans, brisée sans doute en énormes morceaux? il en chargea, dit-on, neuf cents chameaux. Il serait sans doute aussi rationnel de lui faire trouver cette proie sur l'une des rives du port où il est présumable que le Colosse fut élevé plutôt que sur la mer.

Ce colosse rappelle l'un des plus grands siéges que les Rhodiens aient eu à soutenir. Ayant été soumis par les Perses, ils fournirent à leur armée deux de ses meilleurs généraux : Mentor, de Rhodes, qui conquit à Ochus l'Egypte, la Syrie et l'Asie-Mineure, et Memnon, de Rhodes, son frère, qui eût peut-être arrêté Alexandre et sauvé l'empire de Darius, s'il n'eût succombé au milieu de ses triomphes devant Mitylène.

Après la mort d'Alexandre, à qui ils avaient dû obéir, les Rhodiens, longtemps habitués à l'indépendance, crurent pouvoir, pour recouvrer leur liberté, profiter de la confusion que l'ambitieuse rivalité des généraux du conquérant macédonien occasionnait dans tout l'Orient; mais Antigone le Cyclope, un de ces généraux, qui venait de s'emparer de toute l'Asie-Mineure, chargea son fils Démétrius *Poliorcète* (preneur de villes) de rappeler au devoir les Rhodiens, qui avaient égorgé la garnison macédonienne. Ils avaient été surtout poussés à cette résolution par l'orateur Eschine, que les Athéniens avaient autrefois accusé de s'être vendu aux Macédoniens. Exilé d'Athènes après sa lutte contre Démosthènes, qui, en généreux rival, lui avait donné à son départ l'argent nécessaire pour son voyage, Eschine avait obtenu droit de cité chez les Rhodiens. Un jour qu'il leur récitait sa harangue et celle de Démosthènes, au milieu des acclamations que le récit du discours de son célèbre antagoniste surtout provoquait, il s'écria : *Eh ! que serait-ce donc, ô Rhodiens, si vous entendiez Démosthènes lui-même ?*

Démétrius vint donc mettre le siége devant Rhodes avec un grand attirail de machines de guerre. On dit qu'il inventa là, celle que les anciens appelaient *Hélépole.* 30,000 hommes furent employés aux travaux de ce siége.

Après que la première enceinte se fut écroulée, les Rhodiens en construisirent une seconde avec les matériaux des théâtres, des maisons et des temples; et cette seconde muraille ruinée, ils en élevèrent une troisième. Le siége durait depuis un an, lorsque Démétrius, rappelé par son père, que ses compétiteurs harcelaient, et menacé par Ptolémée, à qui les Rhodiens donnèrent le nom de *Soter*, se retira disant qu'il sacrifiait aux arts la conquête de Rhodes.

En effet, dans le faubourg qu'il devait brûler pour pénétrer dans la ville, Protogène travaillait depuis sept ans à son tableau du *Chasseur Jalyse*, si célèbre depuis, ne se nourrissant, dit-on, que de pommes de terre bouillies dans l'eau. Pendant le siége, Protogène continua à travailler à son tableau avec la même assurance; ce qui surprit Démétrius. «Je sais, lui dit le peintre, que Démétrius fait la guerre aux Rhodiens et non aux arts. » Dès lors, Démétrius fit placer une garde autour de l'atelier de Protogène, qui put enfin achever, sans accident, son chef-d'œuvre. Pour lui assurer une plus longue durée, il l'avait recouvert de quatre couches de peinture différentes, mais l'incendie du temple de la Paix, à Rome, le détruisit. Appeles, qui révéla Protogène aux Rhodiens, s'était écrié en voyant ce tableau: » Travail qui passe l'effort humain, chef-d'œuvre de l'art.....! »

En quittant Rhodes, qu'il épargnait pour épargner le *Chasseur Jalyse*, Démétrius, à l'âme guerrière et généreuse, fit don aux Rhodiens, de toutes ses machines de guerre. Les Rhodiens, attribuant leur délivrance à Apollon, au Dieu qui versa toujours et verse encore tant de charmes sur leur île, vendirent le cuivre, le fer et les autres matériaux qui entraient dans ce vaste attirail guerrier, et avec l'argent qu'ils en tirèrent, ils firent élever une énorme Statue qui représentait ce dieu et que l'on appela le Colosse. Charès et Lindès, de Linde, mirent douze ans à ériger ce monument qui ne resta debout que 56 ans, le premier de ces désastreux tremblements de terre dont l'île est si souvent la victime, l'ayant renversé, l'an 224 avant J.-C.

Apollon avait délivré les Rhodiens du Poliorcète, un miracle les délivra bien longtemps après, de l'armée que le Sultan Mahomet II avait envoyée contre eux, sous le commandement de Mécih pacha. Cette armée, forte de 50,000 hommes, bombarda la ville avec un fracas si épouvantable que le son du canon fut entendu à Cos, à cent milles à l'ouest, et jusqu'à Castel-Rosso, à cent milles à l'est. Malgré le zèle que les assiégés, chevaliers et paysans, citoyens et marchands, femmes et jeunes filles, mettaient à réparer les murailles, les brèches étaient telles le 28 juillet 1480, qu'un assaut parut pouvoir être tenté avec chance de réussite. Les Ottomans s'élancèrent alors avec une impétuosité irrésistible sur les ruines des remparts. Déjà l'étendard du capitan pacha était planté sur les créneaux des murs, déjà une grande partie des assiégeants avaient pénétré dans le quartier juif, lorsque tout-à-coup l'ardeur des Ottomans se refroidit, les troupes qui se trouvent en dehors de la brèche refusent d'avancer pour soutenir celles qui ont escaladé le rempart, et ces dernières se laissent repousser par les chevaliers rangés en bataille aux pieds des murs.

Le peuple attribua ce changement subit du mouve
ment de l'assaut à une terreur panique causée par l'appa
rition d'une croix d'or, d'une vierge rayonnante, armé
d'un bouclier et d'une lance, et d'un champion céleste
entouré d'un cortége lumineux, à la place où les bannié
res des seigneurs, de la Vierge et de St-Jean étaien
plantées. Mais les historiens turcs s'accordent tous à
donner l'avarice du pacha et son manque de foi à l'armé
au moment de l'assaut, comme les principales causes d
la défaite, qui eut pour conséquence le départ de l'ar
mée ottomane.

Mahomet II, qui avait disgracié Macih pacha à son re
tour à Constantinople, se mettait en route lui-même
l'année suivante, pour aller effacer la tache faite au
armes ottomanes par la levée du siége de Rhodes, lors
qu'il mourut à Hunkiar-Tchaïri, non loin du tombea
d'Annibal.

Deux ans après ce premier siége de Rhodes par le
Ottomans, les habitants de cette île fêtaient de la ma
nière la plus brillante l'arrivée parmi eux du second fil
du conquérant de Constantinople, le prince Djem, forc
de chercher un refuge chez les chevaliers pour avoi
voulu disputer l'empire à son frère Baïazid. Le Grand
Maître Pierre d'Aubusson, qui avait illustré sa vie pa
son habileté et son courage durant le siége, la souilla pa
le trafic qu'il fit de l'existence de ce malheureux princ
dont la détention dans les châteaux-forts de l'Ordre fu
pour l'île une garantie de sécurité pendant le règne d
Sultan Baïazid.

A la fin de ses huit années de règne, pendant lesquelle

il avait vaincu les Perses, organisé le Kurdistan, soumis la Syrie et conquis l'Egypte, le Sultan Selim Ier, voyant ses ministres disposés à précipiter l'entrée en campagne contre Rhodes, leur dit un jour : » Vous me pressez de courir à la conquête de Rhodes ; mais savez-vous ce qui est nécessaire pour cela ? et pourriez-vous me dire quelle quantité de poudre vous avez en magasin? » Les visirs, tout confus, gardèrent le silence, et le lendemain ils annoncèrent qu'il y avait de la poudre pour un siége de quatre mois. « Qu'est-ce qu'un approvisionnement pour quatre mois, dit Selim irrité, lorsque le double ne suffirait pas? Voulez-vous renouveler la faute de Mahomet II ? Avec des préparatifs si incomplets, je ne me lance point dans la guerre ; d'ailleurs, je n'ai plus d'autre voyage à faire que celui de l'autre monde.» Et en effet la mort le frappa bientôt après sur la route de Constantinople à Andrinople.

Lorsque son fils Suléiman (Soliman) lui succéda, il y avait sur les trônes du monde (le renouvellement du phénix approchait) Charles-Quint, sur les Etats de qui le soleil ne se couchait point ; Henri VIII, qui fit l'Angleterre protestante; François Ier, qui restaura les lettres et fut l'allié des Ottomans ; Léon X, qui fit revivre les beaux siècles de Périclès et d'Auguste, le doge André Gritti, qui défendit Venise contre les ligués de Cambray, l'Empereur, le Pape, les Rois de France et d'Aragon ; Gustave Wasa, qui reconquit l'indépendance de la Suède, Sigismond Ier, qui affermit pendant quarante ans la prospérité de la Pologne, Wasssili IV, qui conquit Astracan et porta le premier le titre de Czar : le Chah Ismail Ier, qui fonda en Perse la puissance des Sofis, rivaux des Sultans Ottomans ; le Grand-Mogol Ekber, qui présenta aux Souverains de l'Asie des modèles d'établissements politiques ; Ou-Tsoung, de qui les Portugais obtinrent de commercer avec la Chine, et je ne sais quel Taïcoun, ou Mikado du pays récemment révélé par Rubruquis et Marco-Paolo qui permit aux Jésuites de convertir un grand nombre de Japonais.....

Le sultan Suléiman sut, en face de tels rivaux, se maintenir à sa hauteur sur la scène du monde et conquérir les titres de Grand, de Magnifique, de Législateur, de Dominateur de son siècle... En élevant à leur apogée la puissance et la gloire de l'Empire, il fut le digne couronnement de cette première décade de Souverains ottomans, à laquelle les histoires n'offrent rien de comparable pour le développement des forces et la rapidité des conquêtes, si ce n'est peut-être celle des premiers califes arabes.

Le nouveau Sultan résolut, dès le commencement de son règne, d'effacer, par la conquête de Belgrade et de Rhodes, les deux seules taches qui avaient obscurci la carrière triomphante de Mahomet II.

Belgrade, que ne défendaient plus Huniade et Capistrano, fut prise la première année du règne.

Rhodes, coupable de fournir des secours aux corsaires chrétiens contre les Turcs, de retenir dans les fers un grand nombre de musulmans et enfin d'être un obstacle sur la voie maritime de l'Egypte et de la Mecque, fut ensuite attaquée par une flotte de 300 voiles, portant 10,000 pionniers et par une armée de 100,000 hommes que le Sultan conduisit lui-même par terre jusqu'à Marmaris, bourg situé au fond de ce beau golfe qui recule au loin la côte d'Asie vis-à-vis la ville de Rhodes. La flotte se réunit dans le magnifique port de Marmaris pour transporter dans l'île l'armée qui y débarqua le 28 juillet 1522 au bruit de toute l'artillerie de siége, formée de 136 bouches à feu. Il y avait dans ce nombre 12 canons monstrueux dont les deux plus forts lançaient, au dire des historiens turcs, des boulets de pierre de onze à douze brasses de circonférence.

Suléiman fit planter sa tente au haut de cette ravissante colline des Saints Cosme et Damien, au-dessous de la chapelle de la Vierge Clémonitra. Devant lui et à ses pieds était le centre de son armée, commandé par le séraskier Moustafa pacha, second vizir; à sa gauche, il y avait le beylerbey d'Anatolie et le grand-vizir Piri pacha, se rapprochant du fort Saint-Elme. La droite était commandée par le beylerbey de Roumélie et par Ahmed pacha, troisième vizir.

Les huit langues de l'Ordre (française, allemande, anglaise, espagnole, portugaise, italienne, auvergnate et provençale) s'étaient distribué la défense des sept bastions de la place et du port. Les chevaliers de langue française et de langue allemande soutenaient le choc de la droite; ceux des langues d'Angleterre et d'Espagne étaient au centre, et ceux de Provence et d'Italie à gauche, en face du grand vizir. L'héroïque grand-maître Philippe de Villiers-de-l'Isle-Adam avait quitté son palais et se tenait à la porte des vainqueurs.

Du 28 juillet au 21 décembre, jour où la place capitula,

que de prodiges de valeur furent accomplis de part (
d'autre! Une femme, amante d'un capitaine mort sur|
bastion anglais, poignarda et jeta dans les flammes s
propres enfants, puis, s'enveloppant dans le mantea
ensanglanté de son amant, elle se précipita l'épée à |
main dans la mêlée la plus épaisse, où bientôt elle reçu
en combattant la mort des héros. Le manque de poudr
ayant enfin rendu inutile l'artillerie des assiégés, il
durent capituler. Les premières propositions furen
d'ailleurs faites par les Ottomans qui avaient perdu pr
de cent mille hommes, emportés en partie par le fer (
le feu, en partie par les maladies.

La capitulation fut honorable : Elle portait que l
églises ne seraient point profanées, que l'exercice de |
religion chrétienne serait libre, que tous ceux qui |
voudraient, pourraient sortir de l'île, que les chevalier
auraient la permission de tout emporter, meubles, rel
ques, vases sacrées, armes, et les canons de leurs galère
Le Sultan, plein d'admiration pour la grandeur d'âme d
Villiers-de-l'Isle-Adam le consolait en lui disant qu
c'était le sort des princes de perdre des villes et de
provinces et en lui renouvelant l'assurance d'une libr
ret ôte. Après une dernière entrevue, Suléiman dit :
Ibrahim pacha: « Je suis vraiment affligé d'avoir chass
ce vieillard de son palais. » Le 25 décembre, l'ézan de l
prière musulmane fut proclamé du haut du clocher d
l'église de Saint-Jean. Le même jour, au moment mêm
où le pape Adrien officiait pontificalement à Saint-Pierr
de Rome, une pierre, se détachant de la corniche, vin
tomber à ses pieds, comme un présage de la chute d
premier boulevard de la chrétienté.

Le 1er janvier 1523 le Grand-Maître vint baiser encore une fois la main du sultan Suléiman, auquel il présenta quatre vases d'or. Puis, accompagné des débris de l'ordre et de 4,000 habitants, il quitta cette île de Rhodes, immortalisée par leur héroïsme. En 1530, les chevaliers s'établirent à Malte, que Charles-Quint leur avait donnée et prirent dès lors le nom de *Chevaliers de Malte,* après avoir porté ceux de *Frères Hospitaliers,* de *Chevaliers de Saint-Jean de Jérusalem* et de *Chevaliers de Rhodes.* A Malte, les chevaliers furent plus heureux contre les flottes et les armées de Suléiman, qu'ils forcèrent à la retraite.

Depuis que Bonaparte s'empara, en 1798, de l'île de Malte, l'Ordre n'a plus existé que de nom.

Le sultan Suléiman fit de Rhodes ce que l'empereur Vespasien en avait fait, la capitale de la province des îles. Avant de partir de Marmaris pour Constantinople, le Sultan ordonna aux sandjakbeys des environs de relever les fortifications de Rhodes. C'est à ce siége que l'usage des bombes fut introduit par les Turcs, qui venaient d'inventer les mortiers, comme ils ont inventé, pendant la guerre de Crimée, les canons rayés.

Nous voici en face de Simia (Sumbaki), riche en vins et en chèvres, fameuse par ses plongeurs, qui vont, hommes et femmes, chercher à de grandes profondeurs, le corail et les éponges dont leurs côtes abondent. Les femmes grecques de l'île, qui avaient rendu, comme plongeurs, des grands services aux Turcs pendant le siége de Rhodes, reçurent de Suléiman le privilége de porter le turban blanc. Les chevaliers avaient sur cette île un

15

phare du haut duquel les habitants faisaient des signaux pour donner avis à Rhodes de l'approche du danger. L'île de Simia et sept autres, qui appartenaient aux cheva- liers, passèrent alors aux Ottomans, ainsi que le château de Petreon, élevé, sur l'emplacement de l'ancienne Haly- carnasse, par le chevalier allemand Schlegelhold, qui eut la barbarie d'employer à cette construction les restes du mausolée d'Artémise.

La nuit nous surprend à l'extrémité de cet admirable bassin que bordait l'Hexapole dorique, Halycarnasse, Cnide, Cos avec les cités de l'île de Rhodes, et dont les peuples riverains ne connurent guère d'autres cultes que ceux d'Apollon et de Vénus, dieux des beaux ciels et des belles choses. Les parages que nous allons par- courir de nuit, sont les plus périlleux de l'Archipel. Les matelots de certaines côtes de l'Océan chantent en se mettant en mer : « Dieu nous garde de la voix de la Syrène et de la queue de la baleine... » Nous n'avons pas à répéter leur chanson puisqu'il n'y a plus, dans ces mers d'Orient, de sirène depuis Ulysse, ni de baleine depuis Jonas, mais nous ferons bien d'ajouter à notre prière de ce soir : O Tout-Puissant, préservez-nous des écueils !

Trois ou quatre heures après le coucher du soleil, le bâtiment s'arrête et tout le monde de trembler. Est-ce que nous allons descendre pêcher des éponges? Grand nombre d'entre nous seraient peu habiles à ce métier. Serions-nous arrêtés par quelque essaim de ces poissons que les anciens appelaient *remoras* parce qu'ils arrêtaient tout court la marche de leurs vaisseaux? Le capitaine et le pilote calment l'alarme générale en criant que ce n'est rien. Dieu soit loué !

Un sage des temps antiques, apprenant que le mur du vaisseau sur lequel il voyageait, n'avait que quelques pouces d'épaisseur, s'écria: Quoi! nous sommes si près de la mort !

Joinville, qui fut de l'expédition de St-Louis en Egypte, fait, en langue française du XIIIᵉ siècle, sur le danger des voyages sur mer, les réflexions qui suivent: « Et incontinent le vent s'entonne en la voile, et tantost nous fist perdre la terre de veüe, si que nous ne vismes plus que ciel et mer, et chascun jour nous esloignasmes du lieu dont nous estions partiz. *Et parce veulx-je bien dire, que icelui est bien fol, que sçent avoir une chose de l'autrui, et quelque péché mortel en son âme, et se boute en tel dangier. Car si on s'endort au soir, l'on ne sceit si on se trouvera au matin au sous de la mer.»*

MER D'IONIE.

Le soleil, que nous avons vu hier à son coucher inonder de ses rayons de pourpre les monts de la Doride, éclaire pour nous ce matin de ses splendides clartés les riantes côtes de l'Ionie. Apollon était aussi adoré en ces lieux, de même que sa sœur Diane, à qui les Ephésiens consacrèrent une des sept merveilles du monde. De l'antique Ionie, si glorieuse, si célèbre autrefois, il ne reste guère que son ciel toujours pur, toujours resplendissant.

Les Ioniens furent de tous les Grecs les plus aptes et les plus prompts à se civiliser. La vie élégante, la poésie, la philosophie, les beaux-arts naquirent chez eux de bonne heure. Leur dialecte avait plus de douceur, de même que leur musique. Leurs femmes étaient plus séduisantes. Homère, qui était Ionien, chantait son Iliade et son Odyssée dès le neuvième siècle avant Jésus-Christ. Où étiez-vous et qu'étiez-vous alors, flambeaux de nos jours, Angles, Saxons, Franks, Visigoths, Lombards? vous pêchiez dans les marais, vous chassiez dans les forêts des bords de la Baltique et de la mer du Nord. La chevelure et la face ointes d'huile de poisson, le corps

couvert de peaux de bêtes, la ligne, l'arc ou la francisque
à la main vous vous disputiez les eaux poissonneuses et
les forêts giboyeuses comme les Jutes et les Teutons
modernes se disputent à cette heure le Schleswick et le
Holstein. Votre dieu Teutatès vous apparaissait sous la
forme d'un javelot ou d'un chêne. Il se plaisait dans
l'ombre. Vous célébriez ses fêtes dans les forêts au clair
de lune ou à la lueur des flambeaux, vous lui sacrifiiez
des chiens, parfois des victimes humaines. Vous n'aviez
de poésie et de chant que ce refrain : *Au gui l'an neuf! au
gui l'an neuf!* Apollon, Diane, Vénus étaient des divi-
nités bien autrement humanisées : Elles se produisaient
au grand jour et sous les formes les plus gracieuses que
l'art pût donner au marbre, au bronze ou à l'or. Elles
étaient adorées dans des temples magnifiques, au milieu
de pompes solennelles et par des chant d'hymnes sublimes: On leur faisait des libations de vin, de lait, de miel;
on leur sacrifiait des agneaux, des taureaux, des génisses...
Mais patience, ô Barbares! Les Milésiens, les Phocéens
et d'autres peuples grecs vont vous envoyer des colonies
qui vous tireront de cet état de sauvagerie. Marseille
seule, colonie phocéenne et ionienne, fondera Agde, An-
tibes, Nice..., et civilisera le midi de la Gaule. Ses hardis
navigateurs, Pythéas, Euthymène..., iront faire briller le
flambeau des lumières sur les rivages de l'Océan, jusqu'aux îles Cassitérides (Angleterre), fécondes en étain,
jusqu'au Jultand, jusqu'aux côtes de la Baltique.

Les Ioniens, placés entre les Doriens au sud et les
Eoliens au nord, eurent, depuis Milet, près du Méandre,
jusqu'à Phocée, sur la rive septentrionale du golfe de

Smyrne, douze grandes villes formant une confédération et dont les principales furent Milet, Ephèse, Smyrne, Phocée, Chio, Samos. Milet fonda près de trois cents colonies, tint jusqu'à cent vaisseaux de guerre équipés et fut la première puissance commerciale après Tyr et Carthage.

Dans ces villes naquirent les philosophes Thalès, Anaximandre, Anaximène, Héraclite le pleureur, qui fondèrent l'Ecole d'Ionie et prétendirent expliquer la formation du monde, le premier par *l'eau*, le second par *l'infini*, le troisième par *l'air*, le quatrième par *le feu*; Pythagore, chef de l'Ecole d'Italie; Anexagore, qui eut pour disciples Périclès, Euripide et Socrate et qui, comme ce dernier, fut condamné à mort par l'Aréopage pour avoir proclamé l'idée d'un Dieu distinct du monde; Xénophane, qui créa le *Panthéisme*; le sage Bias, qui, quittant, les mains vides, sa patrie saccagée, disait qu'*il emportait tout avec lui*, c'est-à-dire la science et la vertu; Hermotime, dont l'âme se séparait de son corps et revenait ensuite lui annoncer ce qu'elle avait vu dans des lieux éloignés. (J'entends dire qu'il y a en ce moment des Hermotimes à Scutari); Eschine, qui n'ayant pas de quoi payer son maître Socrate, lui offrit de devenir son esclave; Eubulide, qui inventa le *menteur*, le *Sorite*....

Là naquirent encore les artistes Bupale et Antherme, Chiotes, Parrhasius, rival de Zeuxis, Apelles, peintre d'Alexandre et contemporain de Praxitèle et de Lysippe; le savant Anthémius, qui bâtit sous Justinien le temple de Ste-Sophie et qui connut, dit-on, l'usage de la poudre; le poète Hipponax dont les satires, comme celles d'Archiloque, faisaient pendre de désespoir ceux qu'elles attaquaient; le lyrique Anacréon, chantre de l'amour et du vin, qui, comme le savetier de la fable, renvoya à Polycrate un trésor qui l'empêchait de dormir, et qu'un pepin de raisin sec étouffa à l'âge de 85 ans; les premiers historiens prosateurs Hécatée et Cadmus; le premier romancier connu, Aristide ; le père de l'épopée, Homère ; la grande Aspasie, grande parce qu'elle fit le siècle de Périclès comme Louis XIV fit le sien. Elle gouverna Périclès, qui gouvernait Athènes.

Les Grecs furent encore moins étonnés de la beauté d'Aspasie que de son éloquence, que de la profondeur et des agréments de son esprit. Anaxagore, Socrate, Démocrite le rieur, Alcibiade, Nicias, Hérodote, Thucydide, Sophocle, Euripide, Phidias, Polyclète, Scopas, Zeuxis, Parrhasius, Apollodore, Meton, Gorgias, Protagore, Lysias, Andocide, tous les gens de lettres et les artistes les plus renommés, les Athéniens et les Athéniennes les plus aimables, s'assemblaient auprès de cette femme singulière, qui parlait à chacun sa langue et qui s'attirait les regards de tous. Il se tenait chez elle des conférences où se traitaient les plus hautes questions de philosophie, de politique et de littérature. Aspasie animait et dirigeait la haute société d'Athènes. Amie de tout ce qui était noble et beau, elle sut inspirer aux Athéniens le goût des arts. On lui attribue l'éloquence de Périclès, qui, pour l'épouser, avait répudié sa propre femme. C'est Aspasie qui régnait. C'est elle qui fit décréter la guerre de Samos pour venger les Milésiens, ses compatriotes. Elle souleva également les Athéniens contre les Mégariens qui lui avaient enlevé deux filles de sa suite; et cette petite guerre amena la grande et funeste guerre du Péloponèse, au commencement de laquelle Périclès mourut de la peste.

Cependant les mêmes juges qui venaient de condamner à mort Phidias, le grand décorateur d'Athènes, et Anaxagore, le plus religieux peut-être des philosophes, n'épargnèrent pas cette femme supérieure. L'épouse, la tendre amie de Périclès, la célèbre Aspasie, accusée elle aussi d'impiété, plaida sa cause elle-même. Périclès la défendit aussi, et ce ne fut qu'en versant des larmes devant les juges qu'il put la sauver. *Est sua laus lacrymis...* Alexandre et César s'honorèrent en pleurant l'un Darius et l'autre Pompée. Bonaparte aussi pleura Desaix, Lannes, Duroc.......

Le nom d'Aspasie devint si célèbre dans tout l'Orient, que Cyrus-le-Jeune le donna à sa maîtresse Mirto, originaire de Phocée.

Ce fut peut-être à l'influence d'Aspasie que Périclès dut la douce gloire de pouvoir répondre aux éloges qu'on lui prodiguait au moment de sa mort : « Le seul éloge que je mérite est de n'avoir fait prendre le deuil à aucun citoyen pendant les quarante années de mon gouvernement. »

En face de Samos s'élève le mont Mycale. C'est sur son sommet qu'un satrape persan fit mettre en croix le trop heureux Polycrate; C'est à ses pieds que les Grecs achevèrent, au jour de Platée, la flotte du grand roi Xercès, déjà si mal menée à Salamine.

Les Samiens adoraient Junon, la reine des Dieux, a qui ils élevèrent un superbe temple. Ils l'avaient vu naître sous un *Agnus-castus* qu'ils plantèrent devant son temple. Cet arbuste conserva pendant des siècles, toute sa fraîcheur, quoiqu'il fût plus vieux que l'olivier d'Athènes, le palmier de Délos, le chêne de Dodone, l'olivier sauvage d'Olympie, le platane de Delphes et tous ces arbres sacrés plantés devant les temples des Dieux. Les Samiens avaient aussi assisté au mariage de Junon avec son frère Jupiter, Dieu des Dieux, depuis qu'il avait mutilé et chassé du ciel son père Saturne. Comme les paons se plaisaient à Samos, les habitants de l'île consacrèrent cet oiseau, type de la beauté et de l'orgueil, à cette altière et implacable déesse, que son trop infidèle époux, irrité de ses reproches continuels, fit un jour suspendre avec une chaîne d'or entre le ciel et la terre.

Samos avait un acqueduc, taillé de main d'homme, dans une montagne percée, comme le Pausilippe, de part en part.

Les *fleurs* de Samos furent aussi fameuses que celles des Lydiens. On appelait ainsi des sociétés, où la jeunesse des deux sexes, donnant et recevant des leçons d'intempérance, passait les jours et les nuits dans les fêtes et la débauche. Polycrate favorisait ces sociétés et et Anacréon les chantait.

Les Samiens, fiers d'avoir vu naître Pythagore parmi eux, avaient adopté ses doctrines. Ainsi que les viandes, les fèves leur étaient interdites, comme étant la substance qui participe le plus de la matière animée, dont les âmes sont des parcelles. « Prenez, disait un pythagoricien, les fleurs de la fève quand elles commencent à noircir; mettez-les dans un vase que vous enfouirez dans la terre;

quatre-vingt-dix jours après, ôtez le couvercle, et vous trouverez au fond du vase une tête d'enfant: Pythagore en fit l'expérience, »

Pythagore ne faisait pas de pareilles expériences, peut-être furent-elles tentées par quelques-uns de ses disci-. ples qui outrèrent son système. En excellent médecin qu'il était, il avait pu dire que les fèves n'étaient pas une bonne nourriture pour des hommes constamment livrés à l'étude et à la méditation; mais il en permettait l'usage. Quant aux viandes, s'il recommandait de n'user que modérément de celles qui étaient offertes en sacrifice, c'était surtout par un sentiment de justice pour les animaux. « De quel droit, disait-il, osons-nous arracher la vie à des êtres qui ont reçu comme nous ce présent du ciel? » Pythagore fut un des premiers et des plus grands instituteurs du genre humain. Ce qu'il voulait, c'est que la vérité et la justice fussent connues et honorées, c'est que ceux qui l'écoutaient s'unissent intimement avec la divinité et avec leurs semblables. A peine eut-il commencé à enseigner sa morale et ses préceptes, que les peuples de la Grande-Grèce, jusqu'alors célèbres par la mollesse de leurs mœurs, accoururent à lui, se soumirent à ses lois, s'écriant qu'un Dieu avait paru sur terre pour la délivrer des maux qui l'affligeaient.

De son institut, où l'on était si difficilement initié, sortirent des disciples qui devinrent d'excellents législateurs, qui servirent de guides aux Epaminondas, aux Phocion, aux Platon même. Pythagore possédait toutes les sciences alors connues. De sa théorie des nombres, il conclut que Dieu est l'unité absolue et primordiale, la monade des monades : que le monde est un tout, harmonieusement ordonné (*cosmos*), que le soleil en est le centre, et que les autres corps célestes se meuvent autour de lui, en formant une musique divine... Ce savant philosophe donna la fameuse démonstration du carré de l'hypothénuse, dont l'utilité lui parut si grande, qu'il immola aux dieux par reconnaissance une hécatombe de cent bœufs; ce qui semble prouver qu'il ne croyait pas, alors du moins, à la transmigration des âmes d'un corps dans un autre.

Il n'y a pas d'élève, encore aujourd'hui, qui, en étudiant les quatre opérations fondamentales de l'arithmétique, n'apprenne le nom de Pythagore.

Nous glissons sur le grand golfe de Scala-Nova, d'Ephèse autrefois, entre Samos et Chio. Quelles côtes! quelle mer! quel ciel! quel temps! C'est aussi beau que les mers de la Doride. On devait naître peintre ou poète en ces lieux. Parrhasius, Apelles, Anacréon et Homère peut-être naquirent sur cette côte qui fuit devant nous vers Chio, à Ephèse, à Colophon, à Téos. Aussi furent-ils des premiers parmi leurs rivaux.

Zeuxis, disputant le prix de la peinture à Parrhasius, avait représenté des raisins dans une corbeille avec tant de vérité, que les oiseaux séduits venaient becqueter ses grappes peintes. Parrhasius lui apporta un tableau de sa composition. Zeuxis, qui l'avait sous les yeux, s'écria impatient de le voir: *tirez-donc le rideau*. Et c'était ce rideau qui faisait le sujet du tableau. Zeuxis s'avoua vaincu, parce qu'il n'avait trompé que des oiseaux, et que Parrhasius l'avait trompé lui-même.

Alexandre fut inconsolable de la mort de Bucéphale. Apelle réussit tellement à rendre la ressemblance de ce fameux cheval, qu'Alexandre ordonna pendant longtemps qu'on portàt à manger à cette simple représentation.

On disait en Grèce, à l'occasion du portrait d'Alexandre, peint par Apelle, qu'il y avait deux Alexandre, l'un invincible, fils de Philippe, l'autre inimitable, celui d'Apelle.

La mer se resserre entre la presqu'île d'Erythrée, que termine le cap Blanc, et l'île de Chio. La Sybille Erythréenne Hérophile prédit à Hécube, enceinte de Pâris, les malheurs que cet enfant allait attirer sur le royaume de Troie.

C'est d'Erithrée qu'Homère, monté sur un radeau, passa à Chio pour aller revendiquer ses poèmes qu'un rhapsode lui avait dérobés à Phocée et qu'il débitait comme siens à Chio. Abandonné sur le rivage, Homère, privé de la vue, erra deux jours entiers sans trouver personne qui put le secourir et le conduire. Il allait être dévoré par les chiens d'un troupeau, lorsque le berger vint le délivrer. Homère, qui composa à Chio son Odyssée, mit son aventure sur le compte d'Ulysse, en supposant que les chiens de son fidèle Eumée faillirent le mettre en pièces lorsqu'à son retour à Ithaque il arriva, déguisé en mendiant, à sa maison de campagne.

Si l'île de Chio ne vit pas naître Homère, elle le posséda du moins pendant quelques années. Elle eut longtemps des Homérides (descendants d'Homère). Chio donna naissance à Ion, émule de Sophocle et des Euripide, à Théopompe, digne continuateur de Thucydide et aussi habile orateur qu'Antiphon et Andocide.

Chio, dont les montagnes et les fertiles vallées charment en ce moment nos regards, produisait autrefois d'excellent vin, surtout à Arvisia. Les habitants prétendaient avoir transmis aux autres nations l'art de cultiver la vigne. Aujourd'hui les Chiotes cultivent surtout le lentisque d'où ils tirent le *mastic,* qui sert à faire le *raki,* eau-de-vie de l'Orient.

Chio eut le tort d'introduire l'usage d'acheter des esclaves. L'oracle, instruit de ce forfait, déclara que cette île s'était attiré la colère du ciel.

L'homme qui illustra le plus autrefois le commerce français, l'argentier Jacques Cœur, mourut à Chio, inutile victime des cinq ou six inutiles croisades qui furent alors prêchées contre les Ottomans.

Si Chio ne fut pas autrefois la première des îles de l'Archipel par sa marine et son commerce, elle l'est peut-être aujourd'hui par les comptoirs que d'habiles négociants, nés sur son sol, eux ou leurs pères, entretiennent à Constantinople, à Alexandrie, à Trieste, à Marseille, à Londres, à Manchester, partout. Les Tubini, les Zarifi, les Castelli..., démentent le proverbe : *un chiote sage est aussi rare qu'un cheval vert.*

A notre droite s'ouvre la baie spacieuse de Tchechmé, autrefois Cyssus, où les Romains, qui marchaient alors à pas de géant, à la conquête du monde entier, détruisirent, l'an 193 avant J.-C. la flotte d'Antiochus-le-Grand, soulevé contre eux par le fugitif Annibal qui, à douze ans, entre les mains de son père et aux pieds des autels, leur avait juré une haine éternelle. Là aussi, sous Catherine II, qui n'avait pas une moins grande envie de conquérir une bonne partie de l'Ancien-Monde, l'amiral russe Orloff, aidé de l'anglais Elphistone, brûla une magnifique flotte turque, désastre renouvelé en 1827, à Navarin, par les trois grandes puissances maritimes de l'Europe. Plus tard, mieux vaut tard que jamais! l'Occident, au repentir d'avoir ainsi contribué à l'affaiblissement de la Turquie, a compris qu'il lui importait de maintenir l'intégrité de l'empire Ottoman.

Cet empire n'en était qu'à son cinquième souverain, et il se remettait à peine de la terrible secousse dont Tamerlan venait de l'ébranler en écrasant Baïazid-le-Foudre à Angora, lorsque, autour de ces monts qui couronnent le Cap-Noir (Kara-Bournou) et que chacun de nous contemple, s'amoncela un orage qui menaça de le renverser. Tchelebi Sultan Mehmed Ier, l'allié et l'ami de l'empereur Grec Manuel Paléologue, qu'il appelait son père, régnait alors. Son équité, sa douceur, sa générosité, sa constance en amitié, sa bienveillance pour les chrétiens et pour les musulmans, le rendirent cher à tous et lui firent donner par les chrétiens le surnom de *Tchelebi* (galant homme, gentleman). Il disait à l'ambassadeur de Manuel, qui le félicitait sur son avénement : « Dites à mon père, l'empereur Grec, que, grâces à son assistance, j'ai recouvré les états de mon père, que j'en ai conservé le souvenir dans mon cœur, que je lui suis dévoué comme un fils à son père et que je me mettrai avec joie à son service. » Il invita à sa table d'autres ambassadeurs chrétiens, but à leur santé, à leur prospérité, et leur dit en les congédiant : « rapportez à vos maîtres que je donne la paix à tous et que je l'accepte de tous, que le Dieu de la paix châtie les violateurs de la paix. »

Après que ses trois frères Suléiman, Iça et Mouça eurent péri en se disputant l'empire, le Sultan Mehmed pouvait se croire paisible possesseur des Etats fondés par Osman, Orkhan, Mourad et Baïazid. Tout-à-coup un grand soulèvement, d'autant plus dangereux qu'il était organisé et dirigé par des fanatiques religieux, éclata en Asie et en Europe. Un plan de révolte, profondément médité, devait embrasser l'empire et élever un nouveau trône sur la base d'un nouveau système de doctrine. Un fanatique y prêtait son nom, mais l'âme de toute l'entreprise était un homme connu par d'importants ouvrages de jurisprudence, le savant juge de l'armée, Bedreddin, de Sima, mis à la retraite à l'avénement du Sultan. Il prit pour son instrument un Turc tiré du peuple, né sur le mont Stylarios, qui forme le Cap-Noir. Ce Turc fanatique, Bereklidji-Moustafa, se posa comme un père et seigneur spirituel et fut appelé *Dédé-Sultan*.

Un autre instrument de Bedreddin fut un juif apostat, nommé Torlak, qui se mit comme chef à la tête des derviches pour parcourir les provinces en y prêchant la nouvelle doctrine. Les principes en étaient la pauvreté et l'égalité, et l'usage commun de tous les biens, à la seule exception du harem. Comme le but secret de ces prédications était la domination de l'Asie et de l'Europe, il fallait aussi gagner les chrétiens. On déclara donc que quiconque dirait que les chrétiens n'étaient pas adorateurs de Dieu, était lui-même impie. Les derviches reçurent alors les chrétiens comme des anges envoyés de Dieu. Un émissaire de Moustafa, les pieds et la tête nus, enveloppé seulement d'un simple morceau de drap, vint, cherchant des adhérents, trouver au nom de son maître un fameux anachorète qui vivait alors dans le cloître de Turlatas, à Chio, et lui porta ces paroles : « Je suis comme toi un ascète. Je prie le même Dieu que toi, et de nuit je viens te trouver, passant sur la mer à pied sec. » Le fanatique turc avait trouvé son homme dans l'anachorète grec; car celui-ci assura sérieusement à l'historien Ducas, que Moustafa, livré jadis, à Samos, à la vie contemplative, venait toutes les nuits converser avec lui en traversant la mer à pied sec. »

Après deux combats dans lesquels les troupes du Sultan furent complètement battues par les rebelles, Mehmed fit marcher contre eux toutes les forces réunies d'Asie et d'Europe commandées par son fils Mourad et par son Vizir Baïazid pacha. Moustafa, vaincu le premier au pied du mont Stylarios, fut cloué sur une croix de St-André et promené sur un chameau par les rues d'Ephèse. Sous ses yeux, ses disciples, qui ne voulaient pas abjurer leurs doctrines, se précipitaient avec joie sur les sabres de leurs exécuteurs, en s'écriant : « Dédé Sultan, que ton règne nous arrive. » Le juif Torlak fut aussi défait à Magnésie et· pendu avec le plus fidèle de ses disciples. Ensuite Mourad et le Vizir Baïazid passèrent en Europe où la troisième et la plus puissante tête de cette secte rebelle, se dressait toujours plus menaçante dans les forêts de l'Hémus, où Bedreddin prêchait les nouveaux principes qu'il avait chargé ses disciples de répandre en Asie. Battu à Serès, il eut le même sort que ses complices; après quoi, l'ordre fut partout rétabli.

16

Nous passons, vers le soir, entre Vourla, autrefois Clazomènes, et Fokia, ancienne Phocée, métropole des premiers Marseillais.

Au coucher du soleil, non loin du fort du Pavillon (Sandjak-Kalessi), et vis-à-vis de quelques jolis cottages bâtis sur le bord de la mer, le cri lugubre, *un homme à la mer*, émeut soudain tout le monde. On cherche des cordes des moyens de sauvetage. On stoppe, on descend un canot, on va vers la tête qui se soutient sur l'eau; la distance est assez grande, on arrive trop tard, la tête disparaît, on la cherche quelque temps, mais en vain. Un monstre marin à dévoré le malheureux, disent quelques-uns. C'était un matelot qui, ayant mal pris son élan pour lancer la sonde, s'était laissé entraîner dans la mer. On plaint toujours un homme qui se noie, mais on lui donne des regrets plus sincères, si le malheur lui arrive pendant qu'il remplit un devoir.

Ce retard nous fait arriver de nuit. Smyrne, que nous avions admirée de loin, ne nous apparaît plus que revêtue de guirlandes de feux. Sept ou huit vaisseaux, le palais, les maisons, les quais, tout est splendidement illuminé. Le Sultan passe la nuit à bord. A la faveur de cette clarté artificielle, nous prenons notre place au mouillage et nous mettons, sur le bord, à jouir de cette brillante soirée que le temps favorise à souhait. A la prière de nuit, de nombreuses salves, parmi lesquelles nous en distinguons de chrétiennes, viennent encore l'égayer. Si nos rêves se ressentent des impressions de la journée, ils seront d'or.

Les habitants de Smyrne ne dormiront pas cette nuit: ils sont trop joyeux de notre arrivée, trop soucieux de se préparer à nous bien recevoir. Il n'y a que quelque heures qu'ils croient à la visite impériale. Vers midi encore, le télégraphe de Chio leur transmettait cette nouvelle: *la flottille impériale se dirige vers Constantinople.* En effet, le yacht impérial, qui avait du temps à perdre, puisque sa suite était encore par derrière Samos, au lieu de raser le cap Blanc et le cap Noir de la côte d'Asie, avait pris au large, contournant l'île de Chio.

S. A. Fuad pacha, qui ne s'épargne ni soins, ni peines pour imprimer à ce voyage impérial le caractère de toute œuvre achevée, lequel consiste à allier l'utile à l'agréable, est allé annoncer aux Smyrniotes qu'ils ne seront pas trompés, cette fois, comme ils l'ont été, en pareille occasion, sous le règne précédent. Le ministre de la guerre s'entendra en même temps avec les autorités locales pour les dispositions à prendre afin d'assurer à notre séjour à Smyrne le plus heureux succès possible. Il aura trouvé là, comme intelligents auxiliaires, deux amis, deux hommes qui l'ont aidé naguère à dénouer avec gloire l'inextricable nœud des affaires de Syrie, Caïserli Ahmed pacha, gouverneur, et le comte de Bentivoglio, consul-général de France.

——

SMYRNE, CHEMIN DE FER, ÉPHÈSE.

Les sommets blanchis du Tmole et du Sipyle attestent qu'il a neigé naguère dans les environs. Cependant le temps est, aujourd'hui, un véritable temps d'Ionie. La journée sera belle.

Où fut la Smyrne que fonda l'amazone Smyrne ou le roi phrygien Tantale, si fameux par son horrible infanticide et par son poétique supplice, devenu proverbial, et qui fut détruite par un des prédécesseurs du riche Crésus? On n'en sait rien.

Où fut la Smyrne que rebâtirent, quatre siècles plus tard, Alexandre et Lysimaque, et que renversa un tremblement de terre? On l'ignore.

Où fut la Smyrne que releva le sage Marc-Aurèle, et que rasa, après en avoir exterminé les habitants, le digne successeur des Attila et des Gengis-Khan, le destructeur de Delhi, de Bagdad, de Damas et de mille autres cités, l'impitoyable Timour-Lenk? Qui pourrait le dire?

La Smyrne que nous voyons, est celle que réédifièrent, avec les ruines faites par les hordes mongoles, les Ottomans sous Mehmed-Tchélébi et Mourad II.

Ainsi, dans tout l'Orient, les ruines étaient faites lorsque les Turcs Ottomans vinrent y prendre leur place. Les premiers empereurs chrétiens, en ordonnant la démolition des temples et des monuments du paganisme, les avaient commencées; les Barbares, Huns, Goths, Alains, Suèves, Avares, Serbes, Bulgares..., les continuèrent; les Croisés, les Vénitiens, les Génois, les Seljoukides, les Persans, les Arabes y aidèrent; les Mongols y mirent le comble. Les Grecs de Constantinople laissaient faire. L'empereur Anastase cependant avait élevé, entre Silivri sur la mer de Marmara, et Dercos, sur la Mer-Noire, un long mur qui devait défendre, contre le torrent envahisseur, la ville de Constantinople. Tout le reste de l'empire était abandonné au pillage et aux dévastations des hordes sauvages qui tuaient et détruisaient pour le plaisir de tuer et de détruire. Les Ottomans ne firent jamais de ruines que celles que nécessitait la prise des villes ou des places. Leurs Sultans firent toujours respecter les édifices et les monuments.

A la prise de Constantinople, le sultan Mehmed était à contempler, dans Sainte-Sophie, les cent-sept colonnes magnifiques qui avaient orné jadis les temples du Soleil de Baalbeck, de Diane d'Ephèse, de Jupiter de Cyrique, ceux d'Alexandrie, d'Athènes et des Cyclades; il éprouvait, en considérant les beautés de ce temple, le plus doux ravissement, lorsqu'il aperçut un soldat qui en brisait les dalles. Le Sultan frappa le barbare de son sabre, en disant : « Je vous ai abandonné le butin, mais la ville et les édifices sont à moi. » Le profanateur fut jeté hors du temple à demi mort.

Le conquérant ne détruisit pas Sainte-Sophie; il la consacra au culte musulman, et cela sans prescrire autant de purifications que les Grecs en avaient fait quelques jours auparavant, après la célébration des saints mystères, dans cette basilique, par le légat du Pape, le cardinal Isidore, envoyé aux Grecs pour leur proposer de s'unir à l'Occident afin de pouvoir mieux résister aux Turcs. On avait permis au légat d'officier à Ste-Sophie pour constater l'union; mais les prêtres et le peuple furent si indignés de la présence parmi eux d'un cardinal latin, qu'ils l'anathématisèrent et peu s'en fallut qu'ils ne le missent à mort. Quoique l'on eût soigneusement lavé et purifié tous les lieux que le cardinal avait touchés de ses mains ou de ses pieds dans la métrople, personne ne voulait plus y entrer, la regardant comme profanée.

Les Grecs se montraient conséquents à ce qu'ils avaient dit, qu'ils aimaient mieux voir à Constantinople un turban turc qu'un chapeau de cardinal latin. Dès lors ils eurent le turban, et à son ombre, ils furent plus tranquilles et peut-être plus heureux. Quant à la gloire, ils avaient appris à s'en passer depuis longtemps. Leur conquérant se montra plus tolérant qu'eux, en armant leur patriarche d'un sceptre d'or, orné de pierreries et de perles et en lui concédant des immunités inespérées. Par là, il laissait aux Grecs, sous sa haute protection, le gouvernement théocratique, le seul qui leur convint depuis qu'ils s'étaient adonnés avec tant de zèle, empereurs, prêtres et citoyens, aux spéculations les plus abstraites et les plus singulières de la science théologique. Les Grecs avaient cédé au grand vice de leur nature, au besoin de déclamer, de discourir, de se jeter dans des discussions sonores mais vides de sens, sources pour eux, en tout temps, de dissensions civiles, politiques et religieuses. Les sophistes et les fanatiques, en soutenant le polythéisme contre les idées monothéistes des Anaxagore et des Socrate, en faisant condamner ces philosophes, Phidias, Phocion et beaucoup d'autres grands citoyens, avaient perdu Athènes; les théologistes et les fanatiques, en donnant au sentiment national la direction la plus misérable, perdirent les Grecs du Moyen-Age. Il fallait que le Bas-Empire fut tombé bien bas, fut bien décrépit, pour que quatre cents familles turques, chassées de la Tartarie par Gengiz-Kan et parvenues en errant jusqu'aux environs de Brousse, aient pu, en quelques semaines d'années, se mettre en possession de la capitale et du vaste empire de Constantin.

Smyrne ne brilla pas moins sous les Romains que sous les Grecs. Ses écoles d'éloquence furent célèbres, elle prétendait qu'Homère, appelé autrefois *Mélésigène*, était né sur les bords du Mélès, qui coule sous le pont des Caravanes. Sous les Romains, elle donna le jour à Quintus Calaber, continuateur d'Homère.

Smyrne se fit chrétienne de bonne heure et fut, ainsi qu'Ephèse, un des sept chandeliers d'or de l'Apocalypse, une des sept premières églises. L'apôtre St-Paul et l'évangéliste St-Jean convertirent les Ioniens. St-Polycarpe et St-Papias, disciples de St-Jean, premier évêque d'Ephèse, après avoir été inutilement jetés dans de l'huile bouillante par l'ordre de Domitien, eurent eux-mêmes pour disciple St-Irénée, qui alla porter les lumières de la foi en

Gaule où il fut martyrisé, étant évêque de Lyon. Son maître, St-Polycarpe, évêque de Smyrne, avait déjà été brûlé vif.

Autrefois on surnommait Smyrne l'*Aimable*, la *Couronne d'Ionie*, la *Perle de l'Orient*... Les Turcs, toujours soigneux de lui envoyer pour gouverneurs leurs administrateurs les plus éclairés, témoin Caïserli Ahmed pacha, l'appellent l'*Infidèle*. Elle ne s'en fâche pas, et la preuve, c'est qu'elle se prépare à cette heure, avec le zèle le plus digne d'éloges, à recevoir, en ville loyale et féale, la visite de son bien-aimé souverain. La voilà qui revêt ses plus beaux atours.

Aux charmes que nous offrent son admirable bassin ses maisons, ses minarets, ses cyprès, ses vallées, ses monts, gracieux tableau, éclairé de la plus douce lumière, embelli des couleurs les plus variées et les plus pures, combien d'autres elle va en ajouter! Tout, autour de nous, se pavoise, s'enguirlande, prend un air de fête. Sur l'échelle où le Padichah doit prendre terre, brillent des tapis aux riches couleurs. Les bords de la route sont festonnés de fleurs. La pente qui la longe, est comme un vaste amphithéâtre où des milliers de spectateurs se tiennent rangés dans l'attente d'un spectacle de haut intérêt. L'espace que les femmes turques blanchissent de leurs iachmaks, est immense. Elles veulent, elles aussi, avec leurs enfants, voir et acclamer leur Padichah. Entendez-les lorsque le bruit du canon cessant, Abdul-Aziz met pied à terre et passe devant elles : « *Machallah! Sefa gueldim,..., Allah baguechlaun! Tchok iacha!* Le ciel t'amène! sois le bienvenu! que Dieu te garde! qu'il l'accorde longue vie! » Ces vœux, ces expressions de douce joie, répétés par tous les assistants, accompagnent le Sultan jusqu'au Konak.

Après quelques moments de repos, le cortège se remet en route pour se rendre à l'embarcadère du chemin de fer. Nous allons donc traverser la ville d'un bout à l'autre. Le voyage sera charmant, curieux.

Ce n'est pas sans peine que nous nous frayons un passage à travers la foule si nombreuse et si empressée partout. Le Sultan voudrait aller vite qu'il ne le pourrait pas. Sa figure rayonne, exprime le contentement et la plus douce bienveillance, le sourire est sur ses lèvres. Comment son âme ne serait-elle pas touchée de cet universel hommage si spontané, si vif et si sincère !

L'encens fume, les fleurs volent dans l'espace; les bras les chapeaux, les casquettes s'agitent: on voit des Grecs aller baiser les jambes et les pieds du Sultan au risque de se faire écraser par les chevaux. En plusieurs endroits, les enfants des écoles, chrétiens et musulmans, chantent des prières. Devant les églises, les prêtres avec leurs acolytes en costume, appellent également les bénédictions du ciel sur le Souverain. Des musiques jouent de gais saluts. Tout est transport, tout est cris de joie. On entend des vivats exprimés en toutes langues, en turc, en grec, en arménien, en juif, en italien, en français, en anglais. Là-bas, à l'autre bout, c'était le grave *Tchoq iacha*; ici, au chemin de fer, c'est le bruyant *hourrah*.

Ces chaleureuses manifestations des habitants de Smyrne nous ont empêché de bien voir tout ce qu'ils ont déployé d'ornements le long de cette rue qui mesure toute leur ville. Ils ont dû dégarnir leurs serres de leurs plus beaux citronniers et orangers pour en décorer les deux côtés de la voie. Et avec cela que de belles tentures, que de riches étoffes, que de précieux tapis et quelle variété de drapeaux aux murs, aux portes, aux fenêtres! Quelques magasins et quelques maisons particulières, les églises, les casins, les consulats se distinguaient par leur luxe de décorations. Le Consulat de France, splendidement pavoisé, avait de plus les équipages de la *Zénobie* et de la *Mouette* alignés le long de la rue. Leur salut militaire, ainsi que celui des deux bâtiments, ont paru toucher le Sultan. Des équipages autrichiens et italiens ont aussi porté les armes à Sa Majesté.

A l'entrée de la gare nous passons sous le joug d'une vraie locomotive qui couronne un bel arc de triomphe.

Au salon d'attente, décoré pour la circonstance, le Sultan désire voir les administrateurs du rail-way et s'entretient quelques moments avec eux. Rechad-bey, commissaire impérial, est présent, tout prêt à montrer son zèle.

A onze heures nous partons salués par une foule des plus compactes qui a envahi la gare.

De magnifiques jardins nous montrent leurs pommes d'or et nous envoient leurs parfums.

Au pont des caravanes, le pittoresque commence : Ce sont d'abord des ravins, des aqueducs ; puis des roches isolées qui rappellent celles de la forêt de Fontainebleau.

Boudja paraît avec ses gracieuses villas, la plupart anglaises ou américaines. Sevdi-Keui semble en avoir aussi d'agréables.

La plaine s'élargit. D'abord cultivée, boisée et fleurie, elle devient ensuite stérile. Nous traversons des bruyères.

Le ciel est toujours superbe. A notre droite, les montagnes de la presqu'île de Clazomène qu'enserrent les golfes de Smyrne et d'Ephèse et dont nous parcourons l'isthme, forment un long rideau de l'aspect le plus charmant. A notre gauche, de jolis villages vont s'étageant sur des collines au bout desquelles s'élève une haute montagne. Ces villages et ceux qui bordent la voie sont représentés aux stations par de nombreuses populations qui, pour nous rendre le ciel favorable, accompagnent leurs vivats et leurs vœux de sacrifices de veaux et de moutons. Nous n'avons que peu d'instants à donner à chaque station.

A midi et demi, une plaine magnifique s'ouvre devant nous et nous rappelle le Delta. Elle est animée, elle a des arbres. De nombreux troupeaux y paissent l'herbe fraîche. Ce sont les prairies d'Asius, sur les bords du Caystre, où, d'après Homère, se plaisaient les oies sauvages, les grues et les cygnes.

Ici, primitivement, la voie ferrée déviait à gauche pour arriver plus vite à Aïdin. Mais la route la plus courte n'est pas toujours la meilleure, témoin celle qui conduisit les Romains aux Fourches-Caudines. Le rail-way alla se heurter à une montagne moins complaisante que le mont Athos lorsque, sur une lettre de ce grand roi de Perse qui fit fouetter de verges l'Hellespont, il ouvrit un passage à la flotte persane. Cette montagne n'égalait pas le mont Cenis que l'Occident aura bientôt percé, mais elle se trouva trop dure à forer pour l'Orient qui en était à son premier essai. La compagnie recula et inscrivit à son compte et à celui des actionnaires la perte de plusieurs milliers de mètres de rail-way et de tunnel déjà exécutés. Le chemin de fer prit alors la direction d'Aïa-Soulouk que nous suivons. Depuis cette imprudente tentative la compagnie est en souffrance. Si notre arrivée pouvait lui rendre un peu de force et d'espérance.! Inchallah !

Après Djuma-Ovassi, Develi-Keui et Kayass, les stations de la plaine que nous traversons sont Trianda, Tourbali, Célat-Café et Cos-Bounar où les chameaux apportent les marchandises d'Aïdin, de Baïndir, de Tireh, de Démich....

Le Caystre, abondant en mulets, est franchi. La plaine finit ou plutôt se resserre entre des montagnes. Celles de notre droite ont pris des formes bizarres. On les dirait taillées tout exprès pour former les glacis à pic de forteresses imprenables. Un de leurs sommets est couronné d'une vieille tour (Kez-Koulessi) que l'on dit *Génoise*, comme toutes les tours qui existent encore en Orient.

L'horizon s'étend de nouveau. Nous revoyons à quelque distance, la délicieuse mer où nous voguions hier entre Samos et Chio.

Un quart d'heure plus tard, deux heures et quelques minutes après notre départ, nous arrivons à Éphèse, terme actuel du chemin de fer. La berge de descente est à droite et les tentes sont à gauche au milieu d'une prairie. Quelque zèle que Husni pacha ait déployé, il n'a pu les dresser qu'à moitié. Celles des Princes s'achèvent à peine. La suite campera sur l'herbe, sous la cape céleste si sereine en cet endroit.

Abdul-Aziz descend. Le Caïmacam d'Aïdin ne paraît

pas pour guider l'illustre visiteur qui va à l'aventure. Cela
paraît amuser sa Majesté. En sortant de la gare, le Sultan prend à droite à travers les cafés, s'arrête quelques
moments pour contempler le coteau sur lequel s'élève
Aïa-Soulouk (Ephèse) ; puis fendant la foule, il traverse
l'aqueduc et ses ruines, se dirigeant vers sa tente. Le
clergé et les enfants d'Aïdin chantent des prières; les
curieux, dont la plupart doutent que le Sultan soit le Sultan, tant son costume est simple, poussent aussi des
vivats.

De la tente impériale, un photographe pourrait faire
un joli tableau du coteau d'Ephèse, ayant pour ligne de
terre les beaux bâtiments de la gare. Le Sultan considère
encore ce tableau que couronne un fort, de l'enceinte
duquel s'élève un minaret. Des ruines et des maisonnettes
descendent jusqu'à l'aqueduc, construit autrefois sur la
vallée que suit le chemin de fer. Les pierres, couvertes
d'inscriptions, dont les colonnes de l'aqueduc sont formées, offrent les mêmes teintes de vétusté qui font le
charme des ruines d'Athènes.

Profitant d'un moment de repos, nous allons, quelques
compagnons de route et moi, faire une visite aux ruines.
En gravissant le coteau nous passons sous une grande
porte monumentale dont la forme et les matériaux, sinon
la construction, sont antiques. Nous marchons à travers
des ruines, des morceaux de marbre, des tronçons de
colonnes, d'énormes blocs de maçonnerie, semblables
à ceux des gigantesques bains de Caracalla à Rome.
Nous descendons dans une piscine où nous trouvons
quelques colonnettes encore debout. Puis, placés entre

le fort en haut et une mosquée en bas que l'on nous
dit avoir été l'église de St-Jean, nous regardons, nous
contemplons.

Brillantes cités de l'Europe moderne, est-ce qu'un jour
le voyageur ira chercher ainsi les places où vous fûtes ?
Est-ce que jamais, ô Paris, tu deviendras ce que sont
devenues Héliopolis, Ephèse et tant d'autres célèbres
villes ? Si un tel sort t'avait été réservé, tu l'aurais subi
lorsque les Cosaques et Blücher s'apprêtaient à renverser la colonne de bronze, monument de leur défaite.
Ta patronne Geneviève, qui t'avait préservé des fureurs
d'Attila, te sauva encore cette fois, le patron des Anglais
St-Georges aidant un peu ; et elle veillera sans cesse sur
toi bien plus efficacement qu'Apollon et Diane ne pouvaient veiller sur leurs villes. Le Dieu qui protége aujour-
d'hui est un Dieu de force et de justice.

Ici, comme en face de Smyrne, on peut se demander
où fut l'antique Ephèse, détruite et rebâtie sept fois. Le
coteau où nous sommes, ceux de notre droite et de notre
gauche, la plaine qui mène à la mer, tout fut successivement et peut-être à la fois occupé par Ephèse. Quelle
situation ! plaines, montagnes, mer, ciel, tout est rempli
de poésie. On pourrait se croire sur le Pnyx d'Athènes,
d'où le foudre Démosthènes, dominant le plus bel horizon
et le peuple le plus inconstant du monde, montrait à ses
auditeurs, pour les soulever contre Philippe, l'île et la
mer de Salamine.

Hélas ! les plus belles positions sont, comme les arbres
les plus élevés, que la foudre atteint de préférence, les
plus exposées aux ravages des hommes. De même que les

Flandres et le Piémont, les plus beaux pays de l'Europe, n'ont pas cessé, depuis le César ancien dont Napoléon III écrit l'histoire, jusqu'au César moderne dont il fait revivre le glorieux règne, d'être le principal théâtre des fortes commotions qui ont, pendant dix-neuf siècles, agité le continent Européen, de même Smyrne et Ephèse ont été, en tout temps, ébranlées par les grandes secousses de l'Orient. Tous les ravageurs de l'Asie ont passé par ici, même les Français que Louis VII le Jeune conduisit à la seconde croisade,

Les fils aînés de l'Eglise de Rome allaient guerroyer contre les Arabes de Syrie, mais en passant ils auraient cru faire une œuvre non moins méritoire s'ils avaient pu exterminer les Grecs, *jugeant que c'était moins que rien de tuer ces hérétiques, ennemis du Pape.* De son côté le patriarche des Orthodoxes prêchait que les Français étaient des chiens et non des hommes, que l'effusion de leur sang effaçait tous les péchés. La croisade échoua. Les Grecs furent accusés d'avoir donné de mauvais guides aux croisés et d'avoir empoisonné leurs puits et leurs vivres. Louis, comme aussi son collègue l'empereur Conrad, revint sans armée et sans gloire. Il perdit même sa femme, la belle Eléonore de Guienne que l'on accusa de n'avoir eu, là-bas, des yeux doux que pour Saladin et autres, et qui rendit les Anglais maîtres de la plus belle moitié de la France en quittant Louis, qu'elle trouvait plus moine que roi, pour donner sa main à Henri Plantagenet.

Diane aimait ces lieux. Elle venait souvent prodiguer ses douces consolations au beau berger Endymion que

Jupiter, en punition d'un manque de respect à Junon, avait condamné à un sommeil de trente ans dans les antres du mont Latmos sur les bords du Méandre. Aussi les Ephésiens élevèrent-ils à cette déesse un temple dont la magnificence ne fut égalée que par celle du temple de Jupiter Olympien, œuvre de Phidias. Selon Pline, toute l'Asie concourut à bâtir le temple de Diane pendant deux cent vingt ans ; et il fallut encore deux siècles pour l'orner et l'embellir. Il avait 425 pieds de long sur 200 de large et était soutenu par 127 colonnes, données par autant de rois et ayant chacune 60 pieds d'élévation. Scopas en cisela quelques-unes.

Pour garantir ce temple des tremblements de terre, on le bâtit dans un lieu marécageux dont on raffermit le sol avec du charbon pilé, sur lequel on étendit des peaux de mouton garnies de leurs laines.

La nuit même qu'Alexandre-le-Grand vint au monde, Erostrate brûla ce temple dans le dessein, ainsi qu'il l'avoua au milieu des tourments, d'éterniser son nom.

Lequel de ces deux hommes, de celui qui mourait alors, ou de celui qui naissait, fut moins nuisible à l'humanité ? Erostrate ne brûla qu'un temple, que l'on releva bientôt plus beau et plus riche, pour être de nouveau détruit par les premiers chrétiens.

Pour trois ou quatre Alexandrie qu'Alexandre bâtit, que d'autres villes ne détruisit-il pas ! que d'hommes ne fit-il pas mourir ! Pourquoi ? pour qu'on lui fît bientôt des *funérailles sanglantes.* L'ode à la fortune n'a-t-elle pas un peu raison ?

17

Quoi ! Rome et l'Italie en cendre
Me feront honorer Sylla !
J'admirerai dans Alexandre
Ce que j'haborre en Attila !
J'appellerai vertu guerrière
Une vaillance meurtrière
Qui dans le sang trempe ses mains !
Et je pourrai forcer ma bouche
A louer un héros farouche
Né pour le malheur des humains !

La diète générale des peuples d'Ionie fit un décret pour condamner le nom d'Erostrate à l'oubli ; mais la défense même de le prononcer devait en perpétuer le souvenir.

Les gens de paix mêmes contribuèrent à la désolation de ce pays. L'un des deux conciles d'Ephèse fut appelé *le brigandage d'Ephèse,* à cause des violences qui s'y commirent.

Les Ephésiens avaient sur la construction des édifices publics une loi très sage. Si l'architecte nommé avait rempli exactement les conditions du marché, on lui décernait des honneurs. La dépense excédait-elle d'un quart, le trésor de l'Etat fournissait le surplus ; allait-elle par delà le quart, tout l'excédant était prélevé sur les biens de l'artiste, qui les avait engagés en soumissionnant.

Le nom actuel d'Ephèse *Aïa-Soulouk*, vient, dit-on, d'*Aïos théologos,* saint théologien, qualification de St-Jean. Quelques-uns disent, peut-être avec plus de raison, *Aïaslek,* lieu de sérénité.

Sous la tente, le Sultan s'informe de l'état du chemin

de fer, de ce qu'il produit, de ce qu'il peut produire..., et s'occupe de quelques affaires de la localité. Les directeurs, en grand habit de cérémonie, vont et viennent. Connaissant la noble générosité du Sultan ainsi que l'intérêt qu'il porte aux entreprises utiles, ils espèrent sans doute que sa visite portera bonheur au chemin de fer.

Vers quatre heures, le dîner est servi sous la tente impériale et sous celle des princes. S. A. Mourad éfendi a été retenu à bord du *Medjidié* par une légère indisposition.

L'heure du départ approche. Pendant le repas MM. les Anglais ont formé un projet dont la réalisation doit les raffermir dans leurs espérances. Ils ont préparé une brouette et une pelle, ainsi qu'une planche sur laquelle le véhicule doit rouler. Les deux instruments ont été recouverts de velours rouge aux endroits que les mains doivent toucher. Ces Messieurs voudraient que le Sultan mît quelques pelletées de terre sur cette brouette et qu'il poussât la charge à quelques pas de là; ils voudraient qu'il fît cela pour inaugurer, non l'érection d'un monument, comme quelques-uns le disent, mais bien l'achèvement de la voie ferrée. S. A. Fuad pacha va dire la chose à Sa Majesté en offrant de faire lui-même la besogne.

Arrivé près des locomotives, ornées de bandelettes et de fleurs, le Sultan s'arrête, regarde et ne peut s'empêcher de rire en voyant son cher ministre de la guerre faire le terrassier. L'opération finie, les hourrahs éclatent, tout le monde rit, tout le monde est heureux, même les prêtres et les enfants d'Aïdin dont les prières ont été gracieusement agréées.

L'heure de notre retour a été un peu retardée, à dessein sans doute, pour que l'illumination de la ville pût être bien vue et appréciée.

A notre arrivée, la gare et les environs étincellent de mille lumières.

Le Sultan remercie les directeurs et monte à cheval pour se rendre à l'autre extrémité de la ville.

Smyrne tout entière est là qui l'attend, debout, la joie au cœur, l'hommage sur les lèvres. Elle a déjà vu son souverain ; mais Abdul-Aziz paraît tel que plus on le voit, plus on veut le voir. Elle veut, toute en feu, splendidement parée, faire de son passage un triomphe. Partout sur ce long trajet, que de lumières ! que d'ornements ! que de vivats ! que d'ardentes démonstrations ! et quels élans du cœur ! quelques-uns voudraient se jeter sous le cheval de sa Majesté, qui se voit obligée de l'arrêter de temps en temps. Quelquefois, aux éclats des flammes du bengale qui viennent tout-à-coup ajouter à son éblouissement, le noble coursier fait un mouvement, mais son Maître ne fait qu'en rire de meilleur cœur, sachant bien qu'il l'empêchera de causer le moindre accident. Ce n'est pourtant pas une chose peu dangereuse que de passer en grand cortége au milieu d'une foule si ramassée en des espaces si étroits. Il n'y a eu dans la fête de ce jour que d'ineffables bonheurs et pas le moindre accident.

Au port l'illumination répondait à celle de la ville. Les feux d'artifice lancés des bâtiments de guerre et de quelques points du quai ont ajouté aux charmes de cette fête qui s'est prolongée bien avant dans la nuit.

Qu'a donc fait le Sultan Abdul-Aziz qui lui vaille de

si enthousiastes triomphes ? A-t-il conquis des pays ? A-t-il tué, comme David, dix mille ennemis ? Non. Il a fait des conquêtes, mais toutes pacifiques : il a relevé la situation de la Turquie; il a fait du bien à ses peuples; il leur promet un meilleur avenir; il voyage afin de pouvoir le leur mieux assurer... Ne sont-ce pas là des motifs assez puissants pour provoquer ces transports de reconnaissance et d'hommage ?

Après la rentrée du Sultan à bord du *Feïzi-Djehad*, la plupart des officiers de sa suite se répandent dans la ville pour admirer à leur aise tout l'éclat dont elle s'est parée. Les magasins et les maisons leur sont ouverts; partout ils trouvent un accueil des plus empressés et des plus gracieux, l'hospitalité orientale leur apparaît dans la plénitude de ses charmes.

VINGTIÈME JOURNÉE. — 22 AVRIL.

SMYRNE, RÉCEPTIONS, REPOS.

MERCREDI SOIR.

L'impression la plus forte de la journée est celle que vient de nous causer un tremblement de terre. Les secousses ont eu juste l'intensité et la durée qu'il faut pour effrayer les humains sans leur faire de mal. La musique ottomane, qui jouait devant les consulats de France et d'Italie, s'est arrêtée tout court. Les respirations ont été, pour ainsi dire, suspendues. Il y a eu un moment d'attente des plus anxieux. Mais le danger s'est vite évanoui. Le temps est orageux, le vent est assez violent : ce phénomène n'aura pas été senti à bord.

La journée avait été belle sous tous les rapports. Au calme des éléments s'était joint celui des affaires. Chacun de nous a pu employer son temps comme il l'a voulu, les uns sont allés au pont des Caravanes, ont gravi le Pagus, et de là contemplé le beau panorama de Smyrne et de ses environs, un des horizons d'Ionie le plus rempli de charmes. Les autres ont erré dans les bazars, dans les magasins, cherchant à emporter quelques souvenirs de Smyrne.

Quelques-uns ont été plus avant: Cédant aux aimables sollicitations des habitants, ils ont pénétré dans leur intérieur, se sont assis à leur table et mêlés aux brillantes fêtes de famille organisées à leur intention.

Le Sultan a consacré la journée aux affaires, aux réceptions. Le corps consulaire a été ici, comme à Alexandrie et au Caire, ravi de l'accueil qu'il a reçu et de la réponse que ses compliments de bienvenue ont provoquée. J'ai entendu quelqu'un qui sortait de l'audience l'âme encore toute émue, raconter que le discours de sa Majesté se composait de trois parties: 1° vrai plaisir qu'elle a toujours de voir les représentants des puissances alliées et amies; 2° vive sollicitude qui la porte à rendre ses peuples heureux par l'agriculture, le commerce et l'industrie; tel est le motif qui lui a fait entreprendre son voyage; 3° constante volonté de contribuer également au bien-être des étrangers établis dans ses États et d'assurer de plus en plus la bonne harmonie entre eux et ses sujets.

Dans la matinée, le Sultan avait chargé S. A. Fuad pacha d'aller remercier de sa part MM. les Consuls pour la brillante part qu'ils avaient bien voulu prendre aux manifestations de la journée d'hier aussi bien au retour qu'au départ.

Comme l'on sait que le Ministre de la guerre jouit à juste titre de la confiance du Souverain, chacun voudrait, à son passage à travers la ville, l'aborder et lui dire ses besoins. Qui n'a pas de besoins en ce monde? L'un, veut offrir une collection d'histoire naturelle, l'autre réclamer une portion de mer; Monseigneur a sa cathédrale a ter-

miner, Messieurs du rail-way, la moitié de leur œuvre à
parfaire; quelques négociants demandent la réorganisa-
tion du Tribunal de commerce, le Jockey-club ambitionne
un haut patronage pour ses courses; tout le monde semble attendre des marques de la bienveillance impériale.
L'attente des chrétiens n'est pas la moins ardente: si le
Sultan savait leurs vœux, je crois bien qu'il pousserait sa
bonté jusqu'à leur répéter les propres paroles qu'adressait autrefois, ici même, au grand maître de Rhodes, ce
bon Sultan que les chrétiens de son temps qualifièrent
de Tchélébi. « Je voudrais, lui disait-il, être le père de
tous les chrétiens dans le monde entier, leur accorder des
présents et des honneurs; car il convient au pouvoir
suprême de récompenser les bons et de punir les méchants.»

Patience! la munificence impériale s'étendra sur tous,
comme cela a eu lieu au Caire et à Alexandrie: là-bas,
personne n'a été oublié, pas plus les chrétiens que les
musulmans, pas plus les orthodoxes ou les protestants
que les catholiques, pas plus les israélites que les autres
sujets de l'empire. Si ceux qui ont besoin, se rappellent
le proverbe Turc, *aghlamaian tchodjouga mémé vermezler*
(on ne donne le sein à l'enfant qu'autant qu'il pleure), le
Sultan l'ignore et il fait tomber ses faveurs sur ceux-là
mêmes qui ne pleurent pas. Il est comme le soleil qui éclaire
et réchauffe tout, il pense à tout et à tous: aux hôpitaux, aux écoles, aux églises, aux pauvres, à ceux qui travaillent, à ceux qui se dévouent à l'humanité.

VINGT-UNIÈME JOURNÉE. — 23 AVRIL.

ALLOCUTION. BOURNABAT.

Les affaires sérieuses ont continué dans la matinée. Des réceptions nombreuses ont eu lieu. Les représentants des divers cultes, ainsi qu'un grand nombre d'autres personnes notables, ont reçu au salon impérial l'accueil le plus gracieux et le plus bienveillant. S. A. Fuad pacha, interprète ordinaire des volontés souveraines, et M. Abro, qu'il avait déjà eu pour suppléant en Syrie, appelé quelquefois à le remplacer, ont dû trouver l'exercice de leurs fonctions bien doux lorsqu'ils ont eu à traduire les belles paroles que Sa Majesté adressait à ceux qui lui rendaient hommage. Exprimer à tous, du ton le plus aimable, sa haute satisfaction, relever leur zèle pour le bien en leur donnant les plus sages conseils, les assurer de sa bienveillance impériale, tel en était toujours le sens. Au moment où tous les fonctionnaires civils, militaires et religieux se sont trouvés réunis autour du Sultan, Sa Majesté a couronné ses utiles entretiens de la journée par l'allocution qui suit et qui porte en elle son éloge :

« Tous mes efforts tendent constamment au progrès et à la prospérité de mon pays et au développement du bien-être et du bonheur de toutes les classes de mes sujets indistinctement. Le seul but qui me guide en voyageant dans mes Etats et en visitant moi-même mes fidèles sujets, c'est de montrer ma vive sollicitude à cet égard. »

« Mille grâces soient rendues à la divine Providence, notre pays possède tous les éléments de progrès et de bien-être; Ses habitants, par les bons sentiments et l'aptitude qui les distinguent, ont toutes les dispositions nécessaires pour ce progrès. J'espère donc en Dieu, et j'appelle de mes vœux la grâce de voir dans un avenir très prochain les résultats heureux des travaux de notre sublime Porte. »

« Smyrne est un grand centre de commerce dans notre Empire. Autant je suis satisfait de voir et de juger par mes propres yeux les développements que cette ville a acquis, autant je suis content et ravi de l'accueil enthousiaste qui m'est fait par toutes les classes de mes sujets, et par les négociants et sujets des puissances amies. »

« Les voies de communication qui sont ouvertes et celles qui sont en voie de construction, serviront immanquablement au développement du commerce et de l'agriculture. J'appliquerai désormais ma sollicitude personnelle et mes efforts tout particuliers à la poursuite des travaux publics d'une nature si importante. »

« L'instruction publique aussi est une des grandes questions qui font l'objet de la préoccupation constante de mon gouvernement, car un bien général doit en résulter. J'ai été très satisfait de juger du bon état des écoles civiles d'ici par la bonne tenue des groupes d'écoliers que j'ai vus. »

« Les produits de cette province sont d'une grande richesse. La culture du coton, particulièrement, va devenir une source de fortune pour tous les habitants et offrir une ressource nouvelle pour le commerce. Les efforts faits par les habitants de la province pour le progrès de cette culture sont l'objet de notre haute satisfaction. Notre gouvernement ne manquera pas de continuer à l'encourager et de lui accorder toutes les facilités nécessaires. »

« Je suis content de voir réunis ici autour de moi tous les fonctionnaires et les notabilités de la province. Je compte sur leurs efforts collectifs pour conformer leurs actes aux vœux de mon cœur, et j'espère que, par l'union et la concorde qui doivent régner toujours entre les différents éléments du pays, ils travailleront pour le bien de la patrie et de leurs concitoyens. »

Après une bonne action, le plaisir de l'avoir faite ; après le travail, le repos. Nous partons donc pour Bournabat, village des Français comme Boudja l'est des Anglais. La ville sait notre projet, et elle s'apprête à nous souhaiter beaucoup de plaisir. Son zèle pour les manifestations de joie et d'hommage ne se refroidit pas ; au contraire, il s'échauffe. Hier et aujourd'hui un grand nombre de personnes ont eu l'honneur d'approcher du Sultan, et, après l'avoir vu et entendu, elles s'en sont allées répétant partout : « Lorsque vous avez vu Abdul-Aziz à son passage à travers la ville, vous avez admiré sa noble figure ; eh bien ! son cœur est au moins aussi noble. Comme il nous a parlé ! avec quelle bienveillance et quelle sagesse ! » On l'aimait hier, aujourd'hui on l'adore. Voyez

comme on l'accueille ! comme on l'acclame ! comme on
sème son passage de tapis et de fleurs ! C'est de l'enthousiasme !....

Nous en avons encore l'âme tout émue, lorsque nous
arrivons à la Pointe, par delà le chemin de fer. Ici un
autre spectacle vient nous occuper ; c'est celui du magnifique horizon qui s'offre à nos yeux. Ces jardins, cette
mer bordée partout d'une riche végétation, ce réseau de
monts depuis le Pagus et les Deux-frères jusqu'aux hauts
sommets de l'Iaman et du Nif, que l'orage de cette
nuit a encore blanchis, la ville, Kokloudja et d'autres villages moins coquettement assis, ces plaines et ces collines,
toutes ces jolies choses qui s'étalent autour de nous,
sont bien faites pour nous faire admirer le Créateur de la
belle nature, même après que les hommes viennent de
remuer nos âmes.

La route est belle, et le temps ne conserve nulle trace
de la tourmente de la nuit passée. Sous un ciel si pur,
dans un si doux climat, comment Tantale, qui eut sa
capitale Sipylum, de l'autre côté de ce golfe, pût-il naître
si cruel et engendrer une race non moins cruelle, sur les
forfaits de laquelle les dramaturges de tous les temps et
de tous les lieux ont monté leurs grands ressorts de pitié
et de terreur ?

C'était peu pour cet audacieux larron d'avoir ravi à
Jupiter son échanson Ganymède et fait goûter aux mortels le nectar et l'ambroisie des Immortels ; il osa encore,
pour éprouver la divinité des habitants du ciel, leur servir, dans un festin, la chair de son fils Pélops. Cérès,
pressée par la faim, se laissa prendre au piége et dévora

une épaule; mais Jupiter, plus fin, découvrit le crime, ramassa les membres du jeune prince et lui rendit la vie en lui mettant une épaule d'ivoire, à la place de celle que la gloutonne avait mangée. Puis il précipita son barbare père au fond des enfers. Là, devoré par la soif et par la faim, il voit les pures eaux d'un étang et les fruits exquis d'un arbre fuir hors de sa portée toutes les fois qu'il essaie d'y atteindre. Ainsi souffre l'avare.

Pélops, réssuscité comme le furent les poissons à demi frits que l'on montre toujours vivants à Baloukli depuis la prise de Constantinople, put donner son nom au Péloponèse et mettre au jour Atrée et Thyeste, qui ne valurent pas mieux que leur aïeul. Thyeste mangea, sans le savoir, ses propres enfants, fruits de ses amours avec sa belle sœur Eropa, que son frère Atrée lui fit servir dans un repas. Egyste, fils incestueux de Thyeste, et de sa propre fille Pélopée, tua Atrée. Puis, d'accord avec Clytemnestre, femme d'Agamemnon, son oncle, il fit encore périr ce roi des rois, lequel avait lui-même sacrifié sa fille Iphigénie. Oreste, fils d'Agamemnon, immola aux mânes de son père, Egyste et sa propre mère Clytemnestre; après quoi les furies s'emparèrent de ce fils parricide et le jetèrent dans ces *fureurs* que chacun sait......

Tantale eut encore une fille, appelée Niobé. Elle devint la femme d'Amphion, qui bâtit la ville de Thèbes au son de sa lyre d'or, et eut de lui sept garçons et sept filles. Fière de cette nombreuse postérité, elle osa insulter à Latone qui n'avait qu'Apollon et Diane, nés dans l'île de Délos que Neptune venait de faire sortir du sein des eaux, Latone, qui, ainsi que le fait voir une des plus belles pièces des eaux du parc de Versailles, avait changé en grenouilles des paysans Cariens pour lui avoir refusé à boire, fit, dans son irritation, tuer toute la famille de Niobé à coup de flèches par Apollon et Diane. L'infortunée Niobé, stupéfiée par la douleur, fut transformée en ce mont que nous voyons couvert de neige et que l'on appela le Sipyle.

Les trous que ces vieux oliviers de la plaine portent à leurs tiges, me rapellent les arbres des vergers de mon pays troués par des boulets qui furent lancés à la fin de la dernière grande lutte entre la France et l'Angleterre. Wellington, terreur de mon enfance, poursuivait alors le maréchal Soult, et quoique vaincu à Toulouse, le généralissime anglais se trouva vainqueur, grâces à l'abdication du nouveau dieu de la guerre, qui tombait du trône du monde pour régner sur l'île d'Elbe, pour ne posséder, un peu plus tard, à Ste-Hélène, que la place d'un tombeau. Vanité des vanités !

Bournabat, que les arbres nous empêchaient de bien voir, se montre enfin légèrement incliné entre une belle colline et une plaine plus belle encore. Nous y arrivons couverts de poussière. Parmis les délicieuses villas qui se disputent l'honneur de nous offrir l'hospitalité, nous choisissons celle de M. Whitthall, un des plus honorables et des plus anciens négociants anglais de Smyrne. La porte nous en est signalée par une double haie de curieux qui stationnent sur la place. Là, comme partout, des enfants chrétiens et Turcs, des imans et des prêtres adressent, en chantant, des vœux au ciel pour la conservation des jours du Padichah. La foule s'unit d'intention à leurs chants.

. Un essaim de jolies dames s'est perché sur les murs du jardin et sur le toit du concierge. D'autres forment la haie d'un côté de la porte. Leurs cavaliers leur font vis-à-vis. Il n'y a ici d'autres uniformes que ceux que relèvent les tourelles de Malakoff ou les fracs de cérémonie.

Au bruit des hourrahs et au son des instruments de quelques bandes d'artistes cachées parmi les touffes fleuries du jardin, le Sultan franchit le seuil, saluant à droite et à gauche, et pénètre en voiture jusqu'au centre de ce séjour enchanté. A sa descente, deux nymphes du lieu, de Diane peut-être, qui a ses bains là bas, éclatantes comme les Eucharis qui reçurent et charmèrent Télémaque dans l'île de Calypso, se présentent, l'une, répandant des flots d'encens, et l'autre, semant des fleurs printanières sur le passage de l'illustre visiteur, qui les remercie au pied du perron et monte dans ses appartements accompagné de ses chambellans. Les deux dames regagnent, rayonnantes de bonheur, un groupe de cavaliers, disant, celle-ci : il m'a gracieusement souri en me saluant ! et celle-là : il m'a remerciée en français ! !

Le Sultan se repose en prenant une glace, en examinant le paysage, formé d'arbres qui dérobent presque à la vue et aux rayons du soleil cette fraîche demeure, et en parcourant attentivement les objets d'art et les belles gravures de quelques bons ouvrages disposés à dessein sur les tables des salons.

Tout le monde finit par suivre son exemple. La place est si favorable au repos ! Rien n'y manque non plus en fait de rafraîchissements, pas même le champagne. On

18

va le déboucher dans les caves pour que l'éclat des bouchons n'aille pas jusqu'en haut. Ordinairement qui ne boit pas n'aime pas beaucoup qu'on boive.

Notre respectable Amphitryon circule parmi nous, plus content qu'un potentat qui aurait conquis des provinces. Rien ne manquerait à son bonheur, en ce moment, s'il savait le turc. Et quand on lui demande comment il se fait qu'il ne le sache pas un peu, il répond : « il n'y a que cinquante ans que je suis à Smyrne, je n'ai pas eu le temps de l'apprendre. » M. Witthall paraît être un excellent homme.

Ses jardins sont jolis. Derrière le kiosque occupé en ce moment par Sa Majesté, sur les bords d'une vraie vallée de Tempé, il a fait construire une élégante chapelle où l'on doit aimer à prier Celui qui créa les plaines et les montagnes et qui ne cesse de les revêtir d'éclat et de magnificence. Tout près s'élève encore un belvédère des plus coquets, d'où l'œil découvre des choses ravissantes.

Pendant le dîner du Sultan, Fuad pacha et Mahmoud pacha, accompagnés du Commissaire Rechad bey, vont visiter la villa de Ioussouf efendi, une des mieux plantées et des plus confortables qui soient à Smyrne et ailleurs. M. Ioussouf, un des plus notables Arméniens de la ville, est seul à recevoir ces nobles visiteurs. Pourquoi donc? Fuad pacha, qui cause si bien, sait apprécier les charmes qu'ajoute à la conversation la voix d'une femme animée, intelligente et gracieuse comme l'est Mme Ioussouf. Au lieu de fuir ces occasions, il faut les rechercher. Le rapprochement entre chrétiens et musulmans n'en sera que plus rapide et plus intime. Mesdames Ioussouf, Fisher,

Abro, Rose Hava, Avédis Missak et ses sœurs, Marie Gla-vany, Névritza Dadian et autres, ont été, parmi les belles fleurs d'Orient, mes meilleures élèves. Il y en avait parmi elles qui, après une simple lecture, analysaient de vive voix ou par écrit une tragédie de Racine aussi bien qu'aurait pu le faire une des premières élèves de Mme Fournier ou de Mme Bascans. Ceci soit dit pour prouver les dispositions intellectuelles des femmes de l'Orient.

Le Méandre, qui coule non loin d'ici, semble regretter de quitter les lieux charmants qu'il baigne ; il fait mille sinuosités à droite, à gauche, revenant pour ainsi dire vers sa source, afin d'aller le plus tard possible mêler ses eaux limpides aux ondes salées de l'Océan. Nous sommes un peu comme ce fleuve, nous nous attardons, tant Bour-nabat a la force de ce curieux minéral qui prit son nom technique de Magnésie, ville voisine, et qui l'a donné depuis au magnétisme.

Nous partons cependant, non sans remercier bien sin-cèrement M. Whitthall et les siens du plaisir qu'ils nous ont procuré. Nous les remercierons mieux plus tard.

Notre retour à travers la plaine est signalé par une émotion qui tranche sur celles de la journée. Un vieux bonhomme, qui s'en retournait à cheval de Smyrne à Bournabat, se rangeait, pour nous faire place, plus qu'il ne pouvait le long du fossé, lorsque son cheval tombe dans le vide et se fait litière de son malheureux cavalier. Voyant cela, le maître-tapissier du Sultan, M. Percheron, qui n'avait pas eu grand chose à faire dans ce voyage, saute à l'instant dans le fossé sans penser qu'il peut y avoir de l'eau et de la boue, fait ses efforts pour empêcher

que les pieds de la bête n'écrasent la tête de l'homme;
nous tirons le cheval, il tire le cavalier, et l'un et l'autre sont
délivrés sans accident grave. Le sauveur en est quitte pour
un bain dont il porte jusqu'à la ville les traces plus ou
moins ineffaçables sur toute la surface de ses habits. En
chemin un quidam se met à rire de ces tachés de boue;
un des nôtres lui dit : « Sache donc, mon brave, que sous
du fumier les coqs trouvent des perles. »

Cette route de Bournabat, déjà si belle, serait bien plus
agréable au temps chaud si elle était bordée de deux rangées d'arbres à ombre comme l'avenue du Caire. Ainsi
pense le Sultan ; et cela sera.

La journée a été ravissante. Smyrne veut que la soirée
le soit aussi ; elle veut mettre le comble à notre joie.
éclaire ses rues autant que le soleil éclairait Bournabat,
elles les orne autant que la riante nature ornait la plaine.
Et au milieu de tant d'éclats, au sein de toutes ces somp-
tuosités de fête, elle apparaît encore joyeuse, heureuse,
enthousiaste, battant des mains, éclatant en transports,
criant, appelant toutes les faveurs d'en haut sur l'auguste
tête de son bien-aimé Souverain, dont l'âme s'émeut de
tous ces témoignages si spontanés et si expressifs d'amour,
de fidélité et de dévouement.

En arrivant à bord de son yacht, Abdul-Aziz montre
une satisfaction inaccoutumée, et cette satisfaction ne fait
qu'augmenter lorsqu'il peut voir et entendre, de l'admirable pavillon qui s'élève sur le pont de son magnifique
navire, ce qui se passe dans le port, plus animé et plus
spendidement illuminé que les nuits précédentes.

Par son ordre et en son nom, le ministre de la marine,

Mehmed pacha, donne un banquet, à bord du vaisseau à hélice *Peïki-Zafer*, aux consuls, aux commandants et officiers des bâtiments de guerre étrangers et à quelques autres notabilités. C'est une attention bien placée et méritée. Messieurs les consuls ont dignement prouvé, pendant ces fêtes, qu'ils représentent des puissances véritablement amies, et les marins, conviés par eux à contribuer à l'éclat des manifestations publiques, ont noblement répondu à leur appel. Comme les matelots de la *Mouette*, embossée au quai du Consulat de France, en vue et à quelques pas du passage du Sultan, étaient beaux à voir et à entendre, la nuit, lorsque, montés sur leurs vergues, ils s'illuminaient comme par enchantement et qu'ils répétaient sept fois leur chaleureux cri de : Vive le Sultan ! En même temps les canons de la *Zénobie* tonnaient, ses soldats de marine, rangés le long de la rue, portaient les armes, leur chef inclinait respectueusement leur drapeau, des milliers de spectateurs, accourus en cet endroit, faisaient chorus, poussant d'enthousiastes vivat. *Le Re Galantuomo* et la *Novara* grondaient également et leurs marins exécutaient les mêmes saluts dans la rue Franque.

La frégate *Zénobie*, portant le guidon du contre-amiral Touchard, et l'aviso la *Mouette*, de l'escadre française du Levant, sont venus du Pirée pour saluer le Sultan à son passage à Smyrne ; et ces deux bâtiments l'ont tant et si bien salué, que le Sultan a ordonné au Capitan pacha de faire, à l'avenir, tirer les canons de l'artillerie navale pour les saluts et les salves à la façon des Français. Le vaisseau italien *Re Galantuomo*, commandé par le contre-amiral Vacca, et la corvette *Tancredi* sont arrivés de la même station et dans le même but, ainsi que la frégate autrichienne *Novara*, sous les ordres du commodore Tegethoff. La marine anglaise est représentée ici par la canonnière *Wanderer*, commandant Seymour.

La fête a été splendide et cordiale. Pendant que des milliers de flammes, sous formes de fusées, de gerbes, de guirlandes, de soleils, éclairaient à jour le port et les quais, la musique impériale, que le Sultan avait eu soin d'envoyer à bord du *Peïki-Zafer*, jouait, avec les marches de circonstance, les meilleurs morceaux de la *Norma* et du *Barbier de Séville*. Je laisse à penser quels ont été les toasts portés par ceux qui n'ont pas cessé, pendant ces jours de fête, d'associer leurs acclamations les plus vives à celles des habitants de la ville. Le Sultan se souviendra et des consuls et de ces dignes représentants des marines étrangères.

MOSQUÉE. COURSES.

Depuis hier, un bureau spécial est installé au palais pour faire le relevé des besoins de Smyrne. Qu'elle les dise : le Souverain, content d'elle, veut les satisfaire. Il aidera non-seulement à l'achèvement du chemin de fer et de la cathédrale et à l'embellissement de la route de Bournabat, mais encore à tout autre grand travail qu'il saura être en souffrance; il y prêtera son aide puissante autant par reconnaissance que par devoir. Si les services publics, l'administration civile, la police, la douane, le commerce réclament quelque importante amélioration, qu'on le fasse savoir: il y sera avisé.

La répartition des dons que le Sultan vient laisser aux établissements civils et religieux exige elle-même un travail préliminaire. Pour que ces dons ne fassent que des heureux et pas de mécontents, il faut qu'ils soient distribués avec justice et avec égalité.

Les musulmans, qui forment la majorité, ont des mosquées et des écoles à réparer; ils ont l'école militaire et autres, les tekkés, les pauvres, les hôpitaux, les zaptiés, les soldats, les employés du Konak, à signaler à la bienveillance impériale; ils auront 345,000 piastres.

Les Catholiques, moins nombreux que les Grecs, auront cependant plus que ces derniers, à cause de la cathédrale, fondation digne d'un intérêt tout particulier. Ils sont inscrits sur la liste pour le collége de la Propagande, pour l'école de Sainte-Marie, pour les frères de la Doctrine Chrétienne, pour les Sœurs de Charité, pour les hôpitaux de Saint-Antoine et de Saint-Roch, pour les Latins, pour les Melchitaristes... Il leur sera fait don de 120,000 piastres.

Les Grecs recevront 80,000 piastres; les Arméniens, 65,000; les Israélites, 40,000; les Protestants, 15,000.

Sur cette même liste, 100,000 piastres sont affectées au personnel du chemin de fer, 10,000 à la route de Bournabat, 20,000 au Jockey-Club, si l'on est content de lui cette après-midi, et 150,000 au gouverneur Caïsserli Ahmed pacha, si, comme cela est à croire, il continue à se rendre digne des bonnes grâces du Sultan. En voyant la cassette impériale s'ouvrir ainsi pour tous et en tous lieux, la suite de Sa Majesté est tentée de s'écrier: que restera-t-il donc pour nous? Il vous restera, avec l'espérance, le bonheur d'avoir vu le nom de votre Souverain et Maître béni de tout le monde, des gaïri-muslims comme des muslims.

A midi, tous les canons du port et des remparts ébranlent la ville et les flancs du Pagus et leurs longs grondements roulent au loin, réveillant les échos des vallées d'alentour. Le Sultan va, en grand cortége, faire sa prière solennelle du vendredi à la mosquée de Hissar, la plus belle de la ville. La foule, qui a su dès le matin le lieu de la cérémonie, a envahi les rues et les places que le cortége doit parcourir. Elle est désireuse de contempler le Souverain au milieu de sa brillante escorte officielle.

Nous sommes au quartier turc. Ce qui distingue, en général, la physionomie des spectateurs du moment, c'est le besoin d'admirer dans un pieux recueillement. Les officiers militaires, les muchirs, les hauts fonctionnaires, les princes, le Sultan, les officiers de sa maison et les troupes de son escorte passent successivement sous leurs yeux, ravis comme par l'effet d'une apparition féerique. La multitude, enchantée, accourt à la mosquée, en encombre la vaste enceinte, et fervente, elle prie. Ses prières seront plus agréables, étant accompagnées de celles du Souverain.

De la mosquée, le Sultan se rend, par les quartiers turc et arménien et par le pont des Caravanes, en un lieu digne de couronner nos plaisirs sous le beau ciel de l'Ionie. Jugez si ce lieu doit être délicieux : il s'appelle le Grand-Paradis. Smyrne l'a embelli de ses grâces. La nature, à qui le soleil prodigue ses douces flammes, le décore. Une foule innombrable l'anime et aide le Jockey-Club et l'aimable société qu'il a invitée, à réjouir, par les plus vives démonstrations, le cœur d'Abdul-Aziz, toujours jaloux de patronner et de subventionner toutes les institutions utiles.

Le Cirque est beau, plus poétique peut-être, sinon aussi régulier, que l'hippodrome du bois de Boulogne, bois et hippodrome récemment enchantés par la baguette magique qui transforme la France en quelque chose que nul, jusqu'ici, n'avait ni vu ni ouï.

Le héros de la fête du jour, c'est le cheval, la plus noble conquête que l'homme ait jamais faite, comme dirait Buffon ; le cheval, symbole de guerre, que Neptune fit sortir de terre lorsqu'il disputait à Minerve l'honneur de donner son nom à la ville bâtie pas Cécrops. Cet honneur devait appartenir à la divinité qui produirait la chose la plus utile. L'olivier, symbole de paix et d'abondance, créé par Minerve, fut préféré, et la ville s'appela *Athènes*, nom grec de Minerve. Que les Athéniens se montrent donc aussi raisonnables à leur vieux âge qu'ils le furent à leur enfance. Qu'ils préfèrent encore aujourd'hui le symbole de la paix et de l'abondance à celui de la guerre ; sans quoi ils pourraient bien finir par ne plus trouver personne qui voulût régner sur eux.

Les diverses péripéties des jeux hippiques sont suivies avec le plus vif intérêt et se terminent par un succès de joie. Le nom d'un des MM. Whitthall est proclamé parmi ceux des vainqueurs. Le prix d'honneur, comme le plus mérité par toutes sortes d'efforts tentés, pendant ces quatre jours, pour honorer le plus dignement possible l'Hôte illustre que Smyrne est fière de posséder, revient au président du Jockey-Club, au comte Bentivoglio d'Aragon, Consul-général de France. Le Sultan le fait inviter à venir à sa tente ; là, il lui exprime toute sa satisfaction et lui fait présent d'un de ses beaux chevaux arabes.

Après les courses, le Sultan va encore faire des heureux en parcourant le village de Boudja et en prenant quelque repos dans la villa de M. Baltazzi, si bien posée au centre d'un ravissant horizon.

Nous ne rentrons qu'à la nuit. Nous avons l'air de

prendre goût aux illuminations. La ville couronne ces brillantes fêtes en faisant éclater sur le passage du cortége impérial son plus beau bouquet de feux, de fleurs et de vivat. Merci, mille fois merci, braves habitants de Smyrne.

Le soir, le Sultan se recueille encore : pour rien au monde il ne voudrait laisser un seul mécontent, en s'éloignant, demain matin, de ces rivages aimés.

DÉPART DE SMYRNE EN ÉOLIE.

L'Aurore aux doigts de rose, comme disait Homère, venait à peine d'ouvrir les portes de l'Orient, qu'une partie de la flottille, la moins habile à fendre les ondes, recevait l'ordre de partir. Nous partons aussi, non sans mettre au meilleur coin de nos souvenirs Smyrne et ses habitants, leur brillante et cordiale réception. O Stamboul ! que pourras-tu donc faire, après ce qu'ont fait le Caire, Alexandrie et Smyrne, pour rester à nos yeux leur métropole, leur capitale ? y penses-tu ?

En même temps que nous, la *Zénobie*, le *Regalantuomo* et la *Novara* ont allumé leurs feux. Vont-ils nous escorter jusqu'au Bosphore, jusqu'à l'Hellespont ? Ils passent, tous leurs pavois déployés, près du yacht impérial, poussant de vives acclamations, et se dirigent vers le Fort qui, avec les alluvions de l'Hermus, rétrécit l'entrée de la rade de Smyrne.

Au moment où le *Féïzi-Djéhad* se met en mouvement, les batteries de terre, les soldats de la garnison et la foule réunie sur les quais, lui adressent des saluts qui pénètrent nos cœurs.

Bientôt nous rejoignons les bâtiments étrangers, formant le long de notre passage une ligne dont la *Zénobie*
occupe la tête. Nous nous arrêtons, et aussitôt la *Zénobie*,
le *Re galantuomo* et la *Novara* se remettent en mouvement
et viennent défiler le long de l'escadre impériale, faisant,
de tous leurs canons et de toutes leurs voix, leurs saluts
d'adieu au Sultan, qui en paraît vivement touché. Quelle
fête pour le port de Smyrne!

Nous franchissons le passage par où la ville que nous
quittons expédie chaque année en Europe et ailleurs pour
300 millions de piastres de marchandises, dont 25 millions en raisins secs. Le chiffre des importations est à peu
près le même. Cela prouve la prospérité du commerce
de Smyrne. Les habitants de ce coin du globe furent-ils
jamais plus tranquilles et plus heureux que ceux d'aujourd'hui, même sous les Romains et sous les Grecs? Il
est permis d'en douter.

C'est encore un beau pays que celui que nous allons
côtoyer jusqu'au golfe d'Adramet.

Autrefois, là-haut, le roi Midas, qu'Apollon gratifia
d'une paire d'oreilles d'âne pour avoir préféré les sons de
la flûte de Pan à ceux de sa lyre divine, changeait en or
tout ce qu'il touchait; il communiqua même au Pactole,
affluent de l'Hermus, la propriété de rouler de l'or dans
ses flots.

Plus tard, les rois de Lydie amassèrent à Sardes des
trésors immenses que Crésus voulut en vain faire admirer
au sage Solon. Ce philosophe prévoyait peut-être qu'ils
allaient être dispersés par Cyrus-le-Grand.

Plus tard encore, après Alexandre, les Attale entas-

sèrent à Pergame des richesses qui devinrent prover-
biales et qui contribuèrent à corrompre les 'Romains,
leurs héritiers. Ces rois inventèrent le parchemin *(perga-
mena carta)* et fondèrent une bibliothèque, rivale de
celle d'Alexandrie. Berghama, jadis célèbre par ses
magnifiques tapis recherchés des romains, fabrique aujourd'hui beaucoup de maroquins. Là naquirent Apollodore, maître d'éloquence d'Auguste, et Galien, médecin
de Marc-Aurèle.

Les Doriens et les Ioniens, dont nous venons de parcourir les pays, avaient enlevé les côtes de la mer et les
îles à la Lycie, à la Carie et à la Lydie; les Éoliens ravi-
rent les siennes à l'ancienne Mysie.

L'Éolie eut, comme l'Ionie, une confédération de douze
villes dont les principales furent : Cumes sur le continent
et Lesbos dans l'île de ce nom. On disait des habitants
de Cumes que, pendant trois siècles, ils ignorèrent qu'ils
avaient un port, parce que, pendant tout ce temps, ils
s'étaient abstenus de percevoir des droits de douane.

Si le ciel de l'Ionie était plus serein et son climat plus
doux, le sol de l'Éolie était plus fertile. Il l'est encore
aujourd'hui. Mélémen, Guzel-Hissar, Ak-Hissar, ancienne
Thyatis, Kerk-Aghadj, Bergama, Aïvali ou Kédolie (pays
de coings), Adramit et plusieurs autres villes et villages
y sont très prospères. La contrée est féconde en toutes
sortes de produits. Aïvali, Adramit et Mételin produisent
par an 225,000 quintaux d'huile. La culture du coton
va enrichir ce pays. Celui que l'on récolte à Ak-Hissar est
le meilleur de l'Anatolie. Les eaux du Caïque (Bakyr-
Tchaï) fertilisent une belle vallée.

Plus nous approchons de Métclin, plus la mer d'Eolic et ses rivages se revêtent de charmes. Le soleil, que Platon appelle le plus grand des peintres, leur donne un aspect des plus riants.

Nous laissons à notre gauche les îles Arginuses où les dix généraux athéniens qui remplacèrent Alcibiade, défirent le spartiate Callicratidas. La tempête empêcha les vainqueurs de rendre les derniers devoirs aux morts, et la cruelle ingratitude d'Athènes les punit du dernier supplice ou de l'exil.

Métclin a, comme Cos et Rhodes, des côtes verdoyantes qui contrastent avec les teintes ardoisées de ses hautes montagnes. Ses plaines et ses vallées paraissent fertiles et couvertes de jolis villages.

Le *Féizi-Djéhad* a fait le trajet de Smyrne ici en moins de cinq heures. Le soir toute l'escadre est au mouillage sur deux lignes. Le *Danube*, le plus rapproché du fort et de la ville, le *Féizi-Djéhad*, le *Medjidié*, le *Péiki-Zafer* et le *Féthié* forment la première ligne. Sur la seconde, sont rangés le *Tahzi-Bahri*, le *Taïf*, la *Smyrne*, la *Sinope* et le *Cheref-Numa*. Nous formons une vraie flotte.

Pas de descente officielle. Nous regardons et l'on nous regarde. Le temps est digne du lieu.

Outre un grand nombre de poètes, de musiciens, d'historiens et le sage Pittacus, l'île de Lesbos produisit un des hommes les plus savants de l'antiquité, auquel les Grecs donnèrent le nom de *Théophraste*, (*divin parleur*). La Bruyère a traduit et imité ses *Caractères*. Elève de Platon et d'Aristote, Théophraste eut l'honneur de remplacer ce dernier lorsqu'il cessa d'enseigner au Lycée, école des *Péripatéticiens*. Aristote vint alors à Lesbos, et c'est ici qu'il reçut l'honorable billet que Philippe, roi de Macédoine, lui écrivit pour le charger de l'éducation de son fils Alexandre. « Il m'est né un fils, lui écrivait-il. Je remercie moins les dieux de me l'avoir donné, que de l'avoir fait naître pendant votre vie. Je compte que, par vos conseils, il deviendra digne de vous et de moi. » Alexandre-le-Grand, qui combla d'honneurs Aristote, aimait à répéter: « Je dois à mon père le bonheur de vivre, et à Aristote, celui de bien vivre. »

Après la conquête définitive de Mételin par Mahomet II sur les Génois, un sipahi de Iénidjé s'établit dans l'île et eut quatre fils dont l'un fut le célèbre Khaïr-ed-din, appelé par les Européens *Barberousse*. Il s'empara des côtes d'Alger et en fit hommage au Sultan Suléiman Ier, qui le créa Beylerbey d'Alger et puis capitan pacha. Ce fut en cette qualité qu'il conduisit une flotte de 150 voiles au secours du roi de France, François Ier. La flotte ottomane fut reçue à Marseille avec les plus grands honneurs. De là, elle alla, avec la flotte française, bombarder Nice que défendait un chevalier de Malte pour le compte de Charles-Quint, ennemi commun de la France et de la Turquie. Pendant le siége, les Français, ayant manqué de poudre, en demandèrent à Khaïr-ed-din, qui s'empressa de leur en donner. Ainsi fut cimenté le début de l'alliance de la France avec la Turquie, à qui l'amiral Bruat est venu rendre naguère la visite de Barberousse.

Le tombeau du capitan pacha Khaïr-ed-din est près de l'échelle de Béchik-Tach, soigneusement conservé. Il est gardé par un hodja turc, dont les prières font de nombreuses guérisons. Les chrétiens du quartier y ont autant de foi que les musulmans.

La nuit est belle, calme et douce. O Sapho, réveille-toi et chante-nous sur ta lyre éolienne ton *Hymne à Vénus*, ou quelques-unes de ces strophes où, dominée, comme la Pythie, par le dieu qui t'agitait, tu jetais des expressions de flamme. Nous écoutons...

> De veine en veine une subtile flamme
> Court dans mon sein sitôt que je te vois,
> Et dans le trouble où s'égare mon âme
>   Je demeure sans voix.

> Je n'entends plus ; un voile est sur ma vue ;
> Je rêve, et tombe en de douces langueurs ;
> Et sans haleine, interdite, éperdue
>   Je tremble, je me meurs !

Nos vœux sont exaucés. Une suave harmonie caresse nos oreilles, remplit l'air, rase l'eau et se répand partout jusqu'au rivage. Elle n'est pas antique, mais elle n'en est pas moins ravissante. Elle est de Rossini, de ce grand Orphée moderne que le maestro Guatelli, chef de la musique impériale, fait heureusement interpréter par ses élèves turcs, qu'on croirait nés à Bologne ou à Ferrare. Puis vient celle de Donizetti, puis, celle de Verdi... Entendre ici la *Traviata*, c'est du bonheur, c'est à se croire sur le pont des Soupirs à Venise.

A propos d'Orphée, voici comment il fut cause que les Lesbiens furent si bons musiciens, si bons qu'à leurs funérailles mêmes les Muses remplissaient les airs de leurs gémissements.

On sait que ce père de la musique, dont la lyre faisait danser les bêtes les plus féroces, même les arbres, et taire la triple gueule de l'impitoyable Cerbère, fut mis en pièces par les bacchantes de Thrace à cause de son dédain pour les femmes. Depuis qu'il eut perdu sa chère Eurydice, sa tête, qui ne cessait de crier : Eurydice ! Eurydice ! jetée dans l'Hèbre, aujourd'hui la Maritza, s'en vint par ce fleuve et par la mer jusqu'aux rivages de Lesbos. Les habitants de l'île, entendant ces sons plaintifs, recueillirent cette tête et la lyre qu'elle portait, ensevelirent l'une et suspendirent l'autre au temple d'Apollon de Methymne (Molivo). Le dieu, pour les récompenser, leur inspira le goût de la musique et fit éclore parmi eux une foule de talents, Erynne, Arion, qui fit chanter ses dithyrambes en les accompagnant des danses en rond comme le font encore les Grecs, Alcée, Tespandre, Phrynis....

Nous étions encore sous les douces impressions du mélodieux salut de la prière de nuit que nous venions d'entendre, lorsque soudain quelques rafales, que déchaînent les hauts sommets du Lépéthymnos, viennent nous jeter dans la plus étrange surprise. Qu'est-ce ? que sera-ce ? s'écrie-t-on, et le vent de siffler plus stridemment à travers les cordages et les mâts, et la pluie de tomber, de frapper comme grêle. C'est comme lorsque les compagnons d'Ulysse percèrent les outres où Éole avait enfermé les plus mutins de ses enfants. Allah ! Allah ! que faire ? où se réfugier ? où abriter tant d'effets ?

On se blottit, on dresse des tentes, on commence à consolider quelques lieux de refuge pour le pauvre peuple du bord, lorsque la bourrasque cesse avec la même soudaineté qu'elle avait éclaté.

Comme après un violent tremblement de terre, nous reprenons haleine, nous sortons de nos gîtes, marchant sur des fanaux cassés, et nous voyons que notre admirable illumination de tout-à-l'heure n'apparaît plus en ce moment que comme une œuvre tronquée. L'immense ancre aérienne du *Taïf* a perdu ses pattes ; le medjidié du *Medjidié* ne ressemble plus à ces brillantes plaques qui ornent les poitrines d'honneur ; le canot de feu du *Péiki-Zafer* n'a plus de forme ; le grand Croissant du *Féthié* n'a plus que son étoile ; les guirlandes de flammes qui pendaient du haut des mâts offrent toutes de larges solutions de continuité. On voit qu'un souffle destructeur a passé par là. Il a éteint les lumières pour nous rappeler que c'est l'heure du sommeil.

DE MÉTELIN AUX DARDANELLES.

La nuit a été tranquille. Ce matin une fraîche brise, réaction du vent d'hier au soir puisqu'elle vient d'Asie, tourmente un peu la mer Eolienne

Nous partons de bonne heure. Nous n'avons eu avec Mételin que des relations incognito.

Grand nombre d'entre nous auraient cependant désiré mettre le pied sur le sol lesbien. L'île nourrit, même à l'état sauvage, des poneys, des bidets aussi recherchés que les ânes d'Egypte. Nous en aurions acheté ou chassé, car on les chasse comme les gazelles et les cerfs, avec lesquels ils vivent. Elle a aussi, elle avait du moins autrefois, d'excellent vin. Nous aurions vu s'il est, comme le prétendent Aristote et Virgile, supérieur à tous les vins. Il était si bon autrefois que les Lesbiens en buvaient à en faire des folies, à en perdre la tête. Aussi le sage Pittacus fit-il une loi qui infligeait une double peine aux fautes commises dans l'ivresse. Aujourd'hui certains législateurs regardent, au contraire, l'état d'ivresse comme une circonstance atténuante. De quel côté est la sagesse? du côté de Pittacus, et je base mon opinion sur ce que Pitta-

cus fut un sage comme on en vit et comme on en voit peu.
Par sa valeur et par sa prudence, il délivra Mitylène, sa
patrie, des tyrans qui l'opprimaient, mit fin aux divisions
intestines qui la déchiraient et rétablit la paix dans son
sein. Puis, après lui avoir donné de sages lois, il abdiqua
sans faste le pouvoir souverain, parce qu'il craignait de
ne pouvoir être, en le conservant, toujours vertueux, et
même il n'accepta qu'une partie des terres qui lui furent
alors offertes, comme récompense de ses services. Voilà
un Lesbien qui fait oublier les excès de ses concitoyens,
lesquels eurent, avant et après lui, sur la morale, des principes aussi flexibles que certaines règles de plomb dont
se servaient leurs architectes pour mesurer toutes les
espèces de surfaces planes et courbes.

La brise que le golfe d'Adramit nous envoie, fraîchit de
plus en plus. Aussi restons-nous calmes dans nos cabines. Jusqu'ici nous avions été gâtés par le temps. Nous
donnons un souvenir à Enée qui partit d'ici, d'Antandre,
pour aller fonder en Italie Lavinium et Albe-la-Longue,
mères de Rome.

Deux coups de canon, tirés l'un quelques instants
après l'autre, nous avertissent que nous doublons le Cap
Baba.

Bientôt après, le vent tombe, le soleil brille et le plaisir
de la passerelle nous est rendu, précisément en face des
ruines d'Alexandria-Troas, ville bâtie par Alexandre et
Antigone un peu en deçà de Ténédos sur la côte d'Asie.
Cette ville, que l'on prit longtemps pour les ruines de
l'ancienne Troie, est appelée en turc Eski-Stamboul.

En traversant la baie de Besica, nous remercions le

Dieu qui tenait Ténédos de nous avoir rendu le ciel d'Orient, un instant perdu pour nous.

Lorsque la dernière heure de Troie allait sonner, deux énormes serpents, s'élançant des ravins de Ténédos, rasèrent cette baie et cette plaine et allèrent se jeter sur les deux enfants du grand prêtre Laocoon, qui faisait devant Troie un sacrifice à Neptune. Accouru au secours de ses fils, le grand prêtre fut à son tour enlacé par les reptiles; et bientôt, étouffés par leurs étreintes et dévorés par leurs morsures, le père et les fils rendirent l'âme en poussant les cris les plus lamentables. Leur fin tragique a fourni à la statuaire antique le sujet d'un de ses plus beaux groupes, lequel a surnagé jusqu'à nous à travers ces naufrages sans fin des choses d'autrefois.

Après dix longues années de siége, les Grecs, n'en pouvant plus, eurent recours à la ruse, leur moyen ordinaire de se tirer d'affaire. Ils construisent, sous les murs de Troie, un énorme cheval de bois, dans lequel s'enferment leurs chefs les plus audacieux; ils apostent le fourbe Sinon et, faisant semblant de s'en retourner en Grèce, vont se cacher de nuit derrière Ténédos.

Les Troyens ouvrent leurs portes, contemplent joyeux le champ de bataille et surtout examinent le cheval. Thymète veut qu'on le conduise à la citadelle; Capys et les gens sensés conseillent de le brûler ou de le jeter à la mer après en avoir exploré les entrailles. Les avis sont partagés, lorsque, du haut de la citadelle, Laocoon descend accompagné d'une suite nombreuse et s'écrie de loin : « Insensés! pouvez-vous croire que les Grecs soient partis et que leur offrande ne cache pas quelque piége?

est-ce ainsi que vous connaissez Ulysse ? Défiez-vous de
ce cheval. Pour moi, je crains les Grecs jusque dans
leurs présents : *Timeo Danaos et dona ferentes*. Et, en
disant cela, il lance avec force un lourd javelot sur le
flanc du cheval, dont l'intérieur fait entendre un gémis-
sement. Si la foule n'était pas partout et toujours incapa-
ble de prêter l'oreille aux conseils des hommes sensés,
Troie serait restée debout.

En ce moment, le perfide Sinon sort du marais où il
s'était caché et est amené devant Priam. Il raconte que
les Grecs ont voulu le tuer, mais il a mieux aimé mourir
de la main des Troyens. Ne crains rien, lui dit-on, mais
apprends-nous ce que signifie ce cheval. Faisant alors le
serment le plus sacré qu'il va dire la vérité, il se sert de la
parole pour déguiser ainsi sa pensée : « Après que Diomède
et Ulysse eurent enlevé d'un de vos temples la statue de
Minerve, votre Palladium, cette déesse fut toujours contraire aux Grecs. Pour l'apaiser, ils lui ont voué cette
offrande avant de repartir pour la Grèce ; et si leur don a
pris ces gigantesques proportions, c'est afin que vous ne
puissiez pas l'introduire dans votre ville , car, nous a dit
Calchas, si ce cheval était amené dans Troie, sans être
profané , cette ville dominerait bientôt sur toute la
Grèce. »

Les serpents, en lacérant et en asphyxiant Laocoon et ses
enfants, viennent, en ce moment même, corroborer la
trame de Sinon. Au lieu de voler au secours des malheureuses victimes, la multitude aveugle s'écrie que le grand
prêtre a mérité son sort en frappant le cheval. On abat
les remparts, on roule le colosse au milieu de la ville ; ce

qui réjouit les yeux de lynx et de tigre qui, de derrière Ténédos, épient ce qui se passe à Troie.

Les Troyens illuminent, puis se couchent heureux et pleins de sécurité. Mais hélas! quel réveil! tel fut celui des protestants de France dans la nuit du 24 août 1572; tel fut, au carnage près, celui des braves de la Grande Armée lorsque les âmes damnées de Rostopchine incendièrent Moscou. Comme les incendiaires moscovites, Sthélénus, Ulysse, Ménélas, Epée, fabricateur du cheval, Macaon et bien d'autres à qui Sinon, hôte respecté des Troyens, ouvre les portes du colosse, se répandent dans la ville, les torches à la main. En même temps que les flammes, le carnage commence, ceux de Ténédos étant accourus, et la ruine de Troie est consommée.

Le vieux Priam, après avoir vu quelques-uns de ses enfants mourir sous ses yeux, est lui-même impitoyablement massacré au pied des autels par Pyrrhus, ardent à venger son père Achille, blessé au talon par Pàris. Ce qui reste de ses cinquante fils, de ses brus, de ses douze filles, de ses gendres, de ses cent odalisques est ou immolé ou traîné en captivité. La reine Hécube devient l'esclave d'Ulysse; Andromaque, veuve du vaillant Hector qu'Achille a si mal traité, échoit à Pyrrhus. Enée, fils de Vénus et souche future des Romains, s'échappe traînant par la main son fils Jules Ascagne et portant sur ses épaules ses Dieux et son vieux père Anchise. Sa femme Créuse, qui le suit, ainsi que quelques compagnons, reste en chemin....

A quelque chose malheur est bon, dit le proverbe. Un auteur a fait un livre pour prouver l'utilité du

malheur. Si les Troyens n'avaient pas été si épouvanta-
blement malheureux, le monde n'aurait jamais eu tant
d'immortels chefs-d'œuvre du génie humain, l'*Iliade*,
l'*Odyssée*, l'*Enéide*, le *Télémaque*, que l'éloquent président du grand conseil, Kiamil pacha, vient de traduire
en turc, ajoutant, dit-on, de la poésie aux morceaux les
plus poétiques de Fénelon ; il n'aurait pas eu l'*Hécube* et
l'*Iphigénie*, d'Euripide ; les *Troyennes* et l'*Agamemnon*,
de Sénèque ; l'*dAnromaque* et l'*Iphigénie*, de Racine !.

Pas de progrès possible sans angoisse. Le monde ne
peut passer sous la loi de grâce que par la croix. Rome
ne conquiert les premières libertés qu'au prix du sang de
Lucrèce et de Virginie. La France n'arrive au port où
elle se repose riche, puissante, glorieuse, qu'en traversant
les fleuves de sang de 93. Ces chartes dont l'Angleterre
est si fière ne se sont pas solidement assises sans troubles
et sans sacrifices. Si l'Europe a aujourd'hui des gouvernements constitutionnels de Lisbonne à Berlin et de
Londres à Vienne, c'est que le drapeau de 89 a flotté sous
ses yeux pendant vingt ans sur des monceaux de morts
Pour s'unifier, combien d'épreuves l'Italie doit subir
Ce qui a transformé la Turquie, c'est son sang le plus
vigoureux, le sang des janissaires. Que de victimes n'ont
pas faites la vapeur et l'électricité avant de rendre les services que le monde en retire ! Combien de martyrs ne
feront pas encore les recherches aérostatiques avant que
les hommes osent s'aventurer dans les champs de l'espace comme ils le font sur les surfaces des Océans!

Nous les suivons des yeux ces champs où fut Troie,
Campos ubi Troja fuit, comme disait Enée, en les quit-

tant tout en pleurs. Virgile les a un peu attristés; Homère les égaie : le premier avait à peindre la grande catastrophe de Troie afin d'émouvoir Didon en faveur d'Enée ; le second ne chantait que la colère d'Achille.

Μῆνιν ἄειδε, Θεὰ, Πηληϊάδεω Ἀχιλῆος.

Muse, chante la colère d'Achille, fils de Pélée,

dit le premier vers de l'Iliade.

D'où vint cette colère?

Pendant le cours du siége, Chrysès, prêtre d'Apollon, se présente au camp des Grecs et réclame, moyennant rançon et le plus poliment possible, sa fille Chryséis, esclave d'Agamemnon. Celui-ci le repousse brutalement. « Vieillard, lui dit-il, que je ne te trouve plus désormais dans mon camp, si tu ne veux que le sceptre et les bandelettes de ton dieu ne te soient inutiles.... » Chrysès se retire tout triste le long de ce rivage et vient invoquer Apollon, qui pendant neuf jours accable les Grecs de ses flèches. Junon, protectrice des Grecs, engage Achille à aviser. Le fils de Pélée fait consulter le devin Calchas qui déclare que la volonté du dieu est que Chryséis soit rendue à son père. Agamemnon s'emporte et contre le devin et contre le bouillant Achille, qui riposte du ton le plus véhément et va jusqu'à vouloir tuer le roi des rois. Mais Minerve le retient. Le vieux Nestor, de son côté, fait entendre raison à Agamemnon et l'apaise. Celui-ci rend Chryséis, mais, par représailles, il fait enlever la belle captive Briséis à Achille, qui, dès ce moment, se tient sous sa tente, déclarant qu'il ne prendra plus aucune part à la guerre.

Outré de colère, le fils de Pélée invoque sa mère Thétis : elle accourt, l'embrasse, essuie ses larmes et lui demande ce qu'il veut. « Allez, lui dit-il, prier Jupiter de donner la victoire aux Troyens pour qu'Agamemnon sente l'outrage qu'il vient de me faire. » Thétis se rend au ciel, trouve Jupiter à l'écart, s'assied devant lui, et, embrassant ses genoux de la main gauche et prenant de la droite son menton, elle lui adresse sa supplique. Jupiter garde le silence ; elle serre plus étroitement ses genoux. Alors le Dieu qui lance le tonnerre lui dit son embarras de la satisfaire sans exaspérer Junon. Cependant, d'un signe de ses noirs sourcils qui fait trembler tout le ciel, il l'instruit qu'il a exaucé sa demande.

> *Annuit et totum nutu tremefecit Olympum,*
> Il consent et d'un signe ébranle tout l'Olympe.

Junon ne manque pas de reprocher à Jupiter la longue audience qu'il vient de donner à Thétis et tous deux se disent de gros mots. Vulcain, seul fils légitime de Jupiter et de Junon, affreux époux de la belle Vénus, tâche de les mettre d'accord. « Quoi ! leur dit-il, pour de misérables mortels, vous ne faites que vous quereller et mettre tout le ciel en désordre ? Il n'y aura plus moyen de goûter les plaisirs des festins et de jouir des délices du ciel. Ma mère ayez un peu de complaisance pour Jupiter qui est le plus fort.... » Et en même temps il présente une coupe de nectar à sa mère Junon ainsi qu'à chacun des

immortels, qui rient d'un rire sans fin en voyant le boiteux Vulcain leur servir d'échanson. Après le festin,
Apollon se met *au piano* et les muses chantent. Le concert fini, les dieux, qui, comme les mortels, ont besoin de
sommeil, se couchent, Junon à côté de Jupiter. — C'est
comme au Palais-Royal.

Sur terre, les Grecs, épuisés par tant d'années de guer-
res inutiles et par la peste dont Apollon vient de les
affliger, privés d'ailleurs du puissant appui d'Achille,
veulent s'en retourner en Grèce ; mais Ulysse et Nestor
les en empêchent et la lutte recommence.

Les deux armées présentent alors le spectacle de
grandes vagues qui vont se briser tantôt contre les remparts du camp grec et tantôt contre ceux de Troie, selon
que Pâris, Enée, Hector, Sarpédon, Glaucus, Tlépolème
l'emportent sur Diomède, les deux Ajax, Ménélas, Ulysse,
Idoménée, ou que ces derniers mettent en fuite les premiers. Souvent les Dieux se jettent dans la mêlée, combattant eux-mêmes, ou encourageant les combattants. Vénus,
Apollon, Mars quelquefois, soutiennent les Troyens ;
Junon, Minerve, déesses à qui Pâris refusa la pomme
pour la donner à Vénus, et le terrible dieu de la mer
Neptune sont pour les Grecs.

Au premier choc, le vaillant Diomède, semblable à un
lion qui exerce sa vorace fureur au milieu d'un troupeau
sans berger, renverse Pâris qu'Apollon lui arrache, puis
Enée qu'il va achever lorsque la mère de ce prince, la
belle Vénus, court à son secours, le prend entre ses bras
et le couvre de sa brillante robe comme d'un rempart,
puis l'enlève. Mais l'impie Diomède porte à la déesse

un grand coup de javelot; le fer audacieux perce la robe qui protège son fils, cette robe que les Grâces elles-mêmes ont travaillée, et blesse la déesse à la main. On voit alors couler le sang immortel, sang qui n'est qu'une espèce de rosée, qu'une vapeur divine; car les dieux, ne se nourrissant pas des dons de Cérès ni de Bacchus, n'ont pas un sang grossier et terrestre comme le nôtre. Vénus remplit l'air de ses cris et laisse tomber son cher Énée qu'Apollon vient enlever. Soutenue par Iris, elle se retire de la mêlée. Chemin faisant, elle rencontre son cher frère Mars, dieu de la guerre, lui conte son malheur et lui demande son char pour remonter vers l'Olympe.

Mars, excité par Vénus et par Apollon que Diomède ose poursuivre, attaque ce vaillant fils de Tydée; mais Minerve et Junon, qui ont obtenu carte blanche de Jupiter, dirigent si bien la pique de Diomède qu'elle fait au dieu Mars une cruelle blessure et déchire son beau corps. Mars jette un cri tel que celui d'une armée qui marche au combat et s'enlève au ciel où il porte plainte à Jupiter contre Minerve, fille de prédilection du père des dieux et des hommes parce qu'il l'enfanta seul, la faisant sortir tout armée de son cerveau. Jupiter regarde Mars avec colère et lui reproche de ne se plaire qu'à la discorde, à la guerre et aux combats et de tenir de sa mère cet esprit indomptable, qui ne plie jamais. Cependant, comme il est son fils, il le fait guérir par Péon, médecin de l'Olympe.

Les Troyens, repoussés, font un sacrifice. Puis, Hector et Andromaque, pendant que leur jeune Astyanax, beau

comme un astre qui se lève à l'horizon, joue dans les
bras de son père, se font ces adieux que nulle âme
sensible n'a lus dans Homère sans avoir les yeux remplis
de douces larmes.

Le carnage continue. Neptune aide aux Grecs. Junon
s'en réjouit. Cependant, voyant, sur le mont Ida, Jupiter
rouler dans sa tête des desseins peu favorables à la cause
grecque, elle forme aussitôt la résolution d'endormir la
prévoyance et la sagesse du père des dieux. Et le moyen
qu'elle veut employer à cet effet, ce sont ses propres charmes. Enfermée dans son appartement, elle lave son beau
corps avec une liqueur divine, puis l'arrose d'une essence
précieuse et d'un parfum si exquis et si subtil qu'on ne
pouvait y toucher, sans qu'une vapeur céleste, en se répandant dans le brillant palais de Jupiter, embaumât en
même temps de sa délicieuse odeur et le ciel et la terre.
Après qu'elle a ainsi relevé l'éclat de sa beauté et peigné
les beaux cheveux de sa tête immortelle, que ses blanches
mains partagent en cent boucles et en cent anneaux différents, elle prend une robe éclatante que Minerve elle-même
a brodée, l'attache au dessous de son beau sein avec des
agrafes d'or et en ajuste les plis sur sa taille majestueuse
avec une ceinture enrichie de cent houppes d'or ; elle
orne ses oreilles de boucles à trois pendants, gracieuse
parure dont l'éclat ajoute à ses charmes ; elle couvre sa
tête d'un voile très fin et aussi éclatant que le soleil ;
enfin, à la grâce de ses pieds mignons, elle ajoute celle
d'une chaussure aussi galante que magnifique.

Lorsque Junon a mis la dernière main à sa parure et
que sa beauté lui paraît déjà assez redoutable, elle appelle

Vénus, la tire à l'écart et lui dit : Ma chère fille, j'ai une grâce à vous demander. Vénérable déesse, lui répond Vénus, c'est à vous de commander, et à moi d'obéir. Donnez-moi, lui dit Junon, les charmes et les attraits dont vous vous servez quand vous voulez dompter les hommes et les dieux. Et pour légitimer sa demande aux yeux de cette grande amie des Troyens, elle lui fait un signalé mensonge qu'elle va bientôt répéter à Jupiter.

Les Grecs firent leurs dieux aussi menteurs et aussi trompeurs au moins que leur Sinon. Un philosophe grec a dit : « Qu'on me laisse mettre un mensonge dans la tête de tous les hommes, et l'univers est à moi. »

Junon dit donc à Vénus qu'elle va, ainsi parée, chez le vieux Océan et la vénérable Téthys, afin d'apaiser les troubles domestiques qui les divisent. Là-dessus Vénus lui donne sa ceinture, qui est d'un tissu admirablement diversifié. Là, se trouvent tous les charmes les plus séducteurs, les attraits, l'amour, les désirs, les amusements, les entretiens secrets, les innocentes tromperies et le charmant badinage, qui insensiblement surprend l'esprit et le cœur des plus sensés.

Junon prend ce merveilleux tissu et le cache dans son sein... Elle va trouver le Sommeil à Lemnos et lui dit son projet. Ce dieu, qui craint le courroux de Jupiter, ne consent à l'accompagner qu'après qu'elle lui a fait les plus magnifiques promesses. Ils arrivent sur le Gargarus, qui nous apparaît en ce moment tout couvert de neige. Junon dit son mensonge à Jupiter, qui, passant du soupçon à un sentiment plus doux, lui dit : « Belle Junon, rien ne vous presse, je ne vous laisserai point partir, car

jamais ni déesse, ni femme mortelle ne m'a tant plu que
vous en ce moment. » Il se fait si bon dieu, époux si tendre, qu'il conte à la jalouse Junon ses plus notables infi-
délités. Peu à peu le père des dieux et des hommes
s'endort sur le plus haut sommet de l'Ida, la tête de la
déesse nonchalamment penchée sur son sein immortel.

Le Sommeil va dire la chose à Neptune qui profite de
l'occasion pour redoubler le courage des Grecs. Les deux
Ajax font alors des prodiges. L'un d'eux met Hector
hors de combat.

Mais Jupiter se réveille, et peu s'en faut qu'en voyant le
mauvais état des Troyens, il n'en vienne aux voies de fait
contre Junon. Les charmes séducteurs de la déesse-épouse
l'arrêtent. Jupiter fait donner sur les doigts à son frère
cadet Neptune, et les choses changent de face.

Affligé des malheurs des Grecs, Patrocle, le fidèle compagnon d'Achille, prie son ami de voler au combat, ou
du moins de lui donner son glaive et ses troupes. Achille
y consent et arme Patrocle qui bientôt repousse les
Troyens, mais l'invincible Hector l'arrête et lui fait mor-
dre la poussière, en insultant à sa dernière heure.

Grecs et Troyens se disputent alors le corps de Patrocle, que les chevaux immortels d'Achille, Xanthe et Balie,
pleurent amèrement. Automédon, le grand écuyer, les
console et veut les faire marcher; mais ils restent immo-
biles, la tête penchée vers la terre qu'ils mouillent de
leurs larmes et les crins traînant sur la poussière; la
voix seule de Jupiter peut leur faire entendre raison.

Lorsqu'Antiloque, fils de Nestor, vient annoncer que
Patrocle est mort, une mortelle douleur s'empare de

20

l'esprit d'Achille Il prend avec ses deux mains de la cendre encore brûlante, la répand sur sa tête et défigure tous les traits de son visage gracieux ; la pourpre de ses habits en est couverte ; il se jette à terre en s'arrachant les cheveux et en poussant des cris épouvantables. Ses captives crient et gémissent, se rangent autour de lui, se meurtrissent le sein et le visage et n'ont pas la force de se soutenir. Thétis et les Néréides, soudainement accourues, pleurent aussi. Thétis console son fils en lui promettant de nouvelles armes travaillées par Vulcain, et dont la description ne permet pas de croire qu'Homère ait été toujours aveugle.

La douleur qu'Achille éprouve de la perte de Patrocle lui fait oublier sa colère contre les Grecs ; il se réconcilie avec Agamemnon et se prépare à venger la mort de son ami. Achille et Patrocle étaient amis comme le furent Castor et Pollux, Thésée et Pyrithoüs, Hercule et Philoctète, Ajax et Teucer, Diomède et Sthélénus, Idoménée et Mérion, Oreste et Pylade, Nisus et Euryale, Damon et Pythias, Alexandre et Ephestion, Henri IV et Sully, Fouquet et Pélisson, Napoléon et Duroc, comme le sont Napoléon et Persigny, Aali et Fuad.

Jupiter permet aux dieux de prendre part au combat et de se déclarer en faveur de qui ils voudront. Achille va immoler Énée, Neptune lui arrache cette proie. Polydore, fils de Priam, tombe sous ses coups et Hector va avoir le même sort, lorsqu'Apollon l'enveloppe d'un épais nuage. Le fils de Pélée a alors à combattre le Xanthe et le Simoïs et il aurait peut-être péri dans leurs ondes, si Vulcain n'était venu les dessécher. Mars, Minerve, Vénus,

Neptune, Apollon sont parmi les combattants. Les Troyens fuient devant l'impétueux Achille. Priam leur fait ouvrir les portes de la ville. Hector, malgré les prières de son père et de sa mère, reste seul dans la plaine à attendre Achille, qui, après une lutte acharnée, venge en lui la mort de Patrocle. Il attache à son char le corps d'Hector et le traîne à la vue de Priam et d'Hécube qui se désolent et se désespèrent. Leur seul espoir était placé en ce fils chéri qui jusque-là avait été le plus fort rempart de Troie.

Achille cesse de poursuivre les Troyens pour aller rendre les honneurs funèbres à son ami Patrocle. Il lui fait hommage du corps et des armes d'Hector ; il dépose sur lui ses cheveux qu'il coupe en signe de deuil, ainsi que tous ses compagnons. Il fait, avec ses Thessaliens à cheval, trois fois le tour du lit en traînant toujours sa victime. Puis, a lieu le repas funèbre.

On dresse un immense bûcher sur lequel on place le corps de Patrocle. On sacrifie un grand nombre de victimes. Achille jette au milieu du bûcher quatre de ses plus beaux chevaux et deux de ses meilleurs chiens; il y immole aussi douze jeunes Troyennes. Le feu est mis au bûcher qui brûle pendant un jour et une nuit. Après l'avoir éteint avec du vin, on ramasse les os de Patrocle pour les enfermer dans une urne d'or, et ces restes sont déposés dans un magnifique tombeau, élevé sur le bord de la mer. Autour de ce tombeau, Achille, pour terminer les funérailles, fait célébrer, selon l'usage antique, des jeux et des combats, tels que la course des chars, le ceste, la lutte, la course à pied, le combat singulier à armes acérées, le disque, l'arc, le javelot. Le dernier prix est accordé à Agamemnon, qui le cède à Mérion. Ces jeux finis, les troupes se dispersent et chacun se repose. Achille seul ne trouve point de repos; il traîne encore le corps d'Hector trois fois autour du tombeau de son ami.

Enfin, les dieux, émus de tant de barbarie, inspirent à Priam la pensée d'aller racheter le corps de son fils, qu'Apollon a couvert de son égide d'or pour qu'il se conservât toujours tel qu'il était avant sa mort. Mercure conduit le malheureux Priam. Son cœur de père et sa triste situation inspirent à ce prince des expressions si pathétiques qu'elles finissent par fléchir le cœur d'Achille, qui fait au père d'Hector un royal accueil. Pour le consoler, il lui raconte les malheurs de la belle Niobé. Il lui rend le corps de son fils et lui accorde les onze jours de trêve nécessaires pour faire des funérailles complètes.

Que de deuil et quel deuil dans cette ville de Troie dont Hector était la dernière espérance !

Là s'arrêtent les vingt-quatre chants de l'Iliade, que les législateurs Lycurgue et Solon, ainsi que les Pisistratides, mirent tant de soin à conserver intacts et qu'Alexandre-le-Grand fit renfermer dans une cassette d'or. Il y a dans ces chants tant d'admirables détails sur l'histoire et la géographie, sur les mœurs et les usages, sur l'art et la religion des plus anciens temps du monde païen! Et comme les fictions sur lesquelles ces détails sont artistement montés sont ingénieuses et charmantes! L'étonnant Alcibiade, visitant un jour l'école d'un grammairien, lui demanda un Homère et lui donna un soufflet pour le punir de n'avoir pas un si beau modèle à offrir à ses élèves.

L'Odyssée dira, dans ses épisodes, comment le tombeau d'Achille fut bientôt élevé à côté de celui de Patrocle, quelles funérailles on lui fit et aussi quelle fut la fin de cette guerre. L'Enéide, dans son second livre, décrira plus pompeusement les derniers moments de Troie.

En devisant ainsi, nous saluons les caps Sigée et Rhétée qui dominent les tombeaux de Patrocle, d'Achille, d'Ajax..., et le cap Hellès, qui nous rend l'Europe, si peu belle à cet endroit de la Chersonèse de Thrace, et qui porte aussi le tombeau de Protésilas. Avant d'aller déployer sur la tombe d'Achille toute la magnificence de ses regrets, Alexandre fit un sacrifice sur celle de Protésilas, jeune héros qui, parti pour Troie le lendemain de son mariage, eut la gloire de mettre le pied le premier sur le rivage asiatique et périt le premier de la main d'un Troyen.

La destruction de la ville de Priam ne porta pas bonheur aux héros grecs. Après Patrocle et Achille, Ajax, fils de Télamon, succomba à son tour. Il avait disputé à Ulysse les armes d'Achille. Les deux prétendants durent exposer leurs droits devant les chefs de l'armée. Ajax, toujours impétueux, fit un exorde *ab irato*, s'emportant et contre son rival et contre ses juges à qui il reprocha d'oser lui comparer Ulysse. Celui-ci se leva ensuite et créa ce modèle *d'exorde par insinuation* que les traités de littérature citent tous d'après Ovide. « Ah! plût aux dieux, s'écria-t-il, que le héros dont nous nous disputons les armes fût encore en vie!... » Et en même temps le rusé Ulysse faisait

semblant d'essuyer ses pleurs. Dès lors sa cause fut gagnée.
— Plus tard, le célèbre Aréopage, institué par Minerve,
prendra des mesures radicales contre l'éloquence des
plaideurs, qui, trop souvent, fait violence à la conscience
des juges. — Ajax, le plus brave des Grecs après Achille,
furieux d'avoir été vaincu, tomba dans une telle fureur,
qu'il égorgea un troupeau de moutons, croyant immoler
les Grecs à sa vengeance. Ensuite, honteux de cette
action, il se perça de son épée. Les Turcs appellent son
tombeau *Ayant-Tépessi*.

Ajax, fils d'Oïlée, fut précipité dans la mer par Neptune, dont le trident vengeait les outrages que cet impie
avait fait subir, dans le temple de Minerve, à la trop vertueuse fille de Priam, Cassandre. Apollon, amoureux
d'elle, lui avait accordé le don de prophétie, mais, la trouvant toujours insensible à ses charmes, il décrédita ensuite
ses prédictions et Cassandre ne fut jamais crue, même
lorsqu'elle annonça, avec Laocoon, les calamités que le
cheval de bois allait attirer sur sa famille.

Mnesthée, roi d'Athènes, Agamemnon, roi de Sparte,
périrent de mort violente avant d'avoir pu reprendre possession de leurs États. Idoménée, Philoctète, Diomède,
Teucer furent contraints de quitter leur patrie pour aller
s'établir en d'autres pays. Ulysse même erra dix ans sur
les flots avant de revoir sa vertueuse Pénélope et son cher
Télémaque, qui était allé à sa recherche, — pour fournir
à Fénelon, nouveau Mentor, le sujet de cet admirable
livre qui contribua à faire du duc de Bourgogne, d'un
démon un ange.

Le soleil décline, mais avant

De quitter ce monde,
D'aller chez Téthys
Rallumer dans l'onde
Ses feux amortis,

il éclaire de sa plus douce lumière notre installation dans cette belle anse de la ville aux pots de terre et aux canons de fer et de bronze (Tchanak-Kalessi), anse assez spacieuse pour former un horizon de mer digne de ses contours. La côte d'Asie, dont les plaines et les collines verdoient jusqu'à l'Ida, s'arrondit autour de nous depuis le fort de Nagara jusqu'à celui de la ville, Sultanich-Kalessi, qui la limite au sud, comme le fort Medjidié, auquel on travaille sous nos yeux, la borne au nord. L'hôpital, quelques villas, parmi lesquelles celle du Consul d'Angleterre, qui semble représenter la moitié de la terre, tant il y a de pavillons différents flottant sur ses toits, le Consulat de France, la douane, le konak du gouverneur, les casernes et les tours de la forteresse attirent tour à tour nos regards.

La côte d'Europe n'offre qu'une haute barrière de roches grisâtres, arides et dénuées, dont le pied est blanchi par les forts de Set-ul-Bahr, Namazia, Kilid-ul-Bahr, Déirmen et Tcham-Bournou et de Bovali-Tabiessi. Le village qu'abrite Kilid-ul-Bahr (clef de la mer) s'appela autrefois Cynossema, le tombeau de la Chienne, c'est-à-dire d'Hécube, que les Grecs prétendent avoir été changée en cet animal, à cause des imprécations que cette malheureuse mère avait lancées contre eux. Un autre village, Maïto, que nous apercevons plus à droite, porte à peu près le même nom qu'il avait du temps d'Homère (Madytos).

Le soleil se couche sur ce ravissant horizon, et son coucher, signal de la prière musulmane, est salué par les muezzins et par les canons de tout les forts d'alentour. Nulle autre part au monde, pas même à Constantinople où les monts sont plus rapprochés et où les gueules tonnantes s'ouvrent moins larges, le bruit des échos ne produit un effet aussi merveilleux qu'ici. Le son, depuis la lueur de l'éclair qui enflamme les batteries, laisse nos pouls battre douze fois avant d'arriver jusqu'à nous, c'est-à-dire qu'à raison de 340 mètres par seconde, il vient d'une lieue. Supposez que chacun de ces grondements roule encore, par monts et par vaux, l'espace de deux ou trois lieues à notre portée, et vous pourrez vous faire une idée du curieux murmure aérien qui frappe nos oreilles : on dirait que Jupiter, du haut de l'Ida, lance ses plus retentissantes foudres.

Une illumination qui dénote du zèle et de louables efforts chez les Dardaniens modernes, une musique toujours variée, de nouvelles salves après la prière de nuit, ajoutent des charmes à l'agréable soirée que nous passons à bord ; elle est calme et douce.

AUX DARDANELLES.

LUNDI SOIR.

Dieu fasse que les journées qu'il me destine encore ressemblent toutes à celle que nous venons de passer! Elle n'a pas d'histoire; mais Fénelon n'a-t-il pas dit: « heureux les règnes qui n'ont pas d'histoire! »

Par un temps des plus printaniers, comme on n'en voit que sous la zone où nous vivons en ce moment, nous nous sommes promenés du bateau à la ville, sur les bords du Rhodius, dans les rues, parmi les habitants, non moins contents de nous voir que l'étaient naguère ceux de Smyrne. Nous avons fait des acquisitions chez les potiers, riches en fait de cruches illustrées d'oiseaux, de lions, de chevaux, de chiens, qui abreuvent les enfants par leur bec ou par leur gueule et quelquefois par leur queue. Toujours et en tous lieux, même en voyage, il faut penser aux *enfants*; et par ce mot, en Turquie, nous entendons souvent non seulement ces êtres chéris qui nous disent papa! mais encore ceux non moins chers à qui ils disent maman!

Marco pacha, qui traite son illustre client comme
doivent traiter les leurs les médecins des pays où on ne
les paie qu'autant qu'on se porte bien, est allé, en compagnie du bach aga, visiter l'hôpital, cherchant des ali-
ments à son activité naturelle si peu occupée à bord.

Nous avons aussi fait des visites. M. le docteur Brun
et sa famille ont bien mérité de quelques-uns d'entre
nous par les agréments de leur hospitalité. Le Tchorbadji
Hadji Costa a droit aussi à notre reconnaissance. Comme
il n'y avait là ni de Café de Paris ni de Tortoni, nous nous
reposions chez M. le pharmacien, point central, lorsque
Hadji Costa s'est présenté. Il a, dans la langue d'Homère,
un peu dégénérée, fait savoir au pharmacien que le gouverneur Hakki pacha lui avait demandé, à lui Hadji Costa,
comme un service, de l'aider à bien traiter les nobles
hôtes qu'il allait recevoir. C'était nous inviter à aller chez
lui. Afin de lui procurer quelque titre à la faveur du
pacha, nous l'avons suivi à sa maison située à l'extrémité
orientale de la ville. Comme il était fier, aux yeux de ses
concitoyens, de conduire notre troupe ! l'exquise urba-
nité du Tchorbadji, de sa femme et de ses enfants, leur
empressement à nous être agréables, non moins que le
plaisir de contempler de leur balcon le paysage des vergers et de la promenade des platanes, nous ont pleinement dédommagés des peines de la course. Avant de nous
congédier, Hadji Costa nous a fait promettre de venir, le
lendemain, manger un agneau avec lui et sa famille. Cer-
tainement Hadji Costa ne descend pas des Pyrrhus et des
Ajax qui, au temps de la fameuse guerre, montrèrent un
si mauvais cœur dans ces parages ; il descend bien plutôt

des Grecs qui, comme les Rhodiens, les Lesbiens et beaucoup d'autres, prirent le parti des Troyens.

Nous avons également visité le Consul de France, M. Battus. Bien mal traité par l'incendie qui, il y a quelques années, détruisit toutes les habitations du quai, M. le Consul a, depuis cette époque, fait bâtir, pour le compte du gouvernement français, une résidence à laquelle il ne manque en ce moment que l'ameublement pour être la plus belle et la plus agréable de la ville. Si elle eût été achevée, on l'aurait offerte pour la circonstance. M. Battus faisait mettre la dernière main aux décorations qui devaient augmenter l'éclat des fêtes qu'il organisait. Il était dans le vrai rôle de sa famille : servir la France en maintenant au mieux ses relations avec la Turquie. MM. Battus comptent de longs et bons services rendus à la France en Orient. M. Auguste Battus, chancelier-substitué à Constantinople, est en ce moment le conciliateur officiel et officieux des membres de la colonie française ; il sait et apprend à ses amis cette maxime de Pythagore : « *Mon ami est un autre moi-même.* » Cette maxime fut aussi celle d'Alexandre qui disait d'Ephestion, que l'une de ses nobles prisonnières d'Issus avait pris pour le roi lui-même : « *Vous ne vous trompez pas, Madame, c'est un autre moi-même.* »

Dans la journée, les affaires administratives et militaires des Dardanelles ont été débattues à bord du yacht impérial où le gouverneur civil Hakki pacha, beau-frère du ministre de la guerre, et le commandant militaire Hassan pacha ont été mandés.

Dès le matin, un des bateaux de la suite a chauffé et a

successivement visité tous les forts depuis Coum-kalé et Set-ul-Bahr jusqu'à Nagara. La volonté du Sultan est que tous ces forts soient entretenus en bon état et que rien ne manque aux troupes qui les gardent. De nouveaux procédés d'attaque et de défense, rendus nécessaires par la création des bâtiments blindés, y seront prochaine-ment appliqués.

La nuit a été gaie, animée, illuminée, étoilée, sereine.

Hier au soir le *Péiki-Zafer* est parti pour Constanti-nople, emportant quelques-uns des nôtres, ainsi que Kiamil bey, introducteur des ambassadeurs et intermé-diaire officiel (Kapou-Kiaia) du Vice-roi d'Egypte auprès de la Porte. Kiamil bey était parti avant nous pour l'Egypte, afin d'aviser aux mesures que pourrait néces-siter notre réception. Va-t-il de même concourir aux apprêts qu'on ne manquera pas de faire à Stamboul pour notre retour? Parmi beaucoup d'autres talents et qua-lités, Kiamil bey possède l'esprit d'à-propos, d'ordre et de convenance qui sait organiser et faire réussir une grande cérémonie. Son zèle, son intelligence et son goût éclairé ne se trouvent jamais en défaut et assurent un plein succès à tout ce qu'il entreprend, même dans les circonstances les plus délicates.

Comme pour remplacer le *Péiki-Zafer,* une corvette est arrivée de Constantinople ayant à son bord les Prin-ces Kiémal-ed-din, Burhand-ed-din et Nour-ed-din, à qui Sa Majesté veut faire partager les joies de la fin du voyage.

DES DARDANELLES A GALLIPOLI.

A onze heures, le Sultan quitte le *Féizi-Djéhad* pour
aller visiter la ville. Le soleil, le ciel, la mer, la terre,
tout sourit à Abdul-Aziz. Le canon a donné le signal. Les
équipages sont sur les vergues et saluent. Des milliers de
personnes couvrent les quais et les échelles ou remplissent les fenêtres et les balcons des maisons. Toutes les
embarcations de la ville, pleines de curieux, s'avancent
le plus près possible du passage du canot impérial qui
longe le quai, piloté par le Capitan pacha lui-même. Le
Sultan regarde et répond aux saluts qui lui viennent de
toutes parts. Il descend à l'échelle du Konak, promenant
avec bienveillance ses regards sur la foule entassée entre
le fort et la résidence du gouverneur. Les femmes turques
se trouvent là aux premières places et elles ne sont pas
les dernières à éclater en transports et à l'acclamer.
L'escorte officielle, en grande tenue, forme une double
haie jusqu'à la porte du palais dont le Sultan ne franchit
le seuil qu'après avoir remercié de la voix, du regard et
du sourire ces populations respectueuses qui se pressent

sur son passage en lui adressant des vœux de bonheur.
Là, comme partout, les divers cultes et les écoles élèvent
leurs voix au ciel en faveur du Padichah dont la bonté
paternelle s'étend sur tous.

Parmi les touffes de verdure et de fleurs et les banderoles aux couleurs variées qui ornent cette partie de la
ville, on remarque celles de l'agence des paquebots français, située vis-à-vis du palais et occupée par un israélite.
Cet établissement est tellement perdu dans ses ornements,
qu'il est difficile de juger s'il représente dignement la
puissante Compagnie anonyme, à qui cette échelle fournit
des huîtres, des poteries, des vins..., et surtout des voyageurs, car elle est le rendez-vous des touristes qui vont
explorer la Troade.

Après une courte station au Konak, le Sultan se rend
à la forteresse où il examine soigneusement toutes choses
et principalement les dix monstrueux canons qui sont
là, à leurs larges embrasures, guettant, comme autant
de géants, l'ennemi au passage pour le terrasser sous
d'énormes blocs de roche. Leurs cratères, ouverts vers
l'entrée de l'Archipel, font frémir quand on pense aux
masses de matières destructives qu'ils peuvent lancer sur
les bâtiments que des intentions hostiles pousseraient
dans ce détroit. Polyphème, qui submergeait les vaisseaux
d'Ulysse avec les rochers qu'il lançait de ses mains, n'aurait pas soulevé ces boulets de huit à dix quintaux qui
gisent là de toutes parts. Si l'on n'examine que la
forme extérieure de ces engins et les travaux de sculpture et de gravure qui les décorent, on n'éprouve que des
sentiments d'admiration. Les Grecs anciens auraient dit

que Minerve en a fait l'intérieur comme déesse de la
guerre (Pallas), et l'extérieur comme déesse des arts.

L'un d'eux est arrivé le dernier de Bagdad. Comment
cette lourde masse a-t-elle pu traverser tant de pays presque dépourvus de routes ? il est beau de cicatrices. Des
boulets, qui sans doute ripostaient aux siens, ont bossué
les bords de la gueule et même le fond de son âme, que
nous voyons à souhait et où l'un de nous pourrait aller
s'asseoir tout à son aise. C'est à celui-là que l'on accorde
en ce moment les honneurs d'un essai. On lui introduit
dix-sept okes de poudre (22 kilogrammes) et par-dessus,
un boulet pesant neuf quintaux. Puis, nous allons nous
porter sur le parapet pour voir l'énorme rocher ricocher
sur la mer comme la pierre légère qu'un enfant qui joue
lance sur la surface d'un étang. Quelques-uns se bou-
chent les oreilles.

Quel tonnerre ! et quel spectacle !

Il ne serait pas sage de le renouveler, car il a effrayé
des bâtiments que le vent du sud pousse vers nous.

Comment de tels boulets n'ont-ils pas coulé tout-à-fait,
en 1807, le vaisseau de l'amiral Duckworth ? Peu s'en
fallut qu'il n'eût son tombeau près de celui de la Chienne.

Le Sultan continue son inspection par les remparts,
par la citadelle et par la demeure du commandant de la
place, et vient se reposer sous la tente dressée sur le gazon
du parc d'armes. Là les réceptions sont complétées et les
affaires des Dardanelles terminées. Depuis le corps consulaire jusqu'aux enfants qui ont chanté des prières,
depuis les gouverneurs jusqu'aux pauvres, tout le monde,
et chacun selon ses aspirations, reste content de la visite

de Sa Majesté qui, vers deux heures, regagne son bord accompagnée des vivat et des bénédictions de tous.

Et notre agneau ? Hadji Costa, Tchorbadji de l'endroit, personnage important, n'a pas cessé d'accompagner l'évêque grec, lequel ne se retire que lorsque le canot impérial s'est éloigné de l'échelle. En ce moment Hadji Costa, apercevant deux de ses invités, cesse aussitôt de chanter à côté de Monseigneur et court à eux. Nous nous réunissons et volons chez lui. La pensée que le *Féïzi-Djéhad*, toujours prêt à s'envoler, pourrait bien lever l'ancre et nous laisser aux prises avec l'agneau, nous donne des ailes. Quel dommage que nous ne puissions faire, calmes d'esprit et de situation, plus d'honneur au festin du Tchorbadji, qui a quelque chose des banquets homériques! Outre l'agneau, il y a là des mets dont la recette se trouve dans l'*Iliade*, qui donne même celle du ioghourt. Il est dit, en effet, au cinquième chant : « *Comme on voit le lait, dès qu'une main habile y a mêlé le suc amer qui a la vertu de le faire cailler, se prendre à mesure qu'on le remue*, de même, aussitôt que le baume du médecin des dieux y est appliqué, les chairs de la blessure du dieu Mars se rapprochent et se consolident entièrement. »

Bon nombre de plats nous ont déjà offert leurs charmes et le dessert va nous égayer à son tour, lorsqu'une vedette, envoyée par nous sur le quai, revient jeter au milieu de nos toasts les plus fraternels, le cri d'alarme: *on va partir, on part!* La Discorde, en jetant la fatale pomme sur la table des noces de Pélée et de Thétis, ne produisit pas un tel trouble. Comme les convives à qui l'infernale Lucrèce Borgia vient dire: « Vous êtes empoisonnés! » Nous nous levons en sursaut; quelques adieux, et nous nous enfuyons. Autant que nous, Hadji Costa paraît foudroyé du coup de temps qui brusque ainsi notre séparation. Il reste là dans la position de quelqu'un qui, dans un rêve, tend les bras pour embrasser une ombre chérie qui lui échappe.

> Adieu donc. Fi du plaisir
> Que la crainte peut corrompre!

A l'échelle, nous sautons dans la première barque venue. Les bateliers, sortis peut-être de quelque trou de pirates, nous demandent cinq francs. Vous en aurez vingt, si vous arrivez, leur disons-nous. Allez! ramez ferme! Une dizaine de personnes paraissent sur le quai, nous priant de nous charger de commissions oubliées par d'autres aussi pressés que nous. Au prochain voyage! leur crions-nous en nous éloignant. Nos yeux se fixent de plus en plus sur le yacht impérial dont, à tout moment, nous craignons de voir tourner les roues. « Nous n'arriverons pas, » fait l'un; « nous arriverons, » dit l'autre; et comme les timoniers des canots qui se disputent le prix des régates, nous aidons par nos mouvements à la force des rames..

C'en est fait! Les palettes du *Féizi-Djéhad* font écumer la mer; il part. Le *Medjidié* le suit, item le *Taïf*. Nous sommes perdus! il ne nous reste plus qu'à fréter un remorqueur ou un tchektirmé. Ramez donc! ramez donc! qui sait?

Una salus victis nullam sperare salutem,
Le salut des vaincus est de n'en point attendre.

Le yacht impérial s'arrête. Oh! si Sa Majesté avait
oublié de faire quelque don et qu'elle voulût l'envoyer!
Mais non, elle n'oublie jamais rien. Son yacht repart.
Nous approchions pourtant. Et personne ne nous voit,
personne n'aperçoit nos signaux, n'entend nos cris de
détresse?

Ah! par les braves gens de qui tu tiens le jour,
Pour tout ce qui jamais fut cher à ton amour,

ô capitaine, attends-nous, par pitié!

Il n'est que les grands cœurs
Qui sentent la pitié que l'on doit aux malheurs.

ô brave Selim bey, daigne donc nous prendre

Et ne point nous laisser en proie au désespoir,
En proie à ces tourments que tes yeux peuvent voir.

Il ne voit, il n'entend rien! ô Philoctète, comme tu devais
souffrir de n'être point écouté! Tout le monde regarde et
écoute les canons qui saluent. N'ont-ils donc jamais rien
vu, ni entendu de semblable.

Un de nos compagnons, parti avant nous, se fait jeter
dans un chaland remorqué par l'une des frégates. Qu'on
nous donne le temps de nous y jeter aussi; qu'on nous
mette où l'on voudra, n'importe! pourvu que nous par-
tions. Il y va de notre honneur...

On nous voit, on nous distingue; on s'arrête: Dieu
soit loué! courage! ramez donc!

Nous escaladons l'échelle un peu honteux et, répondant par des remercîments aux reproches du capitaine, esclave du mot d'ordre, nous allons reprendre haleine dans nos cabines. Ouf! il me semble que l'agneau Costa bêle dans mon corps; il va m'étouffer après des courses et des émotions pareilles.

Dès que nous avons un peu repris nos sens, nous donnons des marques de notre reconnaissant souvenir au bon Tchorbardji en nous entretenant de lui et des siens.

Nos émotions ont été si fortes, que nous laissons nos heureux compagnons jouir seuls, de là-haut, des charmes indicibles qu'offre, à cet heure, le voyage dans ce beau canal que l'on dirait un fleuve du paradis. Le temps est doux, l'air calme, le ciel pur, et la nature parée de tous ses attraits printaniers. Les deux frégates suivent tranquillement le sillon que le *Féizi-Djéhad* trace majestueusement devant elles.

En deux heures, nous arrivons à Gallipoli qui nous salue de ses quelques canons et qui, à en juger par ses préparatifs de fête, espère cette fois en notre descente. Nous nous disposons à passer à bord une de ces ravissantes soirées auxquelles ce voyage nous a si heureusement habitués.

GALLIPOLI.

Gallipoli n'a pas dormi : assuré de l'honneur d'une visite impériale, il a passé la nuit et la matinée à consolider son échelle, à l'orner de tapis et de verdure, à sabler ses rues, à pavoiser ses murs, à répéter ses hymnes, à préparer ses harangues, à prendre place enfin sur les quais et sur toute l'étendue du parcours du cortége.

De notre bord, nous voyons et admirons le zèle des habitants. Les voiles blancs des femmes turques et les kulahs des derviches sont nombreux parmi ces milliers de costumes variés qui décorent ce revers de colline.

A onze heures, nous nous rendons à l'impatience générale. Les hourrahs succèdent au bruit du canon et accompagnent le Souverain jusqu'au palais du Gouverneur, situé à moitié colline vers le quartier où brillent, d'un éclat particulier, le télégraphe, les belles résidences des Consuls, et surtout celle du représentant de la France.

Le Sultan reste quelque temps au palais pour s'informer de l'état du pays et ordonner qu'on lui soumette les mesures que les besoins de la ville ou du Sanjak peuvent rendre opportunes. Ensuite, congédiant son escorte officielle, il sort, suivi de quelques chambellans et de quelques aides-de-camp, pour aller faire un tour dans la campagne. Les chemins que les Français, pendant leur séjour ici, ont solidement construits, et le temps favorisent cette excursion, qui aura pour terme Boulaïr. Là, se trouve le tombeau de Suléiman pacha, fils du Sultan Orkhan.

Du temps d'Orkhan, l'état du Bas-Empire était déjà bien digne de pitié. Deux princes, Cantacuzène, l'historien, et Jean Paléologue, se disputaient l'empire, qui ne possédait plus en Asie que tout ce que la vue peut embrasser de Constantinople. Cantacuzène avait donné une de ses filles en mariage au Sultan Orkhan, en vue d'être protégé par les Ottomans. Les Génois de Galata faisaient trembler Constantinople; les Vénitiens lui faisaient peur ainsi que les Serviens et les Bulgares. Les Ottomans étaient déjà maîtres de Brousse, de Nicée et de Nicomédie. Les princes Seljoucides, qui laissèrent leurs noms de Kârassi, de Sarou-Khan, d'Aïdin et de Mentéché aux anciennes provinces de Mysie, de Lydie et de Carie, dont l'Eolie, l'Ionie et la Doride formaient les côtes, ravageaient les îles, la Macédoine, la presqu'ile de Gallipoli et les côtes de Thrace jusqu'à quelques lieues de Constantinople.

Au milieu de ce pêle-mêle, Suléiman pacha, qui venait de conquérir les états de Karassi, se sentait tenté de s'établir, lui aussi, en Europe, où il n'avait encore passé que pour secourir les Grecs contre les Serviens, lorsqu'un rêve poétique vint l'y déterminer.

Il était à Cysique (Erdek), la plus célèbre des cités païennes qui bordèrent jadis la mer de Marmara du côté d'Asie. Le fils d'Orkhan fut saisi d'admiration et d'un saint respect à la vue de cette grandeur à demi tombée, des ruines pompeuses des temples de Cybèle, de Proserpine et de Jupiter. Un soir qu'il était assis pensif à la clarté de la lune, les yeux tournés vers la mer où se miraient les portiques de marbre et les avenues des colonnes, il lui sembla que des palais et des temples sortaient de l'abîme et que des flottes voguaient sur les eaux. Au milieu du murmure des flots, il crut saisir des voix mystérieuses, et la lune placée derrière lui à l'Orient, comme par un ruban d'argent flottant par dessus la mer, unissait l'Europe et l'Asie. C'était le même astre qui, sortant du sein d'Ediboli, était venu s'enfoncer dans la poitrine d'Osman (image de la belle Malkhatoun que le cheikh Ediboli donna à Osman pour être la mère d'une postérité qui devait conquérir le monde entier). Alors, avec le souvenir du songe qui avait présagé l'empire du monde, Suléiman sentit son courage s'enflammer et prit la résolution d'unir l'Europe avec l'Asie par l'établissement de la domination des Ottomans sur les rivages de la Thrace.

Se jetant avec cinquante-neuf de ses plus vaillants compagnons sur des radeaux formés d'arbres que des lanières de peaux de bœuf attachaient ensemble, il vint s'emparer du château de Tzympe, situé sur le canal à une lieue et demie d'ici. Sur ces entrefaites, Cantacuzène implora l'assistance des Ottomans contre son rival Paléologue. Suléiman vola à son secours, laissant une garnison à Tzympe. Le fameux tremblement de terre qui dévasta alors presque toutes les villes des côtes de la Thrace et qui suspendit sur la pointe de Gallipoli ces gigantesques blocs de roche qui frappent nos regards, vint ouvrir les portes de cette ville aux compagnons de Suléiman. Ils s'en emparèrent ainsi que de Boulaïr, Malgara, Rhodosto et Ereboli et gardèrent ces conquêtes comme prix des services déjà rendus et des secours que Cantacuzène leur demanda encore contre les Bulgares. Suléiman pacha vint résider à Gallipoli, mais il mourut bientôt après. Un jour, entre Boulaïr et *Sidi-Cavak* (le platane du Cid), suivant à cheval le vol de son faucon qui poursuivait des oies, il tomba si malheureusement qu'il resta mort sur la place. Son corps fut déposé près de la mosquée de Boulaïr qu'il venait de fonder.

De tous les tombeaux de héros signalés jusqu'ici par l'histoire turque, il n'en est pas de plus célèbre ni de plus fréquemment visité que celui du second vizir de l'empire, du fondateur de la puissance ottomane en Europe, de l'heureux précurseur du grand Suléiman. Selon les historiens turcs, Suléiman remporta une victoire, même après sa mort. Monté sur un cheval blanc, resplendissant de lumière, entouré d'une troupe de guerriers célestes, il combattit et vainquit à Sidi-Cavak une armée de quinze mille chrétiens.

Adji bey, dont la plaine de Gallipoli porte le nom, et Ghazi-Fazil, deux des compagnons de Suléiman pacha qui se mirent en possession de Gallipoli, furent enterrés dans cette ville où leurs tombeaux sont également visités comme renfermant les restes des deux premiers champions de la foi déposés sur le sol européen.

Lorsque l'armée Française vint naguère apporter en personne les réponses de la France aux notes Moscovites, que le prince Mentchikof attendait derrière les remparts de Sébastopol, la division du prince Napoléon débarqua à Gallipoli et alla établir son camp à Boulaïr. On a reproché aux Français d'avoir perdu là un temps précieux à vouloir faire, dit-on, de la presqu'île une île; mais c'est Allah qui le permit ainsi pour que la Turquie fit *da se* sur le Danube et que la gloire de forcer le fameux Paskiéwitch à lever le siége de Silistrie et à ramener ses 100,000 hommes par delà le Pruth, appartînt tout entière à la brave garnison de Silistrie et aux valeureux vainqueurs de Giurgiévo, d'Olténizza et de Cetate. Les Français auraient même bien fait de rester là juste jusqu'au moment de s'embarquer pour la Crimée: ces intrépides zouaves que nous avions tant admirés à leur passage à Stamboul, n'auraient pas eu le temps d'aller errer dans les plaines de la Dobrudja pour y périr par milliers en s'abreuvant aux eaux malsaines de ses marais.

Pendant que le Sultan est à Boulaïr, les princes visitent la ville, les marchés, les tekkés, les tombeaux et le Namaz-Ghiah (lieu de la prière), plateau qui s'avance comme une jetée naturelle entre les deux ports. Si les Musulmans ont trouvé cette place convenable pour y adorer l'Eternel en plein air, comme les anciens Persans, elle nous paraît en ce moment bien agréable comme centre d'un des plus magnifiques horizons qui se soient jusqu'ici déroulés à nos regards. Les côtes d'Europe et d'Asie, découpées de toutes parts par les sinuosités du détroit, se disputent à nos yeux le prix de la beauté. Nous

nous prononçons pour les charmes plus poétiques de
l'Asie.

Vers le milieu de ce préau a été dressée la tente destinée à recevoir Sa Majesté lorsqu'elle va retourner de
Boulaïr. Sur l'un des côtés s'élève le phare que les navigateurs doivent voir de loin. Nous visitons tout cela et
même les masses de montagne que le tremblement de
terre a détachées de cette pointe pour les laisser sur la
rive, prêtes à rouler dans les abîmes de la mer. Ces
roches et la falaise dont elles ont été séparées, ne sont
formées que de petits coquillages mêlés ensemble comme
les grains de sable d'un mortier. Rarement on rencontre
des terrains chargés d'une si grande quantité de tes-
tacés. O terre, comme tes entrailles ont été travaillées,
tourmentées, inondées, brûlées! Dieu te garde de pareilles douleurs tant que ton écorce nous portera encore en
vie! Après nous, le déluge! si les fautes de ceux que tu
nourriras alors le méritent, comme jadis les méchants
enfants des hommes.

Après cette exploration, sur laquelle le soleil a versé un
peu trop de chaleur, M. St-Cyr, chef de la station télégraphique et notre ami puisqu'il est celui du dentiste Roux,
notre compagnon de voyage, invite la partie française de
l'expédition à un beau plat de rougets hellespontiques,
suivi de plusieurs autres. Le festin ne vaut pas cependant celui de Hadji Costa, mais il est plus français et
par conséquent mieux assaisonné de franche gaîté; il
sent moins la mythologie et plus le progrès. On n'y parle
pas une langue dégénérée mais bien un noble langage qui
a déjà fait le tour du monde, que le fameux Charles-

Quint, qui parlait espagnol à Dieu, italien à ses maîtres-
ses, anglais à ses oiseaux, allemand à ses chevaux, se
réservait pour l'amitié et pour les affaires. Nous buvons
le champagne à la santé des amis, lorsque la musique, qui
faisait la sieste sur le gazon du Namaz-Ghiah, vient nous
avertir du retour du Sultan. Toute la société veut aller où
va la foule.

Après quelques instants de repos, les audiences et
l'expédition des affaires commencent sous la tente. Au
bout de quelque temps, pendant que tout est fête sur ce
plateau, que les figures rayonnent de joie et de bonheur, le noble visage du Sultan semble passer tout à
coup d'un sentiment doux à un sentiment pénible. Sa
Majesté venait de comprendre le télégraphe au nombre
des établissements utiles auxquels elle veut laisser des
marques de sa munificence, lorsque, de ses bureaux,
arrive la nouvelle du désastre dont l'île et la ville de
Rhodes ont été les victimes par suite d'un affreux
tremblement de terre.

En apprenant cette nouvelle, le Sultan, qui a réglé les
affaires de Gallipoli, s'empresse de rentrer à son bord afin
d'aviser au plus tôt à celles des habitants de Rhodes, dont
le malheureux état est si digne de son intérêt.

Le Sultan fait appeler son aide-de-camp Réouf bey,
qu'il sait plein d'intelligence et de zèle et tout-à-fait digne
de sa haute confiance, et, en lui disant la mission qu'il va
avoir à remplir, il lui fait remettre une somme de 500,000
piastres, destinée à pourvoir aux besoins les plus pres-
sants des victimes du fléau. En même temps, Sa Majesté
donne ordre de réunir sur le *Danube* tout ce que l'on

pourra trouver de vivres et de tentes disponibles et autres objets de secours.

Deux heures après, Réouf bey partait pour Rhodes à bord du *Danube* dont l'arrivée offrira aux habitants un double motif de consolation, d'abord celui de recevoir des secours efficaces et ensuite celui de voir de quel intérêt paternel le cœur du Souverain s'est soudainement ému pour leurs malheurs, qu'il promet encore de soulager plus complètement à son retour à Constantinople.

Dans la soirée, nous sommes peu portés à nous réjouir, ne pouvant guère nous empêcher de penser à ce que nous serions devenus si nous nous étions arrêtés deux jours à Rhodes. Qui de nous pourrait, après cela, ne pas croire que le ciel protège le Sultan? Certes, ce ne sont pas les attraits qui ont manqué à la ville de Rhodes et à ses environs, mais l'étoile d'Abdul-Aziz ne nous guidait pas là.

DE GALLIPOLI AUX ILES DES PRINCES.

Le dernier soleil d'avril se lève éclatant de lumière. Il vaut pour nous autant que pour la Hollande et l'Angleterre un de ces soleils de juin qui couvrent leurs sols de l'éclat des tulipes. Nous voguons à sa rencontre. Que de splendeurs il commence à répandre sur cette belle mer de Marmara dont il va nous montrer les charmes à nu! Heureux voyageurs, nous aurons ainsi vu au grand jour, sous les resplendissantes clartés des soleils d'Orient, tout ce qu'il y a de ciels, de mers, de rivages, d'îles, de montagnes, de plaines, de beaux sites à contempler depuis Stamboul jusqu'au Caire. C'est là un bonheur que n'ont pas les touristes ordinaires à qui leurs paquebots ne montrent que de nuit la moitié des merveilleuses beautés de ce long voyage. *Deus nobis hæc otia fecit.* C'est un grand et généreux prince qui nous procure ces loisirs. C'est à lui que nous devons ces faveurs et tant d'autres. Nos yeux étaient las de voir toujours les mêmes choses, nos poitrines, de respirer sans cesse le même air; nous étions à demi-morts. Il nous a conduits en des lieux où nos regards se sont rassasiés de merveilles, où nos pou-

mons se sont abreuvés aux flots d'une atmosphère bien-
faisante; il nous a rendu la vie. Que le ciel conserve et
prolonge la sienne, même aux dépens de la nôtre!

Les pères de la médecine, Hippocrate et Galien, dont
nous venons de saluer les patries, ont-ils mis au nombre
des moyens de guérison, celui que les voyages par mer
offrent à tant d'espèces de malades?

Oh! le beau lac! Il y a des lacs aussi grands que cette
mer qui n'a que cinquante lieues de long et seize ou dix-
sept de large.

Il fut un temps où ces rivages furent barbares. Du côté
d'Asie, les Argonautes les trouvèrent occupés par les
Bébryces, dont le roi Amycus mettait à rançon ou à mort
tous les voyageurs qui y abordaient. Pollux, un des héros
de l'*Argo*, écrasa d'un coup de ceste la figure de ce barbare à Beycos. Du côté d'Europe, ces hardis navigateurs
eurent aussi à combattre les harpies, sans cesse achar-
nées contre le roi Phinée qui avait fait crever les yeux à
ses deux fils. Sur ce versant de gauche, qui s'étend jusqu'aux Balkans et qu'administre en ce moment un
homme dont la droiture et l'énergie font oublier à ce
pays d'antiques avanies, les femmes mettaient en pièces
Orphée sur le tombeau duquel le rossignol chante plus
mélodieusement qu'en aucun lieu du monde. Là aussi les
princesses Philomèle et Progné, qui donnèrent leurs
noms au rossignol et à l'hirondelle, furent indignement
traitées par Térée. A présent encore ce cruel, sous les
plume de la huppe, poursuit ces deux oiseaux, aimés et
respectés des humains. Jadis ce n'étaient que ténèbres et
cruautés dans ces parages.

Mais la lumière qui des bords du Nil et des rivages de la Phénécie s'était répandue en Europe, pénétra enfin vers cette mer dont les bords furent peuplés et civilisés.

Tout autour de ces eaux, au commencement de l'ère chrétienne, florissaient Abydos, Lampsaque, Priapus, Cysique, Apamée, Cionte, Nicée, Nicomédie, Chalcédoine, Chrysopolis, Bysance, Selymbria, Perinthe ou Héraclée, Bysanthe ou Rhodestus.....

C'est à Rhodestus (Rodosto) que régna le malheureux Rhésus, un des derniers auxiliaires des Troyens. Il fallait, pour que Troie pût être prise, que les chevaux de Rhésus, plus blancs que la neige et aussi rapides que les vents, ne bussent pas de l'eau du Simoïs. Ulysse et Diomède les en empêchèrent, en les emmenant au camp grec, après avoir égorgé Rhésus dans son sommeil la première nuit de son arrivée devant Troie.

A Rodosto se reposèrent des agitations de leur vie les hongrois Racotzky, Sebrik et d'Estérazy qui, proscrits en 1711, furent, comme plus tard les compagnons de leurs imitateurs Kossuth et Bem, accueillis et protégés par les Turcs.

Parmi d'autres proscrits célèbres, Thémistocle, Alcibiade, Annibal, fondateur de *Brousse*, qu'il appela ainsi de *Byrsa*, citadelle de Carthage, finirent aussi leurs jours sur ces rivages. Au temps des proscriptions de Sylla, César, qui devait plus tard traverser ces pays en maître du monde, chercha un refuge à la cour de Nicomède, roi de Bythinie. Peu s'en fallut aussi que Bonaparte, dégoûté de Paris après son siège de Toulon et sa première campagne d'Italie, ne vint offrir ses services au premier sultan réformateur. Ses bagages étaient prêts, il allait se mettre en route pour Stamboul, lorsque le coup de vent du 13 vendémiaire emporta son turban. Quelle aurait été aujourd'hui la situation du monde, si, au lieu de relever la France, cet extraordinaire génie fût venu aider à la rénovation de la Turquie!

Ce joli coin du monde servit le plus souvent de passage ou de champ d'arène aux conquérants asiatiques et européens qui armèrent les nations les unes contre les autres. Les vagues, soulevées par Darius et Xercès, avaient passé par ici pour aller se résoudre en écume sur le sol grec. Les contre-vagues d'Alexandre trouvèrent derrière ces îles de notre droite, sur le Granique, leur premier obstacle, qu'elles renversèrent comme elles renversèrent tout jusqu'au delà de l'Indus où elles allèrent expirer.

Après les Perses et les Grecs, Antiochus et Mithridate poussèrent de nouveau l'Asie contre l'Europe. Mithridate, digne héritier pendant quarante ans de la haine d'Annibal contre les Romains, auxquels il la révéla en faisant tuer, dans un seul jour, cent mille de leurs citoyens établis dans ses Etats, avait franchi ces bords pour aller annoncer en Grèce à ses ennemis qu'il ne les reconnaîtrait jamais comme maîtres du monde entier; mais cette fois encore l'Asie fut refoulée sur elle-même, et l'un des plus grands chocs entre elle et l'Europe eut lieu de nouveau près du Granique, à Cysique, dont nous voyons la presqu'île. Lucullus, vainqueur de Mithridate et de ses 300,000 hommes, poussa ses conquêtes jusqu'à *Cerasonte (Kerasoun)*, d'où il apporta à Rome le premier *cerisier (kiras)* que l'on eût vu en Europe. Il y apporta

également les goûts de la philosophie grecque, en même
temps que ceux du faste, du luxe, de la bonne chère, qui
finirent par causer la ruine du peuple-roi.

Mithridate se releva et reconquit tout jusqu'à Nicomédie ; mais Pompée vint achever sa défaite à Angora, à
la même place que Baïazid aura le tort de choisir plus
tard pour engager sa lutte avec Tamerlan.

Alors Mithridate se donna la mort, comme Annibal,
pour ne pas tomber vivant entre les mains des Romains.
Les poisons, auxquels il s'était habitué, n'ayant plus de
prise sur son corps, ce grand roi, qui parloit vingt-deux
langues, se fit tuer par un soldat gaulois. — A cette
époque déjà il y avait dans tout le monde des fils de ce
pays qu'on nomme la France.

César, débarrassé de son rival Pompée, visita encore
ces contrées pour punir Pharnace d'avoir été traître envers
son père Mithridate et rebelle contre les Romains. Ce fut
après la facile victoire remportée sur ce prince près de
Sinope, que César écrivit au sénat ce laconique bulletin :
Veni, vidi, vici (je suis venu, j'ai vu, j'ai vaincu.)

Bysance avait aidé les Romains contre Mithridate, et
en récompense elle jouit d'une indépendance complète
à l'ombre de leur protectorat. Cet âge d'or ne dura que
deux siècles ; et après que le fondateur d'Andrinople eut
semé ses monuments sur le monde ancien depuis la
Bretagne jusqu'en Nubie, qu'Antonin en eut fait l'itiné-
raire *(Itinerarium provinciarum omnium)* et que Marc-
Aurèle, auteur des réflexions morales qui ont pour titre :
« *A moi-même,* » eut justifié ce mot de Platon, « *que
les peuples ne seraient heureux que lorsqu'ils auraient un*

22

philosophe pour roi, « l'empire romain fut mis à l'encan, et l'un des acquéreurs, Septime-Sévère, vint punir Byzance de s'être déclarée en faveur de Pescennius Niger, un de ses trois rivaux ; il assiégea cette ville et finit par la raser de fond en comble.

Caracalla et Constantin relevèrent Byzance à laquelle le second donna son nom (Constantino-polis). Comme le paganisme était alors plus vivace à Rome que partout ailleurs, Constantin choisit Byzance, ville toute nouvelle, pour en faire la capitale de l'empire romain, qu'il voulait rendre chrétien. Licinius, son collègue à l'empire, tenait pour le paganisme. Constantin le battit pour la dernière fois entre Chalcédoine et Chrysopolis (Haydar pacha), tandis que son fils Crispus détruisait la flotte païenne à Gallipoli.

Après Constantin et Théodose, l'empire devint plus grec que romain et ne produisit plus guère que St-Jean Chrysostome, l'Homère des orateurs, Bélisaire, qui extermina les Vandales, exterminateurs des nations, Anthémius, qui éleva Ste-Sophie, Justinien, qui réunit en corps les lois romaines, appelées *la raison écrite.*

Ce fut ici que, l'empire étant encore romain, le christianisme triompha du paganisme et se donna ses premières constitutions. Sept des neuf premiers grands conciles furent tenus à Nicée, à Chalcédoine et à Constantinople. C'est à Nicée que fut dressé le *Symbole des Apôtres,* qui divisa les Catholiques et les Orthodoxes après que Photius, patriarche de ces derniers, eut fait son *Adversus latinos, de processione Spiritûs sancti*

Le schisme ne fut pas sans doute agréable au Dieu du

credo puisqu'il permit que le Bas-Empire fût plus que jamais insulté et morcelé par les Barbares, et détruit par les Latins avant de l'être définitivement par les Musulmans.

L'Islamisme choisit ces beaux lieux pour se retremper d'une nouvelle vigueur. Après l'éclat qu'il avait jeté sous les premiers califes, sous les Ommiades, les Abbassides et les Fatimites, le califat était devenu, sous les Seljoukides et les Mamelouks, ce que la royauté fut en France sous les maires du palais mérovingiens. En brillant à la fois à Bagdad, au Caire et à Cordoue, l'Islamisme semblait avoir épuisé son foyer de lumière et de chaleur, lorsqu'autour de ce mont Olympe, dont les sommets éblouissent nos regards, éclate une ferveur nouvelle. Il y eut bientôt autant de mosquées, de tekkés et de tombeaux de saints musulmans qu'il y avait d'églises (365 sur le Bosphore), de couvents et de tombes chrétiennes dans Constantinople et ses environs.

Ils ne formaient guère que 400 familles agricoles et guerrières, ceux qui, se précipitant du haut de ces monts, de cette Byrsa nouvelle, fondirent comme Annibal sur les états de la nouvelle Rome, et, sans rencontrer de Capoue, conquirent tout, Andrinople et Constantinople sur les Grecs, et le reste, sur les Génois, les Vénitiens, les Florentins, les Seljoukides, les Serviens, les Bulgares, les Vlaques, les Petchenègues et autres, qui se disputaient par lambeaux les restes du pauvre Bas-Empire, comme des essaims de goëlans, de cormorans et de mouettes se disputent ceux d'une bête morte flottant sur le Bosphore. Dans leur impétueux élan, ils franchirent le canal d'Otrante, visitèrent le *campo di sangua* de Cannes et firent trembler la véritable Rome; mais, comme Annibal et Attila, ils s'arrêtèrent devant la ville éternelle contre laquelle les portes mêmes de l'enfer ne doivent pas prévaloir.

Qu'enlevèrent les Ottomans aux Grecs? pas la valeur du royaume hellénique et des îles que l'on a rendus à leurs héritiers; ils avaient déjà tout perdu. Leurs possessions, à cette époque, ne renfermaient guère que Constantinople et Andrinople, vingt ou trente bourgades voisines et deux districts de la Morée.

Ces conquêtes assurèrent à l'Orient un calme qu'il n'avait jamais connu. L'antique Bysance, qui avait eu à soutenir jusque-là vingt-sept siéges, à peu près deux par siècle, respira enfin, et depuis plus de quatre siècles son repos n'a pas été troublé.

Les conquérants firent bon accueil aux chrétiens qui embrassèrent leur croyance; mais ils respectèrent toujours ceux qui voulurent persévérer dans leur religion; ils leur laissèrent les églises nécessaires et leurs écoles, leurs lois civiles et religieuses, leurs biens et le droit de les travailler; ils leur accordèrent le privilége de se gouverner eux-mêmes par leurs patriarches; ils ne leur imposèrent qu'un faible tribut et les exemptèrent de l'impôt du sang, exemption dont aucun peuple n'a joui ni avant ni après.

Aux étrangers, les conquérants concédèrent des priviléges tels qu'aucun état n'en a jamais octroyé de si favorables à ses habitants non-nationaux: il fut permis à toutes les nations d'Europe de se former chacune un État dans l'État Ottoman.

Quoi qu'en aient dit et qu'en disent encore quelques publicistes d'Europe, on vit libre, tranquille et heureux en Turquie. S'il en était autrement, est-ce que les colonies européennes y seraient si nombreuses et si prospères? Est-ce que le cinquième au moins des habitants du royaume hellénique viendraient chercher ici les moyens de vivre et de s'enrichir? Sont-ce les terres qui manquent, là-bas, aux Hellènes? Ce sont plutôt eux qui manquent aux terres. Les Belges, qui n'ont que le quart du territoire héllénique, bien plus favorisé que le leur, et qui forment une population quatre fois plus nombreuse que celle de la Grèce, savent être heureux et respectés chez eux. C'est qu'ils sont sages, laborieux et industrieux, et qu'ils ne passent pas tout leur temps à faire des discours et des projets, à chercher des places et autre chose.

La vie est plus splendide ailleurs qu'en Turquie ; mais elle est aussi plus courte. Je suis persuadé qu'il y a plus de centenaires sur les versants de ce bassin, qu'il n'y en a dans toutes les villes manufacturières d'Angleterre et de France. Lequel des deux est à préférer, de vivre bien et peu, ou de vivre moins bien et plus longtemps? Le philosophe Lafontaine répond :

> Mieux vaut goujat debout qu'empereur enterré...
> · Plutôt souffrir que mourir,
> C'est la devise de l'homme...
> Mécénas fut un galant homme.
> Il a dit quelque part : qu'on me rende impotent,
> Cul-de-jatte, goutteux, manchot, pourvu qu'en somme
> Je vive, c'est assez. je suis plus que content.

Vivre beaucoup est, ce me semble, une preuve que l'on
ne vit pas trop mal. La vie orientale est cette vie simple
que les philosophes et les vrais poètes ont toujours
vantée.

> *O fortunatos nimiùm sua si bona norint*
> *Agricolas !*
>> (Trop heureux le laboureur
>> S'il connaissait son bonheur !...)
> Heureux qui vit content du lait de ses brebis
> Et qui de leur toison voit filer ses habits !...
> Ni l'or ni la grandeur ne nous rendent heureux.
>
> .   .   .   .
>
> L'humble toit est exempt de tout trouble funeste ;
> Le sage y vit en paix, et méprise le reste.
> Approche-t-il du but, quitte-t-il ce séjour;
> Rien ne trouble sa fin : c'est le soir d'un beau jour.

Activez un peu cette vie simple par un plus grand
mouvement agricole, industriel et commercial, et elle
sera le *nec plus ultrà* du bonheur des populations orientales ; mais n'excitez pas en elles des besoins et des goûts
qui n'ajoutent rien au vrai bien-être de l'homme.

Ce fut pour avoir rompu avec leurs mœurs simples
qu'un philosophe adressa cette apostrophe aux Romains :

« Que sont devenus ces toits de chaume et ces foyers
rustiques qu'habitaient jadis la modération et la vertu?
Quelle splendeur funeste a succédé à la simplicité
romaine ?... Que signifient ces statues, ces tableaux, ces
édifices ?... Insensés! qu'avez-vous fait ?... C'est pour
enrichir des architectes, des peintres, des statuaires et
des histrions que vous avez arrosé de votre sang la Grèce

et l'Asie!... Romains, hâtez-vous de renverser ces amphi-
théâtres, brisez ces marbres, brûlez ces tableaux, chassez
ces esclaves qui vous subjuguent et dont les arts funestes
vous corrompent.... »

Grands promoteurs du progrès, qui voulez tant que
tous les peuples marchent avec vous, trouvez donc le
moyen d'aller non-seulement mieux et plus vite mais
encore plus longtemps, et tout le monde vous suivra.

Oh ! que l'on est bien en Turquie lorsque l'on y assiste
à des spectacles tels que celui qui charme nos regards
depuis le commencement du jour ! Quel théâtre ! La
mer en forme la scène, le ciel en dessine la voûte, le soleil
l'illumine, la nature l'embellit de ses inimitables décors.
D'un côté, l'Europe nous montre, entre ciel et eau et en
miniature, ses lointains successivement relevés par les
murs blancs de Rhodosto, d'Eregli et de Silyvrie. L'Asie
déploie de plus près à notre vue ses îles dont la reine est
Marmara aux rochers escarpés, et plus loin, sa presqu'île de Cysique, ses collines et ses monts que domine,
après l'Ida, l'orgueilleux Olympe. Que de poésie, que de
charmes se jouent au sein de ces magnificences ! On
dirait que les rayons du soleil lancent des feux de
diamant.

Le puissant machiniste qui varie nos tableaux, c'est la
vapeur qui emporte en avant, mollement, sans bruit et
sans secousses, nos stalles et nos loges.

Nous voici au bouquet, au dénouement : la scène
s'est élargie et arrondie. San-Stéphano, Stamboul et
Scutari attirent nos regards à gauche. Au fond, les monts
qui entourent Ismid, nous dessinent les contours de son

golfe que les îles des Princes nous dérobent. Notre globe a-t-il autre part quelque site qui offre autant d'enchantements qu'au déclin d'un beau jour ce coin de mer de droite où Bous-Bouroun projette sa grande pointe, où s'ouvre le golfe de Moudania, où Panderma se mire dans les flots comme autrefois Cyzique, où l'heureuse île de Kalolimno (beau port) s'étend de tout son long ?

O Stamboul, salut ! Nous te revoyons enfin ! On dirait que, pour nous recevoir plus belle, tu as reblanchi tes murs et tes tours, repoli tes coupoles, exhaussé tes minarets, redoré tes alems ! Sans doute tu as déjà cru au bonheur de nous souhaiter la bienvenue ce soir, mais l'Asie nous retient encore. Tu le vois, le *Féizi-Djéhad* est allé chercher son repos de cette nuit sous le beau ciel des îles des Princes. Nous l'y suivons. A demain, sans plus de retard. Demain nous volerons dans tes bras et, comme la mère qui revoit son fils après les tourments d'une longue absence, tu nous diras, délirante de bonheur et de joie : « Oh viens, mon fils bien-aimé ; viens te reposer sur mon sein, âme de mon corps, lumière de mes yeux, écho de mes oreilles ! Où étais-tu ? Qu'est-ce qui a pu te retenir si longtemps loin de moi ? Que de larmes tu m'as fait répandre ! que de craintes, que de maux tu m'as causés ! Mais la joie des pleurs dont je te baigne me fait oublier l'amertume de ceux que j'ai versés sur ton absence et si mon cœur a battu de crainte, il bat de bonheur en ce moment. Ne t'en va plus, ne me quitte plus. Si tu veux être aimé, je t'aimerai à la folie ; si tu veux des fêtes, je t'en donnerai dont rien au monde ne saurait égaler la magnificence.»

Le soleil, en nous quittant, nous paraît plus beau encore qu'en aucun de nos récents mouillages. C'est ici que les Princes du Bas-Empire venaient prendre leurs ordinaires ébats ; les Princesses y fondaient des couvents, et les pères des Princes et des Princesses y bâtissaient des prisons pour ceux qu'ils ne voulaient pas punir d'une peine trop sévère.

A nos distractions ordinaires, s'ajoutent bientôt celles que nous apporte le *Kilidj-Ali,* arrivé de Constantinople. A son bord se trouvent les hauts fonctionnaires qui ont gardé Constantinople et gouverné l'empire pendant notre voyage, les pachas Aali, Kiamil, Moustafa, Safet, Omer, Edhem, Kiani, Halil. Ils viennent se jeter aux pieds du Sultan et lui disent la fidélité et le dévouement de Constantinople, les regrets qu'elle a eus de l'absence de son bien-aimé Souverain et la vive impatience où elle est de le revoir et de lui exprimer son hommage. Heureux et satisfait, Abdul-Aziz raconte à ses fidèles ministres quelques-unes des joies de son voyage et les retient à son bord, d'où ils iront passer le reste de la nuit au kiosque de l'Ecole Navale dans l'île de Khalki.

RENTRÉE A CONSTANTINOPLE.

Joli mois de mai, salut ! salut, heureux mois de Marie!
ton retour me remet en souvenir un de mes *devoirs* de
Troisième, un devoir d'il y a sept lustres, ou plutôt neuf
olympiades. Il commençait ainsi :

> *Maïus adest ; da, serta, puer; sic sancta vetustas*
> *Instituit, prisci sic docuére patres.*
>
> Mai vient : offre, enfant, des fleurs chères.
>
> Ainsi l'a décrété
>
> La sainte antiquité,
>
> Ainsi l'ont enseigné nos pères.

Tout est donc antique dans notre monde : les bouquets du premier mai, les pots cassés du premier mars,
les étrennes du premier de l'an, les saturnales du carna-
val, les augures des bohémiennes, leur culte pour les
fèves, l'influence des étoiles, les visites aux fontaines
sacrées, la crainte d'une pie, d'un corbeau, d'une comète,
du mauvais œil....

Des sommets arrondis de la Montagne du Monde
(Alem-daghi), le soleil prend son élan vers l'éclatante

voûte d'où il va verser toutes ses splendeurs sur la plus belle et la plus douce des fêtes. Oh! qu'il est majestueux !

Environné de lumière,
Cet astre ouvre sa carrière
Comme un époux glorieux,
Qui, dès l'aube matinale,
De sa couche nuptiale
Sort brillant et radieux.

—

L'univers à sa présence
Semble sortir du néant.
Il prend sa course, il s'avance
Comme un superbe géant.
Bientôt sa marche féconde
Embrasse le tour du monde
Dans le cercle qu'il décrit,
Et par sa chaleur puissante,
La nature languissante
Se ranime et se nourrit.

La harpe de David chantait ces poésies en langue hébraïque deux ou trois siècles avant que la lyre d'Homère modulât les siennes en langue hellénique; et les poètes qui demandaient à Jupiter leurs inspirations n'égalèrent jamais les chants du Roi-Prophète inspiré par Jéhovah!

Nous ne sommes plus que le *Féizi-Djéhad*, le *Medjidié* et le *Taïf*.

A dix heures et demie, nous partons des Iles. Cette fois encore nous avons l'air d'éviter l'entrée du Canal que

trois petits vapeurs de l'Amirauté, remorquant une infinité de barques, semblent vouloir nous barrer. Tout cela,
posté en ligne vis-à-vis de Fener-Baghtché, est armé de
canons et de fusils ; et aussitôt que nous approchons,
leurs feux commencent et engagent un petit combat
naval. Il est fâcheux que nos paixhans ne puissent pas
riposter, le jeu serait complet. Si cette flotille nous était
hostile, les palettes de nos six puissantes roues l'auraient
bientôt broyée; mais elle n'est là que pour nous présenter les premiers saluts.

La proue du yacht impérial est tournée non vers Bechik-Tach, notre destination, mais sur Zéitin-Bournou.
Est-ce que nous allons entreprendre un second voyage?

Après la flottille tonnante, nous en rencontrons une
autre plus brillante, plus richement pavoisée, qui ne fait,
en nous voyant, que nous envoyer des hourrahs et des
chants de prières. Celle-ci se compose de onze bateaux à
vapeur appartenant à la Compagnie Chirkéti-Haïriié ou
à celle des remorqueurs du Bosphore. Ceux qui veulent
pouvoir dire : « C'est nous qui avons les premiers salué le
Sultan, » ont loué ces bateaux. C'est surtout Péra et Galata
qui ont envoyé ces aimables députations à notre rencontre. Il y a là de nombreux chapeaux qui s'agitent
en signes de saluts de joie ; il y en a aussi un grand nombre de ceux que l'on n'ôte jamais pour saluer, les aimables têtes qui les portent ayant d'autres manières de faire
les plus gracieux saluts.

Les chrétiens sujets de l'empire, impatients de faire
entendre au Souverain les actions de grâces qu'ils rendent au ciel pour son heureux retour ainsi que leurs vœux

pour la conservation de sa chère vie, ont également frété quelques-uns de ces bateaux et les ont chargés de chœurs d'enfants ; et ces enfants, vêtus de blanc, la tête nue sous le soleil, sont là chantant leurs hymnes d'un enthousiasme qu'accroît encore celui des prêtres et des précepteurs qui les entourent. En pareille circonstance, qui ne se plaît à voir ceux dont Jésus a dit : « laissez-les venir à moi ?» qui n'aime à entendre leurs innocentes voix appelant sur la terre les faveurs d'en-haut? Abdul-Aziz regarde tous ces enfants et se promet de ne pas les oublier.

Les Arméniens, nombreux à Coum-Kapou, à Iéni-Kapou, à Psamathia, quartiers riverains des belles eaux que nous sillonnons, sont les mieux représentés à cette intéressante manifestation. On pourrait craindre de voir couler sous sa charge le bateau qui porte leurs enfants, si l'on ne pensait que Dieu les sauvera du danger en leur tenant compte du pieux devoir qu'ils accomplissent et auquel s'associe toute la nation. Il est probable que le patriarche des Arméniens, qui réside à Coum-Kapou, est sur quelque point de la côte à lire ou à chanter des prières entouré de son clergé et de ses ouailles. Parmi les sujets chrétiens de l'Empire, les Arméniens, paisibles, laborieux et industrieux, se distinguent par leur fidélité et par leur dévouement.

La cheminée aérienne du haut fourneau de Zéitin-Bournou semble servir de point de mire à notre direction. Arrivés à quelque distance de la côte, nous nous voyons accueillis par des salves d'artillerie, tonnant de toutes parts. Alors, nous virons de bord et prenons enfin la route que l'on suit pour entrer dans le Bosphore. Tous les quartiers qui occupent ce revers méridional des collines de Stamboul, nous saluent, et nous répondons à leurs politesses en passant devant eux à petite vapeur.

La flotille-amateur nous escorte, déployant tout son zèle pour nous égaler en vitesse. Les chants des uns et les vivat des autres ne cessent pas.

A l'entrée du Bosphore, entre le grand phare et la caserne de Sélimié, nous marchons entre deux feux. Les rives d'Europe et d'Asie, hérissées de canons et de carabines, du Phare à la pointe du Sérail et de Harem-Skélessi à Chemsi-Pacha, tirent et acclament à qui mieux mieux. L'Ecole Militaire, l'Ecole du Génie, l'Ecole de Médecine, ainsi que leurs Écoles Préparatoires, sont là rangées sur le quai de gauche, qui nous lancent leurs jeunes vivat et nous font les premiers *temennas.* Pépinières du vrai progrès, elles ont bien choisi leur place sur le quai de Gul-Hané où fut solennellement proclamée la première grande charte ottomane. A leur suite, des bataillons d'élite qui couvrent les quais du Sérail, exécutent des feux continuels. Nous arrivons ainsi salués entre la pointe de Top-Kapou et la Tour de Léandre.

Là, aux charmes toujours pleins de grandeur et de grâce du panorama, unique au monde, que la nature y a créé, s'ajoutent les merveilles de la plus magnifique des fêtes que Constantinople ait données à ses Sultans. Tout Stamboul, tout ses faubourgs, tout Galata, tout Péra, tout Scutari, l'Europe et l'Asie, tout ce qui vit, au cœur de l'Empire, est là, sur les quais, aux fenêtres, sur les toits, sur les ponts des bateaux à vapeur ou des navires du commerce, dans des caïks et autres embarcations dont le nombre dérobe la mer à notre vue, à tel point que, si deux lignes de canots de la marine impériale ne nous traçaient la voie, nous ne saurions comment ni par où passer sans risquer de faire du mal à ceux qui nous veulent tant de bien. Les bouquets, les banderoles, les oriflammes, les drapeaux, agités par des mains enthousiastes, les ornements les plus variés, les pavois des tours, des maisons voisines et des navires du rivage, composent les décors de cette scène magnifique.

En entendant ces frénétiques saluts, ces explosions joyeuses d'armes à feu, ces retentissants *tchoq yacha*, ces innombrables tonnerres sortis des flancs des vaisseaux, des batteries du Bosphore, de la Corne-d'Or et des places d'armes de la ville, une émotion profonde gagne les cœurs ; et, à travers des nuages d'encens mêlés à des nuages de poudre, au milieu des plus ardentes démonstrations populaires, nous avançons vers la résidence impériale, où déjà la joie a éclaté à l'aspect lointain de la bannière des Sultans qui flottait au haut du grand mât du *Féizi-Djéhad*, fier de rapporter à son peuple un Souverain bien-aimé.

Au moment où le yacht impérial va jeter l'ancre à la vue et au sein de ces flots vivants qui se sont amoncelés, en ce coin de mer, sur ces quais et sur ces places, plus que partout ailleurs, les voix humaines, les bouches d'airain et de fer, les instruments de musique, tout ce ce qui peut produire une expression ou formuler un vœu, tout semble se réunir pour faire explosion à la fois !

Telles durent être, aux jeux isthmiques où les Ro-

mains proclamèrent l'indépendance des Grecs, ces longues et fortes acclamations qui firent, dit-on, tomber des
hauteurs de l'atmosphère des corbeaux incapables de
continuer leur vol dans un air fendu et percé si rude-
ment en tant d'endroits à la fois. Tels furent sans doute
les transports d'allégresse à Rome au moment où Trajan
y fit son entrée triomphante : « Hommes et femmes, jeunes gens et jeunes filles, vieillards et enfants, les plus
jeunes haussés en l'air par leurs pères ou par leurs mères,
tout le monde, dit Pline, voulait contempler les traits de
l'auguste et *très bon* Empereur. » C'est que Trajan était
cher aux Romains, moins par ses qualités guerrières (ils
n'avaient plus besoin de conquêtes), que par les vertus
les plus propres à honorer la nature humaine et à rendre
les peuples heureux. « C'est un bonheur, dit le sévère
Tacite, d'être né sous un tel prince ; tous les cœurs
volent au devant de lui, et sa vue seule est un bienfait. »

C'est Trajan qui, en remettant au premier préteur qu'il
créa l'épée, signe distinctif de sa charge, lui dit : « re-
cevez cette arme et servez-vous-en, sous mon règne,
ou pour défendre en moi un prince juste, ou pour punir
en moi un tyran. » Ce bon prince avait coutume de dire
que *le fisc est dans l'Etat ce qu'est dans le corps humain
la rate, qui ne peut croître sans que les autres membres en souffrent et tombent dans l'amaigrissement.* Sur
les bords du Danube, un des fils de l'empereur eut
le malheur de tuer, par un écart de son cheval, l'unique
enfant d'une pauvre veuve. Trajan ne savait que faire
pour consoler cette malheureuse mère ; après lui avoir
accordé ce qu'elle demandait, il lui donna encore son

propre fils; trait de justice que la peinture a éternisé. La
colonne trajane, imitation de quatre à cinq mètres de
hauteur, orne, au palais impérial, l'un des bouts de l'appartement ordinairement occupé par le Sultan Abdul-
Aziz. Les Antonins furent d'excellents souverains. N'aimant pas la guerre, ils ne s'occupèrent qu'à consolider
les conquêtes précédemment faites et à assurer le bien-
être de leurs sujets en mettant un frein à la rapacité des
gouverneurs des provinces. L'un d'eux, Antonin-le-Pieux,
second successeur de Trajan, se plaisait à répéter ces
paroles : « *J'aime mieux conserver un seul citoyen, que de
tuer mille ennemis.* » Puissent peu à peu tous les Souverains s'accoutumer à penser ainsi! Un jour cela sera si les
peuples s'habituent à les fêter avec plus de cœur pour des
conquêtes pacifiques qui raffermissent les Etats et assurent le bonheur des nations, que pour des victoires qui
coûtent du sang et ne font qu'entretenir la crainte ou
l'inimitié chez les voisins.

Bientôt, au milieu du calme qui s'est fait, sous cette
magnifique voûte des cieux redevenue transparente et
sereine, les voix des muezzins font à leur tour résonner
le nom d'Allah dans les champs de l'espace et appellent
les musulmans à la prière solennelle du vendredi.

Abdul-Aziz, ne portant que les plaques et le cordon de
ses ordres et son sabre, monte sur son canot de parade,
et, au lieu de se diriger vers son palais, se rend tout
droit à la mosquée de Top-Hané, fondée par son père
Mahmoud. Sur tout ce trajet, la mer n'est plus cette
plaine liquide ordinairement unie comme une glace ; elle
s'est transformée en une vaste arène où des milliers de

spectateurs applaudissent, des pieds et des mains, de la voix et du geste, par toutes sortes de transports, l'auguste personnage qui, en ce jour, excite leur plus vif intérêt. Ils se jetteraient sur son passage pour baiser les pans de son manteau impérial, si les canotiers du capitan-pacha, qui tient toujours le gouvernail du canot de Sa Majesté, ne les arrêtaient du double rempart de leurs embarcations, sur lesquelles ils se tiennent debout, les rames levées en signe de salut.

Les acclamations redoublent, les salves recommencent. Sur les eaux de Top-Hané, sur son beau parc d'armes, sur ses terrasses, une grande émotion pénètre la foule avide de tout voir. Jusqu'ici elle avait promené ses yeux avec curiosité et plaisir sur cet ensemble de riches et brillants costumes, réunis sur la place d'armes entre la mosquée et l'échelle. Tous les services publics, civils, militaires et religieux, sont représentés là par leurs hauts fonctionnaires en grand uniforme. Si les officiers généraux de l'armée et de la marine, ainsi que les dignitaires civils, frappent plus par l'éclat de l'or et de l'argent, les représentants de la magistrature et du culte attirent surtout l'attention par leurs longues toges unies et par les turbans si élégants et si artistement enroulés qui encadrent leurs belles et graves figures. En voyant les sénateurs romains sur leurs chaises curules, le député de Pyrrhus, Cynéas, disait qu'ils lui paraissaient une assemblée de rois. A voir le cheikh-ul-islam, les casi-askiers, les grands mollahs, les muftis, les muderris et autres oulemas élevés, on les prendrait pour un conseil de souverains pontifes imposant à la foule par leur tenue, leur gravité et la sagesse de leurs enseignements.

Le Sultan arrive enfin à l'échelle. Debout dans son canot et prêt à sortir, il regarde et admire un superbe arc de triomphe élevé à quelques pas du débarcadère et décoré de tous les attributs de l'artillerie et du génie; il sourit, peut-être à la pensée que le monument est l'œuvre du grand-maître Halil pacha, qui, ordinairement, ne lui fait que des surprises utiles et se montre, par sa prodigieuse activité et par ses importants services de tout genre, digne de sa haute confiance.

La belle et noble figure d'Abdul-Aziz, qui vient de s'épanouir sous l'abondante moisson de pieux hommages recueillis dans son trajet, apparaît, rayonnante de majesté, de contentement et de bienveillance. Les ministres et les grands dignitaires, rangés sur deux longues files, s'inclinent à la fois faisant un profond *temenna*; et toute la place et toute la mer saluent aussi par d'éclatantes et longues acclamations. Le Sultan, dont le front brille de bonheur, s'avance, en disant: «Je suis content de mon voyage, je suis content de vous, je suis heureux de retrouver mon peuple, dont l'accueil comble mon cœur de joie.» Il aperçoit, en passant, l'équipage de son auguste mère et va au plus vite se montrer à son impatience dans le kiosque de la mosquée. Ensuite a lieu la prière solennelle, après laquelle le kiatib (prédicateur), au milieu d'un immense concours d'assistants, invoque le ciel en faveur du bien-aimé Souverain que sa bonté providentielle vient de ramener au sein de sa capitale.

Aussitôt que le Sultan reparaît sur le perron de la mosquée, les clairons donnent le signal, et le cortége, prêt à accompagner le Souverain jusqu'à son palais de

Béchik-Tach, s'ébranle au son des musiques, au bruit des salves, aux cris et aux applaudissements de la foule, toujours et partout compacte et animée. Constantinople est la reine des cités que nous venons de visiter; le cortége de ce jour est le plus splendide que nous ayons jamais vu. Y en eut-il jamais d'aussi complet par le nombre, par l'éclat et par la variété des costumes, d'aussi beau d'ordre et de tenue, d'aussi imposant par ce rayonnement de joie qui s'établit entre ceux qui le composent et ceux qui saluent son passage? Cette multitude de fiers coursiers arabes qui lui impriment le mouvement, semblent eux-mêmes partager l'allégresse de ceux qui les montent, ou les contemplent. Qu'ils sont nobles d'allure et d'entrain! Caraboulout surtout, le cheval blanc de l'Empereur, se montre fier des hommages rendus à son auguste cavalier.

> Cet enfant du désert a le port plein d'audace,
> Sur ses jarrets pliants se balance avec grâce.
> . . . .
> Il a le ventre court, l'encolure hardie,
> Une tête effilée, une croupe arrondie:
> On voit sur son poitrail ses muscles se gonfler
> Et ses nerfs tressaillir et ses veines s'enfler.
> Quand parfois le clairon de plus près le réveille,
> On le voit s'agiter, trembler, dresser l'oreille;
> Son épine se double et frémit sur son dos;
> D'une épaisse crinière il fait bondir les flots;
> De ses naseaux brûlants il respire la guerre;
> Ses yeux roulent du feu, ses pieds creusent la terre.

Les troupes qui ouvrent la marche, ou qui la ferment sont plus nombreuses que d'ordinaire et portent des

uniformes plus éclatants et plus variés, uniformes de
gardes-du-corps, de sipahis, de zouaves, de cosaques
même. Les militaires qui font la haie des deux côtés de
la voie n'ont ni moins de dignité ni moins d'éclat. Tous
ont un aspect et une tenue qui ravissent l'œil. Il semble
que l'armée ottomane ait été renouvelée, hommes et
costumes.

Ce qui se fait remarquer aussi, c'est le zèle qu'ont
déployé les quartiers turcs de Salih-Bazar, Fundekli et
Caba-Tach pour faire de leur rue une voie triomphale.
Ils l'ont entièrement sablée, ce qui n'empêche pas qu'en
plusieurs endroits les habitants n'étendent des tapis sous
les pas du coursier qui porte le précieux objet de leurs
hommages; ils l'ont coupée de plusieurs arcs de triomphe, et parée des deux côtés de verdure, de fleurs, de
fruits, de drapeaux, d'étoffes diverses, comme il font
des vestibules des maisons où ils conduisent pour la
première fois leurs nouvelles mariées. Tout cela a de la
variété, de la grâce, et attire les regards.

Ce qui ne les attire pas moins encore, c'est l'ardent
empressement des populations à saluer et à fêter le passage du Sultan. Ce n'est plus cette retenue musulmane
qui agit du cœur et de l'âme plus que de la voix et du
geste. Les Turcs, entraînés peut-être par l'exemple des
chrétiens qui sont venus se mêler parmi eux, font entendre des acclamations et des hourrahs.

Les princes Mourad, Hamid et Rechad, qui occupent
dans le cortége les premières places auprès du Sultan et
en qui la foule voit reproduits tous les beaux traits de
la noble famille d'Osman, ont aussi leur juste part dans

ce glorieux tribut d'hommages. L'air de grandeur et de bonté qui respire en eux les fait chérir et honorer.

De Caba-Tach, le point le plus favorable, avant Dolma-Baghtché, au déploiement de l'escorte, un artiste pourrait faire, posté sur l'échelle des bateaux à vapeur, le tableau le plus gracieux, le plus admirable. Des milliers de dames turques, entourées de milliers d'enfants, ont pris place sur ces rampes, sur ces terrasses, sur ces parapets qui forment là comme un amphithéâtre, dominant la rue, le quai et cette jolie mer où le *Féïzi-Djéhad*, qu'on prendrait pour un grand sylphe prêt à s'envoler dans les espaces, se repose dans sa grâce et dans sa majesté. Les couleurs ne manqueraient pas de variété ni les poses d'animation, surtout au passage du Sultan. Non-seulement tous les regards vont à lui, mais aussi tous les cœurs. On dirait que les femmes veulent, comme les hodjas qui soufflent sur les malades pour les guérir, s'approcher pour chasser toute influence maligne de cette tête auguste et chérie pour laquelle elles font les plus ardentes prières.

Dolma-Baghtché est également la reine des places. Que de monde entre la façade des écuries impériales et la mer, entre la porte du théâtre et les grilles du palais, derrière lesquelles s'élèvent les touffes fleuries des parterres de cette belle résidence! Ici, plus qu'en aucun autre lieu, apparaît cette assimilation des nations, qui, différentes de croyance, sont toutes unies par un même sentiment de respect et d'hommage envers le Souverain qui, comme le soleil, répand également sur tous les habitants de son empire les rayons de sa protection et de sa bienveillance. Écoles turques, écoles juives, écoles chrétiennes, arméniennes, grecques, catholiques, des frères de la doctrine chrétienne, des sœurs de charité, chapeaux européens, toques ottomanes, iachmacs de Stamboul, capotes de Paris, tuniques d'Asie, habits d'Europe, tout est là côte à côte sous l'influence des mêmes sentiments, aux portes du palais des Sultans, sous les yeux d'Abdul-Aziz, qui accueille avec la même satisfaction les vives félicitations et les vœux ardents que chacun de ces groupes lui envoie dans sa langue, dans ses diverses manières d'exprimer l'ardeur de ses sentiments. C'est le terme du voyage, et le tableau qu'offre Dolma-Baghtché, peut être considéré comme le bouquet de ces élans du cœur et de l'âme dont musulmans et non-musulmans, nationaux et étrangers, n'ont cessé de saluer le Sultan Abdul-Aziz dans ces longues et mémorables excursions.

De la place à la porte monumentale du palais, il y a encore quatre ou cinq cents pas à faire sur la belle chaussée, bordée de quatre rangées d'arbres, qui longe cette vaste résidence impériale. Là, l'attention du Sultan est surtout attirée par le coteau qui s'élève à gauche, entre la route et les premières maisons de Béchik-Tach. Il avait laissé ce coteau tout raviné et couvert de masures, et il le retrouve nivelé et arrondi comme le sol d'un jardin. Sur cette surface unie et bombée nous remarquons que l'on a disposé, pour luire la nuit, des inscriptions à la louange de celui qui ramène la vie en ces lieux.

Abdul-Aziz rentre enfin dans son palais. Là, avant

de se montrer à la famille impériale, il reçoit encore les hommages et les vœux de tous les hauts mandataires de son autorité; il reçoit également les respectueuses et sincères félicitations des représentants des puissances alliées et amies, dont les bateaux stationnaires, après avoir pris part aux réjouissances publiques de l'arrivée, étaient venus mouiller près du palais. Jamais peut-être encore assemblée si nombreuse, si belle, si animée de nobles et bons sentiments, n'avait gravi l'escalier couleur de feu, et rempli la magnifique salle des grandes réceptions pour déposer le plus sympathique et le plus pur des hommages aux pieds d'un Sultan heureux de se voir ainsi apprécié et aimé.

Quelques instants après le passage du Sultan, la Sultane Validé recueille, dans le même trajet, les pieuses félicitations de la foule sur son bonheur d'avoir revu ce fils glorieux qu'elle chérit si tendrement.

Puis, cette universelle allégresse, si bruyante tout-à-l'heure, s'en va, toujours animée mais plus calme, onduler dans toutes les rues et dans toutes les maisons de cette superbe et vaste capitale des Sultans. Des centaines de compagnons de voyage l'alimentent déjà de mille et un récits bien plus intéressants que ceux que je viens d'écrire.

UNE EXCURSION SUR LE BOSPHORE

A NEUF HEURES DU SOIR.

Se reposer ! Et le peut-on, lorsque ceux qui n'ont rien vu pendant notre absence, veulent voir maintenant par nous et avec nous ? Et d'ailleurs, pourquoi le Bosphore s'est-il fait si brillant, et Constantinople, si belle, si ce n'est pour être regardés et admirés ? *

Nous voici donc au sein de cette féerie. O Venise, revêts-tu quelquefois tant de splendeur ? des rives, ornées de superbes palais, ne te manquent pas ; tu as aussi, comme nous, des gondoles parées, illuminées, promenant sur les flots des chœurs de voix, de harpes, de cithares et de lyres qui remplissent l'air des plus suaves harmonies. Mais as-tu des voies liquides aussi longues, aussi spacieuses que le Bosphore, que la bouche de Marmara, que la Corne-d'Or? As-tu, au centre, un rond-point tel que celui que bornent la Pointe du Sérail, la Tour de Léandre et le brillant palais de Béchik-Tach? As-tu une nombreuse et belle flotte qui s'y déploie tout à l'aise, étalant à la vue des palais ses élégantes et vigoureuses formes et ses grands mâts qui touchent les nues ? As-tu, tout autour, ces collines aériennes qui rapprochent du ciel les hommages enflammés des mortels? As-tu ces lointains élevés dont les couronnes de feu

semblent de brillantes constellations ajoutées à la voûte
céleste? As-tu cet immense horizon de flammes dont les
clartés flottent sur l'eau, se jouent sur les quais, gravis-
sent les collines, les toits, les minarets et les tours qui les
dominent, et de là s'élancent dans l'espace ou vont se
perdre au fond des lointaines vallées? As-tu le ciel poétique de l'Orient? As-tu une mer qui, sans être agitée
ni par les vents ni par les astres, court, comme un fleuve,
vers le sud le long d'une rive, et vers le nord le long de la
rive opposée? Oh! l'Orient est toujours l'Orient, le pays
de l'Eden, de l'âge d'or des premiers mortels!

Le Bosphore est calme et uni, et l'atmosphère n'est ni
agitée ni froide. La lune, un peu voilée, ne brille pas
assez pour nuire à l'éclat des lumières terrestres. Les
échos des canons qui ont annoncé la prière de nuit, viennent de mourir à travers les vallons des alentours, et les
baguettes des dernières fusées de la soirée tombent loin
de nous. Il n'y a donc plus, sur mer, rien qui puisse
troubler notre course nocturne; il n'y reste que l'illumination et les douces mélodies qui, des jardins du palais,
des vaisseaux de guerre et des casernes voisines, accompagnent chaque soir la dernière prière musulmane.
Comme cela fait bien dans le calme de cette splendide
nuit!

Que de lumières entre la mer et le ciel! que de longs
éclats d'argent réfléchis par ce vaste miroir des eaux!

Les tours du Seraskiérat et de Galata, d'où descend
trop souvent le cri d'alarme *ianghen var!* (au feu!), dominent tout de leurs diadèmes resplendissants. La première a même revêtu une robe lumineuse qui la couvre

dans toute sa hauteur. Elle est un des points les plus
éclatants de cette gigantesque girandole dont les autres
bras de gauche sont Sainte-Sophie, la Porte, subitement
illuminée, la Tourelle, que domine la colline de Top-
Kapou, la Pointe du Sérail et la douane de Stamboul, et
les bras de droite, Top-Hané, dont les merveilles pyro-
techniques attirent la foule, la Tour de Galata, les hautes
façades des ambassades de Russie, d'Autriche, de
France et la caserne de Galata-Séraï. Le pont de Galata,
ordinairement si noir la nuit, relie en ce moment ces
splendides illuminations des deux rives par de larges
lignes de feu non interrompues, et par-dessus, bien au-
delà vers le fond de la Corne-d'Or, il laisse apercevoir
encore des clartés artificielles.

Est-il rien de plus coquet que les bordures de flammes
multicolores des palais des sultanes Adlié et Djémilé,
épouses de Mehmed Ali pacha et de Mahmoud pacha ?
Laquelle des deux est la plus belle ? elles sont magnifiques toutes deux. De gais troubadours, promenés par
une barque, chantent et jouent de joyeux refrains au sein
des splendeurs de ce quai.

Placez-vous un peu au large, à quelque distance de
cette rive qui éblouit, et regardez autour de vous. Voyez-
vous ces rivages enflammés de Salih-Bazar et de Iali-
kiosque, cette forêt de mâts qui, à l'endroit du port,
multiplie les étoiles du ciel, ces collines étincelantes de
Péra et de Stamboul, Sélimié, la Tour de Léandre et tout
Scutari qui semble embrasé ? Voyez-vous Orta-Keui,
Bechik-Tach, Dolma-Baghtché et les casernes qui bordent
ce vallon, continuer ce réseau de flammes au sein duquel

dix grands bâtiments de guerre balancent dans les airs des bouquets de feu depuis leurs sabords jusqu'au bout de leurs mâts? Approchez-vous du palais impérial et admirez. Toute cette longue grille qui borde la mer étincelle de l'éclat des diamants. C'est un gaz, soigneusement épuré, qui produit ces vives et pures clartés. Voyez comme il parcourt sans fin, en ondes lumineuses intermittentes, tous les traits inextricables du Toura impérial qui surmonte la grande porte. On ne peut rien voir de plus gracieux. Après avoir lu ces caractères de feu dont le sens est : *Khan Abdul-Aziz ben Mahmoud el Mozaffer daïma* (qu'Abdul-Aziz-Khan, fils de Mahmoud, soit toujours victorieux!), nous ajoutons : et toujours béni des nations. Daigne le ciel lui donner une bonne nuit, suivie d'une infinité d'autres ni moins belles ni moins douces pour lui et pour ses peuples!

CONSTANTINOPLE.

Constantinople est, comme Rome, la ville aux sept collines. Sur les revers septentrionaux des trois premières et vers leurs sommets s'exerce la grande action gouvernementale et administrative de la Capitale, que complètent, sur la rive opposée de la Corne-d'Or, Ters-Hané et Top-Hané.

La première colline est presque entièrement occupée par le palais de Top-Kapou, au bout duquel se trouvent l'administration des Vacoufs, la Monnaie et le Ministère des Finances.

Sur la seconde colline sont situés le Ministère du Commerce, des Travaux publics et de l'Instruction publique, la PORTE, siége du Grand Vizirat, du Ministère de l'Intérieur, du Ministère des Affaires Etrangères et des Grands Conseils, et la Préfecture de Police.

Le Ministère de la Guerre et la Porte du cheikh-ul-islam, gardien des lois civiles et religieuses, s'élèvent sur les sommets de la troisième colline.

La douane et l'octroi ont leur siége au bord de la mer.

Entre la seconde colline et la troisième, dans les limites d'un vaste quadrilatère, dont les quatres angles sont les échelles de Baghtché-Kapoussou et de Iémich avec les mosquées de Nourri-Osman et de Baïazid, se concentre le grand mouvement commercial, financier et industriel de Stamboul. Galata, sur l'autre rive, est un centre à part et non moins important sous plus d'un rapport.

Les magnifiques mosquées d'Aïa-Sophia, d'Ahmed, de Nourri-Osman, de Baïazid et de Suléiman ceignent et couronnent cette vaste arène du travail public et privé, dont les eaux de la Corne-d'Or baignent l'un des côtés.

Chaque jour, depuis les points les plus reculés d'Eïoub et des Sept-Tours, de Baghlar-Bachi et de Pancaldi, ainsi que du Bosphore, tout ce qu'il y a, à Constantinople et dans les environs, d'hommes remplissant quelque fonction publique, faisant la banque ou le négoce, tenant boutique ou atelier, tous accourent vers ces grands centres des affaires. Bateaux à vapeur, caïks, voitures, chevaux, tout est employé à transporter des flots de peuple; ceux qui s'y rendent à pied ne forment pas le plus petit nombre.

Ce grand vallon des affaires, dessiné par les penchants de la seconde et de la troisième colline, parsemé de khans dont quelques-uns ont chacun plusieurs centaines de comptoirs, coupé de rues où le commerce et l'industrie sont actifs et florissants, et couronné par le grand Bazar, le premier du monde par ses proportions et par ses richesses, cette *Cité* de Stamboul a été le théâtre de la fête de ce jour. La fête était partout; car il n'y a pas dans toute la capitale et ses faubourgs un quartier, une rue, une maison, si éloignée et si retirée qu'en soit la situation, qui ne se pare le jour et ne s'illumine la nuit.

Qui pourrait décrire l'ensemble, l'éclat et la variété des décors que tous ces quartiers ont revêtus, et l'enthousiasme sans égal que le passage du Sultan y a fait éclater!

Il y a dans cette longue rue qui, de Iéni-Djami conduit au Tcharchi par Mahmoud-Pacha, à Asma-Alte, à Ouzoun-Tcharchi et dans les rues qui relient ces trois principales artères, dans celle des *hacerdjilar* (vendeurs de nattes) surtout, il y a plus de guirlandes tressées de feuillages, de fleurs et de fruits que n'en étala Smyrne dans ses rues. Alexandrie et le Caire n'exposèrent pas à nos regards tant de riches tapis, tant d'éclatantes étoffes ni tant de lustres de prix. Où donc a-t-on trouvé une si magnifique collection de ces derniers? Je ne sache pas non plus que les habitants des villes égyptiennes qui poussèrent si loin l'enthousiasme de leurs démonstrations, soient allés jusqu'à immoler, au passage du Sultan, des moutons sur des tapis de la plus haute valeur.

A côté de ces richesses qui parent la plupart des rues et des magasins, à côté de belles étoffes de soie, de satin, de v lours, presque toutes brodées d'or et d'argent, vous voyez des festons de papier colorié, des caïks et des navires en miniature, des bocaux de poissons rouges, des cages de canaris qui chantent des ;' mnes de joie, de perroquets qui répètent des *tchoq iacha*, des instruments de travail suspendus en faisceaux, des échantillons d'objets travaillés au tour, de marchandises et de comestibles, des bonbons, des meubles, des guéridons, des candélabres, des lampadaires, des glaces, des miroirs, des ta-

24

bleaux où le parafe impérial, des versets du Coran, des sentences arabes ou persanes, ont été gravés ou dessinés par d'habiles calligraphes turcs; vous voyez mille et mille objets dont l'ensemble bizarre et charmant vous attire et vous plaît. Que n'y a-t-il pas dans Ouzoun-Tcharchi (le long marché)? Cette rue, toute couverte en verre, ressemble à une serre que l'on aurait décorée pour une fête. Que de jolis objets en ambre, bouquins de pipe, porte-cigarettes, bracelets, chapelets, on y voit aussi !

En ce jour solennel, personne, que les vendeurs de *simit* et d'eau, ne songe au gain; chacun ne s'occupe que d'une chose, c'est d'ajouter, s'il se peut, quelque nouvel ornement à la devanture ou à l'intérieur de sa boutique. Arrêtez-vous et contemplez un moment les ingénieuses inventions qui ont dressé cette multiple décoration, vous ferez la joie des inventeurs. Si ce fil de fer roulé en spirales, qui élève et abaisse successivement un citron ou une orange attachée au bout, s'est relâché, pour vous faire plaisir à vous ou à vos enfants, ils imprimeront une nouvelle force au ressort. Ces braves gens aiment qu'on admire leurs œuvres. C'est une partie de leur bonheur de ce jour.

De longues files de voitures du harem impérial et des harems de la ville parcourent ces rues et contemplent ces merveilles de décoration. Péra et Galata sont également venus payer leur tribut d'admiration au zèle et à l'intelligence des Constantinopolitains. Rarement tant de nobles visiteurs s'étaient trouvés réunis à la fois dans ces quartiers où conduisent bien plus souvent les affaires que les plaisirs.

Lorsque, vers quatre heures, le Sultan paraît, sans être attendu, au milieu de ces heureuses populations, elles accourent vers lui, le suivent, et de la voix et du geste lui expriment les transports que sa présence fait naître en elles. Elles semblent lui dire : O Padichah, tu est bon, tu nous fais et nous veux du bien : que le ciel te protége et te conserve! Tout ce qui est à nous, nous te l'offrons ainsi que nos personnes que nous serions heureux de sacrifier pour toi.... Plusieurs se jettent au devant de son cheval et couvrent de tapis ou de belles étoffes la place où il doit poser ses pieds.

Le Sultan, visiblement ému des hommages si spontanés et si vifs dont son auguste personne est l'objet à travers ces populeux et riches quartiers, arrive, le cœur heureux et satisfait, à la place de Sultan-Baïazid, d'où il se rend au kiosque qui domine cette place et la cour du Séraskiérat. Après avoir pris un peu de repos, il assiste aux manœuvres et exercices à feu de quelques régiments de la garnison réunis par les ordres de Fuad pacha dans la grande place d'armes du Ministère de la guerre. Omer pacha, caïmacam du ministre depuis le commencement du voyage et qui a, en face de l'ennemi, organisé avec succès tant de plans de batailles, dirige ces paisibles mouvements militaires.

En voyant l'animation qui règne autour du kiosque, en écoutant les fanfares des musiques, les vivat et les chants qui retentissent pendant son repas frugal, Abdul-Aziz se rappelle les enfants arméniens dont la mise et les chants ont attiré son attention hier en pleine mer de Marmara et dans le Bosphore. Il veut les entendre encore et avoir une copie en turc des hymnes qu'ils chantaient sur leur bateau. Sa volonté est aussitôt exécutée et le patriarcat est trop heureux d'avoir à satisfaire un vœu impérial aussi flatteur.

La nuit vient, nuit sans ombres pour Constantinople, tant est resplendissante l'immense illumination dont ses sept collines, celles de Péra, de Scutari et du Bosphore, viennent encore de se parer.

Après nous être reposés de nos courses et munis de nouvelles forces sous le toit si noblement hospitalier de l'excellent et très-honorable ministre des affaires étrangères Aali pacha, que l'infatigable Fuad pacha traite ce soir ainsi que ses autres collègues du Divan Impérial, nous nous dirigeons, avec quelques beys, vers le kiosque du Séraskiérat.

A la première porte de la cour, la sentinelle refuse l'entrée à l'un des membres de notre société. L'un des beys nous prend alors sous ses bras, force la consigne, nous entraîne et laisse le chef du poste reprochant au factionnaire le mauvais accueil qu'il voulait nous faire en ce jour où nul désordre n'est possible.

Nous voici au pied de la tour des incendies, élevée par feu Khosrew pacha, un des grands propagateurs des lumières en Orient. Il fut le premier, sous Mahmoud, à envoyer aux écoles de Paris une foule de jeunes Ottomans, qui ont dignement ouvert à tant d'autres la voie de l'enseignement civilisateur de l'Europe.

Cette tour est le plus haut et le plus flamboyant ornement de la fête. Qu'elle est belle avec ses couronnes de feu, étincelant dans la région des nues, et avec ses murs

blancs mouchetés d'un nombre infini de brillantes étoiles!
Sur un transparent placé au-dessus de la porte de l'esca-
lier, nous lisons ces mots en gros caractères turcs:
Padichahemz tchoq iacha, seraskieremz Fuad pacha. —
(Que notre Padichah vive long-temps, Fuad pacha étant
notre séraskier!)

Cette vaste cour est aussi brillamment éclairée et non
moins animée que la place de Sultan-Baïazid, où la foule
s'entasse pour assister au départ du cortége et accompagner de ses saluts et de ses vœux le souverain qui pousse
sa bonté et ses faveurs jusqu'à venir la visiter dans ses
marchés, dans ses boutiques et dans ses ateliers.

Là aussi, au devant de la porte, s'élève un grand arc de
triomphe, auquel il n'a manqué qu'un peu de temps pour
être une œuvre parfaite.

Après avoir assisté au défilé de l'escorte, qui est
accueillie et saluée par les plus ardentes acclamations,
nous nous mettons à sa suite, emportés par l'élan général.
Nous ne nous entendons plus, tant il y a de bruit et de
tumulte autour de nous. Si notre marche est un peu
gênée, ce n'est point par les ombres de la nuit, mais bien
par les embarras que crée cet égoïste empressement de
chacun à vouloir tout voir et entendre. Nous franchissons
sans trop d'encombre la place et les rues qui conduisent
à Bit-Bazar, dont l'aspect, en dépit de son nom, n'a rien
que de gracieux.

Nous pénétrons enfin dans la rue ou plutôt dans la
chaussée des Calpaktchilar, la plus belle, la plus directe
et la plus fréquentée du grand Bazar. Deux files de voitures
peuvent aisément circuler côte à côte sous ses hautes et

solides voûtes, le long de cette double rangée de boutiques qui étalent aux yeux tout ce que le monde fabrique *d'objets beaux et curieux* (tohaf chéiler).

Nous regardons et écoutons autant que cela nous est possible. Enfin, la crainte d'être plus gravement foulés par les chevaux, écrasés par les voitures, ou complètement étouffés par la foule, nous empêche de poursuivre. Mais que faire? comment sortir de là? comment y rester? les équipages font de la chaussée un vrai péril. Sur ses deux côtés se dressent deux remparts d'êtres humains qui paraissent aussi infranchissables. La foule, tout en proie à ces transports qui la ravissent, oublie le sentiment de la compassion. Le dévouement des beys eux-mêmes devient ou indifférent ou inutile. L'asphyxie va nous gagner...

Nous sommes sauvés! tout le mouvement est dans cette rue des Calpaktchilar, qui, à elle seule, forme un bazar complet. Il y a foule aussi au Tcharchi, mais du moins on y respire, on y circule sans danger de perdre la vie. Jamais cet immense palais du commerce, de l'industrie et des arts ne parut si beau, si riche, si bien paré!

Pour calmer nos émotions et pour offrir à nos regards des charmes moins périlleux, étalez-vous dans ces innombrables galeries, sous ces larges portiques soutenus par des colonnes plus solides qu'élégantes, étalez-vous, trésors incalculables de ce bazar : tapis et sedjadés de Smyrne, d'Ouchak et de Kédos; chalis et sofs de Tossia et d'Angora; châles de l'Inde et de la Chine; soieries de Brousse, d'Andrinople, de Salonique, de Lyon, de Florence; fines trames de Moussoul, de Tulle, de Valenciennes, de Malines; applications d'Angleterre en tous

genres ; draps d'Erégli, de Sédan, d'Elbeuf, d'Allemagne,
de Hollande, d'Angleterre ; tapis, *faccioli*, bourses de
Stamboul, objets si gracieux d'ornements ; aghabanis de
Bagdad ; aladjas de Damas, d'Aleb et de Diarbekir ;
ihrams d'Andrinople ; burnous de Tripoli et de Tunis ;
ceintures de Drama et de Caradjalar ; mintanes et man-
teaux brodés d'or et d'argent de Monastir, de Hamid,
de Tiré ; indiennes de Chypre et de Tokat ; toiles de
Drama et de Malatia ; maroquins de Césarée, de Koniah,
de Sparta; *babouches,* dont l'élégance et l'éclat effaceraient
les charmes féeriques de la pantoufle de Cendrillon ;
fourrures d'hermine, de zibeline, de martre, de loutre,
de fouine, de chat, de karsak, de renard, de loup, d'ours;
peaux de chèvres d'Angora; bibliothèques turques ; abas
de Russie ; fess de Turquie et d'Europe ; cotonnades
d'Angleterre ; gazes fleuries de Mulhouse et de Wissem-
bourg ; cambricks et percales de France, de Belgique,
de Suisse, d'Italie ; nouveautés, quincailleries et tablette-
ries de Paris; cristaux d'Allemagne et de Venise ; lunettes de Munich ; pacotille de Trieste et de Marseille,
toiles, bas, chemises, mouchoirs, ustensiles....

Montrez-vous surtout, bijoux de toutes sortes, qui
suffiriez, en un jour donné, à parer toutes les belles femmes du monde, diamants du Brésil et de Golconde ; perles de Bahréin et de Coromandel ; corindons de l'Inde,
saphirs, rubis, topazes, améthystes, émeraudes ; coraux
de Naples et de Malte; et vous aussi, armes de Damas, du
Kurdistan, de Bosnie, d'Albanie ; porcelaines du Japon,
de Saxe, de Sèvres ; coffrets et tablettes de bois rares,
incrustés de mosaïques, d'émaux, d'ivoire, de nacre...

Montrez-vous, ravissant ensemble de tout ce que l'homme crée pour se vêtir, pour se parer, pour donner à ses demeures l'éclat et le *confort* qui peuvent le plus agréablement reposer ses yeux, ou ses membres fatigués....

Les gardiens de cette universelle et permanente exposition offrent eux-mêmes en ce moment un spectacle digne de contemplation : ils sont là, le plus grand nombre avec leurs familles, qui s'amusent, qui se réjouissent, riant et chantant ; quelques-uns portent des toasts à celui qui est la cause de cette joyeuse béatitude. Ils vont passer ainsi cette soirée et celle qui la suivra.

Lorsque la question d'ouvrir le Tcharchi la nuit a été agitée, quelques-uns ont eu peur que des désordres ne vinssent, pour la première fois, violer la sainteté du lieu ; mais il est écrit que rien ni personne n'apportera le moindre trouble à ces fêtes publiques.

À notre sortie par la porte principale et dans la rue de Mahmoud-Pacha, nos embarras recommencent. Les allants et les venants prennent tant de place, qu'il n'en reste pas pour nous. Près du bain situé à mi-côte, nous trouvons ouverts les battants d'une grande porte. C'est l'entrée du conak d'Etem pacha, chef intelligent et actif de trois départements (Commerce et Agriculture, Travaux publics et Instruction), l'un de mes premiers élèves ottomans à Paris en 1833 ! temps d'heureux souvenirs où nous pouvions passer nos loisirs à écouter tour-à-tour St Marc-Girardin, Jules Simon, Dumas, Pouillet, Lherminier, Michelet, Bugnet, Orfila, Arago, Gay-Lussac...., Molé, Guizot, Thiers, Odilon-Barrot, Ber-

ryer, Lamartine..., Beauvalet, Régnier, Arnal, Alcide
Touzez, Nourri, Dupré, Mlle Mars et Mlle Georges, toutes deux jadis applaudies par Bonaparte !

Nous nous réfugions dans cette vaste cour qui est
éclairée et animée. Les enfants du ministre ont eu l'idée,
pour achever la soirée, de faire jouer un *Mariage turc*,
en plein air, par trois acteurs principaux, dont l'un
représente une femme. Le spectacle est gratuit et ouvert
à qui veut y assister.

Nous allons prendre nos places auprès du pacha qui
s'entretient au balcon avec quelques amis, imposant
ainsi une trêve à cette passion du travail qui a fait de lui
un des hommes les plus instruits et les plus sérieux de
la Turquie. En recevant les *ikrams* d'une honorable et
affectueuse hospitalité et en mêlant parfois nos rires à
ceux du parterre, nous contons à la société nos tribula-
tions de la soirée. A notre départ, le pacha ordonne à
un de ses cavas de nous accompagner et de nous conduire à bon port.

Les difficultés de circulation sont toujours grandes
dans les rues de ce quartier, où l'ombre d'Abdul-Aziz
semble encore circuler, et ce n'est qu'avec la plus grande
peine que notre conducteur nous ouvre la voie. Il quitte
la grande rue pour prendre à gauche ; mais à Asma-Alte
et sur quelques autres points où la gaieté déborde en ce
moment de tous les cœurs, il va se heurter à des obstacles
humains insurmontables. Comme les Russes devant Silistrie, nous sommes forcés de reculer et ce n'est que par
des détours et des sentiers ignorés de la foule, que nous
réussissons à gagner l'échelle.

Ici, nous apprenons que le Sultan a continué à semer partout la joie et le bonheur sur son passage. Après avoir suivi la chaussée des Kalpaktchilar jusqu'aux abords de Nourri-Osmanié, il a encore traversé cette vaste enceinte passant par les quartiers des Aïnadjiler (marchands de glaces), des Kaffaflar (marchands de babouches), des Eurudjuler (repriseurs à neuf d'accrocs survenus aux châles et étoffes de prix). Le cortége a ensuite descendu Ouzoun-Tcharchi, a pris par la rue des Hacerdjilar vers le Mecer-Tcharchissi (marché égyptien), a parcouru Asma-Alte (sous la vigne), est sorti par la porte Zendan (prison), et, visitant encore les Bal-Moumdjoular (vendeurs de cire), les Tachtchilar (tailleurs de pierres) et Balouk-Bazar (marché aux poissons), est enfin arrivé au point où nous allons nous-mêmes nous embarquer.

En se portant ainsi de sa personne partout où les vœux des populations l'appelaient, partout où il savait que sa présence ne manquerait pas de causer quelques instants de véritable félicité, Abdul-Aziz a fait ce que peu de souverains font, il a mis ses faveurs à la portée des plaisirs de la foule. Si cette grâce impériale est insigne, la reconnaissance populaire, qui s'est déjà si vivement manifestée, en sera éternelle.

La circulation, sur le Bosphore, est moins gênée et plus agréable. Nous sommes si remplis des émotions de la journée, que nous les disons à nous-mêmes, aux bateliers, à la mer, à l'air, à cette nuit qui conserve un reflet des splendeurs de cette belle journée.

TRENTE-UNIÈME JOURNÉE. — 3 MAI.

PÉRA ET GALATA.

Le voyage a commencé un vendredi, jour férié musulman; les fêtes qui le suivent vont finir un dimanche, jour de repos chrétien. Aux musulmans la gloire d'avoir entrepris et poursuivi cette œuvre; aux chrétiens l'honneur d'y avoir puissamment aidé et de la couronner. Ce qui rend surtout cette œuvre remarquable, c'est d'avoir rapproché et associé à un point qui ne s'était jamais vu, les sympathies musulmanes et les sympathies chrétiennes. Le monde tourne à l'harmonie.

> *Quantùm mutatus ab illo.*
> *Qui sanctum circa tumulum tot bella movebat!*
> (Comme il est différent du monde qui naguère,
> Autour du Saint-Sépulcre, était toujours en guerre !)

Dans l'après-midi, des troupes de toutes armes se rangent sur les belles voies qui conduisent du palais impérial à la caserne de Medjidié où le Sultan doit prendre le repas de ce soir. C'est là que son fils le prince Ioussouf Izeddin et son neveu Nourreddin, inscrits sur les registres du corps, vont s'initier aux devoirs de leur état.

Pendant la guerre de Crimée, cette magnifique caserne servit d'hôpital aux Français. Que de braves nous y vîmes transporter alors des quais de Dolma-Baghtché, où des bateaux à vapeur les ramenaient de Sébastopol! La plupart hélas! victimes de leur bravoure, ne revirent pas leur chère patrie!

Par sa position, cette caserne pourrait être le siége d'une compagnie d'Herschell, d'Arago, de Babinet, de Quételet, d'Enke, aussi bien que d'un régiment de zouaves. L'horizon visuel céleste y est aussi étendu et aussi éclatant qu'en aucun lieu du monde. Les constellations les plus boréales et les plus australes doivent s'y montrer.

Les esplanades de Medjidié sont, avec le café de Belle-Vue et le Petit-Flamour, entre lesquels elles s'élèvent, le rendez-vous habituel des habitants de Péra et de Galata toutes les fois qu'ils veulent respirer un air pur et rassasier leurs yeux des charmes d'un horizon où l'Asie et l'Europe, les terres, les eaux et les cieux semblent combiner toutes leurs grâces.

Ces heureux promeneurs sont là comme les spectateurs en face de la scène et des toiles de l'Opéra lorsqu'il représente une de ses plus splendides féeries; ils ont sous leurs yeux le vallon de Dolma-Baghtché, le plus beau des palais, ses dômes de plomb, ses colonnes, ses péristyles, ses parterres, les nappes azurées du Bosphore, les bâtiments qui y sont au repos, les bateaux à vapeur qui glissent sur sa surface, les quais de Scutari, ses innom-

brables toits, ses minarets, ses forêts de cyprès, ses
champs de vignes, les sommets de ses coteaux, les ma-
melons de Tchamlidja, d'Alem-dagh, de Maltépé, de
Quaïch-dagh, Cadi-Keui, Féner-Baghtché, la plaine liquide
et miroitante de Marmara, le groupe des îles des Princes, les monts de la presqu'île des golfes d'Isnik et d'Ismid, et par derrière les cimes neigeuses de l'Olympe. Ils
ont, pour varier les aspects et les mouvements autour
d'eux, la belle caserne d'artillerie, le noir cimetière du
Grand-Champ, l'hôpital et la caserne de Gumuch-Souiou,
le théâtre impérial, les écuries impériales d'où sortent à
tous moments de brillants équipages, l'usine à gaz, la caserne et la mosquée de Matchka, l'école militaire, les sycomores et les siéges de pierre du cimetière arménien ;
et au milieu de tout cela, ils contemplent l'image de la
campagne, des potagers et des vergers s'élevant en pentes
arrondies ou s'enfonçant vers des ravins, sur les bords
desquels, au printemps, les rossignols mêlent leurs doux
chants au son des musiques qui ne cessent de charmer
les échos de ces lieux.

La nouvelle s'est répandue que le Sultan doit se rendre
à Medjidié et partir de là pour honorer Péra de son auguste présence. Aussi la foule afflue-t-elle plus que d'ordinaire vers ces lieux enchantés, où déjà les troupes qui
y stationnent, captivent ses regards par leur mâle tenue
ainsi que par l'éclat de leurs uniformes et de leurs armes.
A l'heure la plus favorable pour les loisirs de la promenade, l'escorte paraît au fond du vallon et, plus rapide
sans doute que la flotte du Conquérant qui *passa* par ici
pour aller achever les Grecs en les attaquant inopinément

par la Corne-d'Or, elle gravit la montée et se montre aux
regards avides d'une foule déjà innombrable qui fait ce
qu'ont fait pendant un mois ces masses de populations
que nous avons vues accourir sur les pas d'Abdul-Aziz,
elle frémit, elle acclame, elle exprime ses vœux par tous
les moyens qui peuvent le mieux en peindre toute l'ardeur; et lorsque ses transports se calment, l'orchestre
impérial la ravit de ses symphonies pleines de variété et
de grâce.

Fuad pacha, habile et zélé organisateur de tout ce
qui s'est fait de beau et de bon pendant le voyage, son
caïmacam Omer pacha et un brillant état-major attendaient à la porte de la caserne Sa Majesté qui, après avoir
reçu leurs hommages et leur avoir dit sa satisfaction de
l'accueil qu'elle vient encore de recevoir, monte dans
son pavillon, s'entretenant avec son ministre de la
guerre.

Un moment, vers le coucher du soleil, le vent du nord,
si sensible sur le haut plateau de Péra, fait craindre pour
les innombrables fanaux dont le noble faubourg se pare
le même sort qu'eurent ceux de la flottille impériale en
rade de Métélin; mais à la nuit, la bonne étoile qui nous
a toujours favorisés pendant le voyage, ramène le calme
en cette partie de l'atmosphère terrestre.

Quelques instants après l'heure de la prière, le Sultan
monte à cheval et se dirige vers Péra accompagné de son
escorte ordinaire. La route est partout bordée de torches
et de fanaux.

Sur la large chaussée (une des jolies choses créées par
le grand-maître Fethi-Ahmed pacha) qui longe d'un côté

la caserne de l'artillerie de réserve et du génie et de l'autre son parc d'armes, commencent les éclats et des voix et des lumières. La caserne, ses murs, ses portes, ses grilles, son parc offrent un ensemble d'illumination digne des pyrotechniciens de Top-Hané, dont cet établissement est une dépendance. Halil pacha est l'âme de ces lieux, comme il l'est de Top-Hané, de Zéitin-Bournou et de tout ce qui se rattache à la Grande-Maîtrise. Il a dans cette caserne, pour le seconder dignement, deux hommes intelligents, deux braves généraux, Ali-Riza pacha, qui commande l'artillerie, et Mehmed pacha, commandant du génie. Celui-ci s'est illustré à la défense du fameux bastion de Silistrie dit *Arab-Tabiessi* et au Monténégro. Ali-Riza pacha a aussi un cœur de vrai guerrier. Le Sultan connaît et aime son mâle visage sur lequel il est à croire qu'il ne tardera pas à laisser croître la longue barbe de férik.

Ali-Riza pacha portait les armes bien jeune, et lorsque les Français allèrent conquérir sa patrie, il fut un de ceux qui firent sauter le fort de l'Empereur sur les soldats du général Bourmont et de l'amiral Duperré. Vaincu par les Français, il alla étudier chez eux, à Paris (où il fut aussi un de mes élèves) et à l'Ecole d'application à Metz. Après avoir acquis en France une instruction variée et solide, il vint gagner ses grades à Top-Hané par le travail et par de bons services.

Le grand-maître Halil pacha, les deux commandants et leurs états-majors saluent Sa Majesté dont les regards, à partir de là, s'attachent à l'obélisque qui s'élève au bout de la chaussée. Ce monument, œuvre de la munici-

palité de Péra, est beau d'effet : son piédestal, ses flancs,
son sommet, que couronne un superbe croissant, tout
étincelle de lumières aux couleurs agréablement variées.

Les brillantes clartés que l'obélisque projette et celles
que reflètent les quatre grandes voies qui mènent là, le
corps-de-garde et le konak de Kiamil bey, dont le vestibule est tout décoré de glaces, de lampes et de bougies,
donnent à cette place un aspect d'enchantement au moment où le Sultan la traverse avec son cortége, salué par
des milliers de bras et de têtes en mouvement, par des
milliers de voix qui entonnent leurs chaleureux vivat en
toutes langues.

En passant, le Sultan, qui remercie tout le monde,
fait comprendre à Kiamil bey, par un gracieux signe de
tête, qu'il agrée sa belle illumination et la longue pièce
d'étoffe damassée qu'il a étendue sur la traînée de sable
marquant son chemin.

Après les démonstrations des grands viennent les démonstrations populaires. A quelques pas de l'obélisque,
les loueurs de voitures ont suspendu un de leurs véhicules
en nature et les loueurs de chevaux, une grande bête
empaillée. La voiture et le cheval suspendus, revêtus de
lampions, offrent les systèmes d'illumination les plus
curieux ; et n'ont-ils pas aussi leur valeur de touchante
expression ?

De ce point, où le pavé fut élargi par feu Gueuzluklu
Mehmed-Réchid pacha, qui, à son retour de France,
disait qu'il fallait mettre le feu aux quatre coins de la
ville pour la rebâtir plus belle, la rue de Péra apparaît
ainsi qu'une voie lactée terrestre, irrégulière comme celle

du ciel, ayant autant de points lumineux et plus d'éclat éblouissant. Et parmi tant de lumières quelle forêt de pavillons, de banderoles, de tentures précieuses et variées ! que de verdure, de feuillage, de fleurs ! que de mouvement, que de joie dans la rue, aux fenêtres, sur les balcons, jusqu'au haut des terrasses !

Le carrossier Massé, l'hôpital des Sœurs de Charité, l'église arméno-catholique, avec ses chœurs d'enfants, M. Vartérès Missak, M. Tzount, les Baroutchi-bachi, l'Ekmektchi-bachi Agob aga, contribuent, entre autres, à embellir cette première partie de la voie, qui se fait encore plus brillante entre les demeures du capitaine Clician et des frères Enkser. Ces derniers ont tapissé les murs de plusieurs centaines de lampions, transformé leur balcon en une orangerie éclairée de lampes et de bougies, et hissé à leur façade les hampes de trois amples oriflammes.

Les cafés, la petite mosquée et le corps-de-garde d'Aga-Djami, ainsi que les deux rues traversières, continuent l'illumination et l'ovation.

A quelques pas de là, malgré les tristes préoccupations que l'affreuse catastrophe arrivée la nuit dernière dans le voisinage a imposées au dévouement de ceux qui l'occupent, la belle habitation du pharmacien en chef de l'armée ottomane Faïk pacha (della Suda) offre un chef-d'œuvre de décoration et d'éclairage, grâce surtout aux soins et au bon goût de Georges bey (della Suda fils), notre compagnon de voyage, bien plus fécond en ressources curatives et nutritives que le pharmacien en chef de l'expédition, le brave Diamantidi, qui ne savait offrir à nos appétits déréglés que sels de magnésie ou de soude, poudres de sedlitz, citrates, sulfates, carbonates, toutes choses qui n'ont jamais composé un bon *ziafet* (repas).

Le Cirque, le Palais des fleurs, qui se montre digne de son nom, varient aussi les ornements de la scène que couronnent, en ces lieux, la porte et la façade de l'Archevêché latin. Abdul-Aziz, qui admire tout, qui remercie et salue comme jamais sultan ne l'avait fait, reçoit avec une grâce marquée l'élégant et éclatant hommage que lui rend Monseigneur Brunoni. Sa Majesté promène principalement ses regards sur le beau pavillon qui domine l'illumination et qui porte l'inscription : Viva il Sultano!

La rue se fait étroite mais non obscure vis-à-vis des habitations Haggiar et Hava.

Bientôt en s'élargissant de nouveau, elle paraît admirable de décors et d'éclat. Elle offre la scène la plus grandiose et la plus magnifique que nous ayons encore vue. Les hautes façades des maisons en pierre, élevées le long de cette belle et large voie, portent une infinité de balcons et de petits pavillons qui permettent un plus grand déploiement de décorations et de lumières. On se figurerait tout ce qui peut le mieux éclairer et orner une fête de nuit, tout ce qui peut le plus l'animer, que l'on n'aurait encore qu'une faible idée du spectacle qui s'offre à nos yeux.

Il y a dans cet immense resplendissement de tant de lumières, dans ces longues et larges rivières d'ornements les plus riches et les plus divers, dans les vastes pans de ces étendards qui balancent dans l'espace le cri de ralliement de la fête de ce jour, *vive le Sultan*, dans ces bouquets de fleurs qui volent dans l'air et viennent joncher le passage du Padichah, dans ces précieuses étoffes qui se déroulent sous les pas de son noble coursier, il y a dans ce grand frémissement des âmes, dans cet enthousiasme qui déborde en signes et en cris de toute espèce, dans ces élans des cœurs vers un même point, dans le majestueux et doux rayonnement de cet astre naissant qui s'avance répandant autour de lui la vie, la joie et l'espérance, il y a dans ce concert d'harmonies et de sympathies quelque chose de grand, de magnifique, d'admirable, qui ne se peut comprendre sans être vu et entendu.

A l'entrée de cette grande rue du Théâtre, Franco éfendi et Abro éfendi ont artistement dressé leurs écussons, leurs bouquets fleuris et leurs illuminations étincelantes; on les admirerait davantage, si, en face, le théâtre et l'église des Arméniens n'attiraient également les regards. Sous les arcs de verdure qu'ils ont inondés de feux, deux groupes de jeunes garçons et de petites filles, habillés de blanc, offrent des bouquets, jettent des fleurs sur la voie et chantent des hymnes en faveur du Padichah, qui les contemple avec intérêt.

A côté, l'entrée de la maison Avédis Missak ressemble au vestibule d'un théâtre un jour de grande représentation. Rien n'y manque, et les statues vivantes des Grâces semblent couronner ce bel assortiment de fleurs et de flammes.

Les charmes de cette féerie sont continués par les maisons voisines, par le théâtre Naum, et surtout par le café du Luxembourg, tenu par des Français non moins jaloux que leurs voisins de prouver en cette occasion au Souverain des Ottomans qu'ils savent reconnaître la bien-veillante et douce hospitalité qu'il accorde aux étrangers. Le *vive le Sultan* qui brille sur l'ample draperie d'un de leurs six drapeaux, éclairé par les lumières des balcons, des fenêtres et des salons, est le vivat le plus éclatant et le plus aérien de ces lieux.

Il est juste que les bataillons casernés à Galata-Séraï aient voulu témoigner au Sultan toute leur reconnaissance de leur avoir fait élever une demeure si belle et si agréa-ble. Leur porte, qu'on dirait celle d'un palais des arts, leurs grilles, leur vaste cour, et au fond, les jolies façades de leurs quartiers offrent un des plus beaux ensembles de faisceaux d'ornements et de lumières.

A côté, le commissariat de police, qui s'est relevé de ses ruines, est maintenant digne de ce quartier, des cafés et des magasins de l'ancien Balouk-Bazar. La plupart des marchands du lieu sont italiens, français ou grecs; cela veut dire qu'ils sont de ceux qui expriment le plus vive-ment, le plus énergiquement les sentiments dont ils sont remplis.

Le noble visage du Sultan, vers lequel convergent tant d'hommages divers, prend de plus en plus cet air radieux de joie et de bienveillance que les peuples aiment tant à admirer sur la figure des souverains qu'ils chérissent.

Ici, comme partout, chaque boutique, chaque magasin resplendit de l'éclat du gaz, des lampes et des bougies.

L'église des Grecs rivalise dignement avec les églises catholiques. Ses arceaux de verdure et de flammes enca-drent cette inscription empruntée au Psalmiste inspiré de

Dieu : *Psallite regi nostro*, chantez des louanges en l'honneur de notre roi.

Vers l'extrémité de ce quartier, un des mieux décorés et des plus animés, le Palais de Cristal brille d'une splendeur toute particulière et digne du nom qu'il porte.

Cette splendeur est continuée et peut-être surpassée entre les belles maisons du joaillier de la Couronne Boghos bey et des frères Tinghir, banquiers aimés et considérés, dont les salons dominent les ateliers de M. Varthalidi, tailleur du Sultan. Il y a, en cet endroit, tant de riches décorations que les yeux en seraient ravis si l'éclat des lumières ne leur causait un éblouissement complet. Boghos bey a si bien combiné ses guirlandes de fleurs et de gaz enflammé qu'on les prendrait pour des rivières de pierres fines de diverses eaux.

La porte de l'église catholique de la Trinité, le Casin, l'habitation Salzani, celle des frères Alléon, banquiers français des plus considérables et des plus considérés soit parmi les Européens, soit parmi les Ottomans, celle des Allah-Verdi, le magasin de confiserie Vallauri, la légation d'Espagne et l'église de St-Antoine où la France, l'amie magnanime, dévouée et désintéressée des nations, faisait chanter ses *Te-Deum* avant qu'elle eût la jolie chapelle de St-Louis au palais, éclairent ensuite des plus beaux feux le passage du cortége, que les marins de l'*Ajaccio*, rangés au haut de la rampe de l'ambassade de France noient dans des flots de flammes du Bengale. Cette rampe avec ses deux grilles, le grand mur de St-Antoine et, dans le fond, les jardins, les murs et les toits du palais de l'ambassade, tout revêtus de lumières, a l'air d'une de ces avenues qui conduisaient, du temps de nos pères, à ces ravissants séjours enchantés par la baguette des fées.

Avant hier, M. le marquis de Mous...r offrait au Sultan avec ses collègues ses officielles félicitations en pleine salle des réceptions au palais impérial. En ce moment il le salue de nouveau dans la rue où Sa Majesté vient encore d'accepter un de ces nombreux bouquets qui lui sont partout offerts. Quelle curieuse collection de fleurs, d'étoffes et de tapis Abdul-Aziz réunirait dans son palais, si sa suite pouvait emporter tout ce qui est déposé dans ses mains ou à ses pieds !

L'ambassade de Hollande s'est faite bien belle aussi, de même que l'hôtel de Bysance, le magasin Stamatiadis, l'habitation de M. Rouet, directeur de l'agence des Messageries Impériales, le balcon de M. Guichard, la façade des frères Mir et celle de M. Balzer, vis-à-vis de laquelle l'église de Ste-Marie, protégée par l'Autriche, consacre en l'honneur du Sultan une belle partie des fleurs et des lumières qu'elle offre, surtout pendant ce mois de mai, à sa sainte patronne.

L'ambassade de Russie, sa grille, son jardin, ses hauts murs, ses aigles impériales, brillamment illuminés, offrent également un puissant foyer de lumière, dans lequel viennent se concentrer les beaux reflets émanant des deux maisons qui la précèdent, des façades Ottoni et Demilleville et de la rue Timoni.

Le carrefour qui a donné à Péra son nom grec de Stavro-Dromo (route en croix), parce que les routes de Galata à Péra et de Top-Hané à Ters-Hané s'y coupent en forme de croix, est non moins éclairé par la maison Franchini, par l'hôtel d'Angleterre, par l'atelier des photographes Abdoullah et par l'hôtel des Colonies où Faubert traite ses clients selon le goût et les préceptes de Brillat-Savarin.

Comme hier à Constantinople, Abdul-Aziz veut tout voir aujourd'hui à Péra et porter partout l'allégresse. Au lieu de continuer sa route vers Top-Hané ou Galata pour rentrer directement à Béchik-Tach, il tourne à droite vers Cassim-Pacha et se trouve aussitôt en pleine féerie-Percheron. C'est le bouquet des bouquets; ce qui n'est pas étonnant, M. Percheron ayant le talent de la chose et en outre la meilleure volonté de plaire à son *Veli-Nimet* (auguste bienfaiteur). Comme ce grand écrin d'ornements est beau! Comme cela brille! En passant au travers de ces milles lumières coloriées et sur ce pavé tapissé des plus riches étoffes, le Sultan admire, et sourit à l'habile décorateur de ses salons.

Le passage Oriental, les balcons de MM. de Longeville, Lorando, Timoni et Costaki bey (Carathéodory), les maisons Donizetti et Marinitch, l'hôtel d'Orient répandent les plus vives clartés sur la voie d'Asmali-Medjid jusqu'au tournant du Petit-Champ où le café de France et autres, les habitations Baltazzi et Crespin, jettent un éclat plus marqué. Vers le milieu de cette promenade, si fréquentée pendant les belles soirées d'été, se dresse, au-dessus de la voie, une haute tonnelle de feu au milieu de laquelle est suspendu un petit vaisseau également charpenté de feu. Cette décoration, remarquable par ses élégantes proportions, est l'œuvre d'un des frères

Tinghir, Iaver pacha, qui a, en outre, réuni une troupe
d'artistes dont les joyeuses fanfares saluent le cortége et
charment la foule innombrable qui, des flancs de la popu-
leuse vallée de Cassim-Pacha, s'est portée vers ce point
de Péra, l'un des plus vivants et des plus éclatants.

Le vénérable patriarche de la colonie française, l'homme
qui l'a le mieux fait prospérer, M. David Glavany, et
M. Durand, également l'un des plus honorables représentants du commerce français, brûlent encore là leurs
flots d'encens en l'honneur du souverain d'un pays qu'ils
aiment et qui les honore. Ensuite viennent la maison
Skilizzi et la légation de Prusse qui forment deux jolis
phares au haut de la place et à l'entrée du détroit où le
cortége va passer.

Du haut de cette promenade du Petit-Champ-des-Morts,
que bordent, d'un côté, les plus belles habitations de Péra
et de l'autre, les têtes de cyprès du cimetière turc, par-
dessus et au-delà de cette forêt d'arbres noirs, amis des
tombeaux, l'œil distingue, à l'aide de ces longs flots de
lumière qui ondulent partout, les collines de Cassim-
Pacha, l'hôpital, les chantiers et le kiosque de l'arsenal,
son magnifique bassin, ses vaisseaux dont des fanaux
en feu dessinent les formes, le fond de la Corne-d'Or, les
quais du Phanar, les dernières collines de Stamboul que
couronnent les mosquées de Iavouz Sultan Selim, de Fethi
Sultan Mehmed, de la porte d'Andrinople, le palais de
Bélisaire et, au-dessus d'Eïoub, la caserne de Rami-
Tchiflik.

Le passage se rétrécit et bientôt à la clarté des feux
allumés par la légation des États-Unis et par les habitants

de ce quartier, parmi lesquels nous distinguons le banquier
Zarifi et M. Duroni, un des médecins du palais, le cortége
arrive à l'ambassade d'Angleterre, qui brille à l'occident
de Péra comme Albion à l'occident du monde civilisé.
Tout est grand chez les Anglais, leurs palais, leurs
cités, leurs richesses, leur puissance, leur commerce,
leurs vaisseaux, leurs passions bonnes ou mauvaises,
leur respect pour les vieilles chartes et pour les vieux
usages. Si grand est en eux ce respect, premier pivot
de leur forte stabilité, qu'après tous les sanglants démêlés
qu'ils ont eus avec la France, ils conservent encore sur
leurs armes nationales en langue française les devises
que leur imposèrent les Français, conquérants de leur
île après les Normands de Norvége et de Suède, après
les Saxons, après les Danois, races hétérogènes qui, en
s'amalgamant avec les Bretons primitifs, les Gallois, les
Kymris de la verte Erin, les Pictes et les Scots des grottes
calédoniennes, traités par les Romains comme des tribus
pillardes, ont, de même que certains métaux acquièrent
en s'alliant plus de force de cohésion et de sonorité,
produit cette grande et envahissante nation dont la position vis-à-vis de maintes contrées du monde ressemble
déjà à celle d'un vigoureux athlète qui a renversé son
adversaire sur ses quatre membres et qui étreint de ses
bras nerveux, harcelle, ou laisse respirer à son gré, le
corps qu'il tient haletant sous lui.

Au haut de cette grande et belle porte, si bien illuminée, on lit en effet ces mots français : *Honni soit qui mal
y pense*, qu'Edouard III, fondateur de l'ordre de la Jarretière, opposa aux rires d'une grande assemblée au mo-

ment où il ramassait, au milieu d'un bal, la jarretière qui venait de tomber de la jambe de la belle comtesse de Salisbury. On lit encore en français sur les armes d'Angleterre cette devise de la nation: *Dieu et mon droit*, à laquelle nous ajoutons d'esprit: *et mes bons alliés de Turquie.* Les Anglais ne défendent-ils pas les Turcs comme l'homme défend ce qu'il a de plus cher au monde? Aussi prennent-ils une large et brillante part à cette fête, une des plus belles que la Turquie ait jamais célébrées. Le palais, les jardins, plantés de torches et de fanaux enflammés, la porte et les murs de clôture, les trois rues, surtout celle qui descend vers Iéni-Chéhir, les maisons environnantes, réunissent là un tel éclat de lumières que nos yeux n'y peuvent tenir. Les hourrahs de la foule, qui ondule à flots serrés, n'y sont pas moins prodigieux.

Galata-Séraï reparaît et depuis ce point jusqu'aux Quatre-Rues, cette grande artère de Péra est une seconde fois honorée du passage de Sa Majesté. Le zèle des habitants, loin de se refroidir, ne fait au contraire que croître et s'exprime par plus de transports, par des vivat plus répétés et plus énergiquement accentués. C'est de la furie dans la joie. Et l'ovation va ainsi continuer par le Tekké, trait d'union bien marqué entre le grand quartier marchand et le noble faubourg, par la descente et le bas de Galata, par Top-Hané, Fendekli et Caba-Tach, jusqu'au palais.

Après l'hôtel d'Angleterre, la légation de Suède et la chancellerie de Russie déploient ensemble la dernière de ces étincelantes guirlandes dont Péra vient de décorer, sur le passage du Souverain, ses voies triomphales. L'illumination, en ce lieu, m'en rappelle une autre, bien moins gaie, produite par le grand feu qui réduisit en cendres, il y a longtemps, tout ce quartier qui s'étend depuis la chancellerie jusqu'au Champ-des-Morts et au sein duquel la Municipalité, la légation de Grèce, le *Journal de Constantinople* et tant d'autres, brûlent, à cette heure, de feux moins destructifs. Que d'affreux incendies il y avait alors ! Le nombre en était tel que les pauvres nous disaient non plus *kazadan saghlacen* (Dieu vous garde d'accident !) mais bien *ianghendan saghlacen* (qu'il vous préserve du feu !) J'étais là entre ces deux grandes portes, en ce moment aussi éclairées de leur lumière artificielle qu'elles l'étaient alors des lueurs de l'incendie, j'étais là emportant mes petites nippes que je venais d'arracher au fléau destructeur, lorsqu'un portefaix *en casquette* qui s'était offert pour m'aider, me laissa dans l'embarras des malles et s'échappa à travers la foule m'enlevant un paletot et un fusil. Un portefaix en turban ou tout simplement en fess ne m'aurait point trahi de la sorte. Il n'y a pas au monde de plus honnêtes gens que les portefaix du pays coiffés à l'orientale ; ils mourraient, avant de les laisser égarer, sur les objets qu'on leur a, sans destination fixe, confiés dans ces moments de trouble. Je ne savais pas encore la valeur de la coiffure ; j'étais frais débarqué et devais payer mon apprentissage de la vie constantinopolitaine. Grâces à Dieu, les incendies, s'ils m'ont fait souvent peur, ne m'ont ravi que cela. Que d'autres ont laissé, dans le gouffre de leurs flammes, leurs habits, leurs meubles, leurs trésors, leurs livres, les choses les

plus chères, des objets qu'on ne peut remplacer! Je n'aurais pas donné mon joli petit fusil, présent de mes élèves
de Paris, pour un canon Armstrong, ou même Parrott.

Pendant que je m'égare ainsi dans mes souvenirs,
Abdul-Aziz, qui a suspendu sa marche, fait payer aux
derviches tourneurs le prix de leur ingénieuse et gracieuse démonstration. Ils sont si méritants, ces bons
derviches ! ils sont si officieux pour tout le monde, pour
le quartier, pour les voyageurs qui désirent assister à leurs
pieux et intéressants exercices ! Leur Cheikh a une figure
si douce, un air si vénérable, qu'il n'est pas un artisan
chrétien dans les environs qui ne se lève pour le saluer
lorsqu'il passe dans la rue; et l'on ne saurait rien voir
de plus bienveillant, de plus aimable que le salut rendu à
chacun par ce respectable personnage.

Le commerce et l'industrie, à la descente du Tekké,
sont prospères : aussi ceux qui les représentent en ce moment honorent-ils de cœur et d'âme, de toute l'ardeur
de leur reconnaissance, le Souverain dont les fermes et
sages mesures ont déjà si considérablement facilité les
transactions de toutes sortes et rendu la situation favorable de périlleuse qu'elle était. N'est-ce pas l'apprécia-
tion de ces heureux résultats qui enthousiasme tous les
cœurs en ces jours de fête ? qu'on ajoute à cela le sentiment général d'une espérance fondée pour l'avenir et
l'on aura le secret de ce bonheur universel dont la forte
expansion a été le caractère distinctif de ces grandes
réjouissances publiques.

Nous voici près de cette gigantesque tour de Galata
qui porte les plus hautes et les plus resplendissantes

couronnes de la fête. C'est une vraie Babel, car, à ses pieds, il se parle au moins autant de langues qu'en parlèrent sur les bords de l'Euphrate les proches descendants de Noé lorsque Dieu confondit leurs langages. Si vous voulez vous en convaincre, pénétrez avec le cortége dans l'enceinte de ces gros murs, à l'abri desquels les Génois s'étaient créé un puissant Etat au cœur du faible Etat byzantin, et écoutez. Vous seriez un aussi savant linguiste que le furent Mithridate et le cardinal Mezzofanti, que vous ne comprendriez pas encore tous les idiomes que ces milliers de voix emploient pour acclamer Abdul-Aziz. On dit que les enfants de Sem, Cham et Japhet durent se séparer faute de pouvoir se comprendre. Aujourd'hui on ne se sépare pas pour si peu. Il semble, au contraire, que moins on se comprend, plus on se rapproche. Le langage des signes a fait des progrès, et il n'est nul besoin qu'un matelot, natif des parages où le Maelstrom épouvante les navigateurs, sache le jargon arabico-italien d'un Maltais ou d'une Maltaise pour leur demander un paquet de cigares ou autre chose.

Entendez-vous, sur le passage du cortége, ces langues, ces dialectes inouïs qui articulent les plus énergiques hourrahs? Entendez-vous ces bizarres accents dont l'ensemble étonne et charme l'oreille? Voyez-vous ces physionomies, ces visages qui s'épanouissent, qui rient comme les gens heureux et contents rient dans les cinq parties du monde? Voyez-vous ces coiffures, ces costumes qui forment les curieux décors d'un album ethnographique universel?

Oui, il y a, ici, des spécimens de toutes les nations de la terre; oui, il y a, à Galata, des gens de toute sorte, comme aussi des marchandises de tout genre et de toute provenance. On y trouve des fourrures du Spitzberg et de la Nouvelle-Zemble, des fers et des bois des monts Scandinaves, de l'ambre et des douves de la Baltique, des armes du Brandebourg, des fromages de Hollande, des clous et des verres du Brabant, des houilles du Northumberland et du Glamorgan, du trop-plein de toutes les fabriques, ateliers et manufactures du Royaume-Uni, de Rouen, de Paris, de Lyon, de Genève, de Marseille, de Bordeaux, d'Alicante, de Malaga, de Xérès, de Porto, de Madère, des Canaries, de la Côte-des-Dents, de Terre-Neuve, de Boston, de New-York, de Maryland, de la Havane, de la Jamaïque, de la Martinique, de Fernambouc, de Rio-Janeiro, de Montevideo, de Valparaiso, de Potosi, de la Californie, de Nangazaki, de Nankin, de Canton, de Célèbes, de l'Australie, de Singapore, de Calcutta, de Bombay, de Lahore, de Boukhara, d'Astracan, de Taganrok, d'Odessa, de Galatz; il y a là du Germain en quantité; de l'Italien, beaucoup; du Grec, du Maure, de l'Égyptien, du Syrien, du Persan, de l'Anatolie, du Roumélie, de tout. Quel marché! quels marchands! quel tohu-bohu! quelle Babylone!

Les plus calmes et les plus sages habitants du lieu, ce sont les Turcs qui vivent à l'extrémité nord-ouest du faubourg, dans un quartier muré de tous côtés. Ils font le commerce de la literie, des armes et travaillent à la marine.

Entre le quartier turc et cette rue qui continue la descente du Tekké vers le pont de Kara-Keui, se développe un des centres financiers les plus puissants du monde.

Que de métaux précieux il s'y remue ! que d'affaires importantes il s'y traite avec les premières places financières
et commerciales du globe! La Bourse s'élève vers le milieu. La Banque Ottomane a son siége là-haut, dans les
solides bâtisses des dominicains de St-Pierre, à côté du
Courrier de Constantinople. Khaviar-Khan, cette grande
bourse de la spéculation, est en bas. Ce khan, en vendant
autre chose que du khaviar, du beurre, de l'huile, de la
cire et du suif, a souvent porté le trouble dans les transactions financières et commerciales de la place, dans
toutes les relations de la vie ordinaire de la cité.

Entre cette même rue et Top-Hané, il y a des magasins et des boutiques, des couvents, des églises, des maisons où saignent les plaies de la misère et de la prosti-
tution.

La vie est active le long du rivage de la Corne-d'Or.
Là, des flottes de navires déchargent leurs marchandises,
s'approvisionnent de tout dans des magasins nombreux
et bien fournis, se font, au besoin, calfater ou radouber
et, avec les échoppes du voisinage, servent souvent de
repaires à la contrebande que le vigilant et ferme directeur des douanes impériales Kiani pacha aurait réduite
aux derniers abois si la disposition des lieux ne favorisait
pas tant les audacieux et habiles fraudeurs.

Les têtes, enfin dégagées et embellies, des deux ponts
jetés sur la Corne-d'Or pour activer davantage le mouvement entre Stamboul et Galata, trois ou quatre corps-de-
garde, qui prêtent main forte à la police, la Quarantaine
et la Douane, le moulin à vapeur et la Cité Française,
construits par M. Augier, les agences du Lloyd Autri-

chien, de la compagnie Russe et des Messageries Impériales, occupent une grande partie du quai. Cette
dernière compagnie a fait bâtir là, sous la surveillance
spéciale du commandant Guichon, contrôleur de ses
services maritimes, des bureaux, des quartiers de logement, des ateliers, des magasins de charbon et une douane
particulière, le tout grand, spacieux et commode comme
l'exigeait l'importance de ses affaires maritimes et commerciales.

Les rues qui traversent le faubourg parallèlement au
rivage de la mer, ainsi que celles qui le coupent en divers
sens, offrent aux regards une exposition permanente de
tout ce qui se fabrique ou se manufacture dans le monde
pour les innombrables besoins de l'homme.

Dans cette prodigieuse agglomération d'êtres humains,
sans cesse en mouvement et dont la plupart s'enrichissent
par le travail, il en est, cela va s'en dire, qui trouvent plus
commode de chercher leurs moyens d'existence dans des
voies où l'on oublie le respect et de soi et d'autrui. Autrefois, de tels hommes devaient être fort rares en Turquie.
Lorsque les sultans accordèrent aux Européens les priviléges des capitulations, il fut stipulé que les étrangers qui
viendraient s'établir ou voyager en Orient seraient tous
des gens honorables. Et, en effet, pendant longtemps
tout Français qui voulait s'embarquer à Marseille pour
Constantinople devait, avant d'y être autorisé, exhiber
un certificat de bonne vie et mœurs, prouver qu'il était
en état de gagner honnêtement sa vie et de plus fournir
une caution. Cette stipulation est tombée en désuétude,
et les capitulations n'engagent plus que la Turquie; ce

qui n'est guère juste ni raisonnable. Aujourd'hui vient dans ce pays qui veut, et cela, sous le régime des priviléges, doit rendre le maintien de l'ordre public bien plus difficile. Heureusement, les chancelleries ont consenti depuis quelque temps à prêter une aide plus efficace à la police locale. Les sujets et protégés anglais, très-nombreux et très-mêlés à Galata, étaient des plus turbulents ; mais depuis que l'honorable M. Hornby, président de la haute Cour Consulaire, a établi son siége au-dessous de la Tour, au sein de ces établissements anglais qui ont quelque chose de l'antique Gênes, il les tient dans le respect des lois et des convenances sociales, dignement secondé par son drogman M. Casolani.

Le couvent de St-Benoît, centre des établissements des Lazaristes dans le Levant, refuge ouvert à toutes les infortunes, aide puissamment à moraliser les populations de ces quartiers et à soulager leur misère. Les Frères de la Doctrine Chrétienne instruisent les jeunes garçons et les Sœurs de Charité, les jeunes filles. De plus elles guérissent les malades et nourrissent les pauvres qui leur arrivent de toutes parts. Leur dispensaire est sans cesse ouvert à ceux qui souffrent, de quelque religion et nationalité qu'ils soient. L'Angleterre et l'Autriche ont, à Galata, chacune un hôpital.

Les dominicains de St-Pierre font également beaucoup de bien à ces quartiers, distribuant des secours et instruisant la jeunesse.

Outre ces deux églises, les habitants de Galata du rit latin ont encore celle de St-Georges, celle du Patriarcat des Arméniens-Unis et celle des Bulgares nouvellement

26

rentrés dans le giron de l'Eglise romaine. Les Arméniens grégoriens possèdent là leur plus ancien temple de la capitale. Les Orthodoxes en ont un aussi dans le même quartier. Les Musulmans comptent cinq ou six mosquées dans cette vaste enceinte.

Grâce aux premiers élans de zèle de la municipalité du 6ᵐˢ cercle, qui comprend Péra et Galata, ces deux faubourgs ont pu montrer au Souverain, comme partie importante de leurs décorations, des rues bien pavées, bien unies et presque partout convenablement élargies. Les pentes ont été adoucies et les bords régularisés et embellis.

Il y a quelques années, le cortége aurait eu de la peine à défiler dans certains endroits où en ce moment il passe à l'aise entre les doubles haies de la foule. Cette descente du Tekké et de Galata, ces abords du pont, cette rue de Top-Hané, voies si belles et si commodes aujourd'hui, étaient pour ainsi dire impraticables à cette époque. Kiamil bey et M. Septime Franchini, ainsi que leurs collègues du conseil municipal, ont bien mérité de ces quartiers. Mais ils ont, dit-on, dépensé trop d'argent et endetté la municipalité. On ne dépense jamais trop quand on dépense bien, surtout en fait de voies de communication, et dans ce cas les dettes ne déshonorent pas. Quel ne serait pas le déshonneur de la ville de Paris si de telles dettes déshonoraient !

Grâce à ces importantes améliorations des rues et des quartiers, les cent et une nations qui habitent Galata ont pu faire au cortége impérial, depuis la Voïvodie, ou commissariat de police, jusqu'à la porte de Top-Hané, une des plus gaies, des plus animées, des plus enthousiastes et des plus éclatantes ovations que l'on ait jamais vues.

Top-Hané est plus calme et aussi plus artistement décoré et illuminé. Halil pacha est encore là avec Hassan pacha, président du conseil d'artillerie, et quelques officiers supérieurs, pour offrir de nouveau ses hommages à Sa Majesté qui retrouve encore, toujours beau de parure et d'animation, le chemin qu'elle a parcouru le jour de son débarquement pour se rendre de la mosquée à Béchik-Tach.

Le sultan Abdul-Aziz rentre dans sa belle résidence, heureux de cette grande journée, digne couronnement de son mémorable voyage.

Ceux qu'il vient d'honorer d'une si gracieuse visite sont heureux aussi. Pour alimenter leur bonheur, ils se disent les douces émotions que le passage de l'auguste Visiteur leur a causées, la belle expression de son noble visage, sa majestueuse contenance, ses saluts, ses signes de tête, ses sourires, le visible contentement avec lequel il acceptait les bouquets et tant d'autres offrandes que l'amour du peuple lui offrait, les sensibles témoignages de satisfaction et de bienveillance avec lesquels il recevait partout l'hommage de dévouement et de fidélité qui lui était rendu.

En parlant de toutes ces douces choses dont le souvenir ne s'effacera point, on se promène dans ces quartiers où les flots de joie qui les ont remués résonnent encore comme ceux de la mer après la tourmente. Il y a des places et des rues où le cortége n'a pu passer et qui cependant méritent d'être admirées. On va les visiter.

L'animation est grande entre Kalliondji-Kollouq et Sakez-Agatch, d'un côté, et de l'autre, dans les environs d'Aga-Hamam où s'élèvent tant de belles maisons, entre autres celle des Baltazzi, dont la légation d'Italie a fait sa résidence. Les Italiens, qui ont envoyé pendant le voyage, expressément pour saluer le Sultan, le *Victor Emmanuel* à Alexandrie et le *Re galant'uomo* à Smyrne, devaient prendre leur part à ces fêtes de Constantinople, et en effet cette part a été grande et belle.

Comme point des mieux constellés de cette zone de Péra, on va voir encore la rue sur laquelle le palais d'Autriche, les jardins de celui de France, les chancelleries et les postes de ces deux puissances ouvrent leurs portes. Pour être un peu éloignée du centre de Péra, cette place, qu'animent de temps en temps les brillantes soirées de l'Internonciature, n'en a pas moins revêtu ses plus beaux ornements de fête. Et ainsi ont fait les légations de Danemarck et de Perse.

Je l'ai déjà dit, il n'y a pas dans toute la capitale et ses environs d'endroit, si peu habité qu'il soit, qui n'ait fourni son bouquet de fleurs et son faisceau de lumières à l'universelle manifestation de ces réjouissances populaires.

Cet accord, ce concours unanime et empressé du monde officiel et du monde des affaires, des étrangers comme des nationaux, des non-musulmans comme des musulmans, à rendre hommage à l'illustre Souverain qui ramène la vie et l'espérance sous le ciel de l'Orient, imprime surtout à ce voyage et à ces fêtes le cachet d'une œuvre politique et sociale éminemment importante et utile. Pourrait-elle ne pas être féconde en résultats?

CONCLUSION.

———

Les échos répètent encore le grand hymne de reconnaissance, d'amour et de fidélité, que la voix du Souverain se fait entendre de nouveau. Par un hatt, que son cœur a dicté et que sa main a écrit, qui vient d'être lu à la Porte solennellement en plein Divan, le sultan Abdul-Aziz remercie de leur sympathique hommage ses sujets et ses hôtes et leur donne de nouveaux gages de sa bienveillance, de sa vive et constante sollicitude pour leur bien-être. Son hatt est ainsi conçu :

« Mon illustre Vizir,

« A mon retour dans ma capitale, d'un voyage que je
« viens de faire dans une partie de mes Etats, j'ai été
« vivement touché des témoignages de fidélité et de
« sympathie que m'ont donnés toutes les classes de ses
« habitants et qui répondent justement à mes sentiments
« de bienveillance et de sollicitude à leur égard.
« Il est superflu de répéter ici que l'unique objet de
« mes désirs est de voir s'augmenter de plus en plus la

« prospérité et le bien-être de tous mes sujets, et j'espère
« que nous ne tarderons pas à recueillir les fruits des
« efforts tout particuliers que nous ne cessons de faire
« pour atteindre ce but.

« De même que tous les sujets de mon Empire trou-
« veront la compensation de leurs sentiments de fidé-
« lité dans le développement de leur bien-être, de même
« nous considèrerons comme une douce récompense de
« nos efforts, les témoignages croissants de leurs sym-
« pathies et de leur reconnaissance.

« J'ordonne et je recommande de nouveau à mes
« ministres et à mes fonctionnaires d'apporter, selon
« leur strict devoir, tous les soins possibles à réaliser
« le vif désir que j'ai que mon Empire soit prospère et
« que tous ses habitants soient heureux.

« Je demande que l'on fasse savoir que j'ai été égale-
« ment satisfait des sentiments de sympathie manifestés
« envers moi à cette occasion par les sujets des puis-
« sances amies. »

La grande voix du peuple, qui est celle de Dieu, *vox
populi vox Dei*, a déjà proclamé qu'Abdul-Aziz est bon et
qu'il veut le bien de ses peuples. Ce hatt, comme tous
ceux qui l'ont précédé, démontre cette même vérité; et
ce qui la confirme, c'est que tous les hommes qui entourent Sa Majesté ont des cœurs excellents et les intentions
les plus pures. Est-il des âmes mieux nées, plus heureusement douées que celles des chambellans Hassan bey,
Halid bey, Emin bey, Acim bey..., du premier secrétaire
Emin bey et de ses collègues, de l'intendant du palais et
de la liste civile Hakki bey? Les aides-de-camp Husséin

pacha, Bécim pacha, Racim pacha, Réouf bey, Suléiman bey..., sont également des hommes en qui la vie d'Europe, du bord ou de la tente a développé les meilleurs sentiments.

Tel est l'esprit du palais.

Celui de la Porte est-il moins favorable?

Rarement la cohorte des chefs du gouvernement et des hautes administration de l'empire ottoman s'était montrée aussi remarquable de savoir, d'expérience, d'union, de zèle, de belles dispositions, qu'elle l'est aujourd'hui.

Au haut de la hiérarchie gouvernementale apparaissent deux hommes, le grand vizir Fuad pacha et le ministre des affaires étrangères Aali pacha, qui ont donné des preuves de sagesse et de capacité supérieures dans les hauts conseil de l'Europe. On l'a dit, ils ne seraient pas déplacés à la tête d'un cabinet de l'Etat le plus progressif de l'Occident. Le ciel les a fait naître et les a comblés de ses dons pour élever la Turquie à un degré de civilisation qu'elle n'avait pas encore atteint, et cimenter, de la manière la plus intime et la plus solide, son union avec les peuples civilisés.

Sur les échelons voisins se tiennent avec distinction le président du Grand Conseil Kiamil pacha et le ministre des Finances Moustapha pacha, particulièrement unis d'amitié et de vues avec les deux illustres chefs de file que je viens de nommer. Le ministre du Commerce et de l'Agriculture Savfet pacha, qui s'est fait une belle place dans les conseils de l'Etat, grossit ce groupe d'amitiés plus intimes qui combinent leurs efforts pour le plus grand bien de la chose publique.

Le ministre des Travaux publics et de l'Instruction publique Etem pacha, en même temps gouverneur de la banque ottomane, est un homme de savoir et d'une grande activité.

Le ministre de la Marine Mehmed pacha, le grand-maître d'artillerie Halil pacha, le caïmacam de Fuad pacha comme ministre de la guerre, Husséin pacha, le préfet de police Mehmed pacha, le directeur des douanes Kiani pacha, l'intendant des Vacoufs (fondations pieuses) Férid éfendi, l'intizab-agaci (octroi) Husséin bey..., sont tous des hommes que le vote populaire a confirmés dans les postes où la confiance du Souverain les a appelés.

Les Mustécliars (conseillers) et autres employés supérieurs des administrations, de même que les présidents des divers conseils, sont, en général, à leur place. Au-dessous d'eux et dans les bureaux, il y a un grand nombre de jeunes hommes qui rendent des services et qui ne demandent que l'occasion de mieux signaler leur zèle et leur dévouement.

Telle est la situation quant au personnel politique et administratif.

L'état des affaires, même financières, s'est considérablement amélioré. L'ordre et la régularité ont pénétré dans les services publics et des abus détruits sont résultées d'importantes économies. Le budget a pu être dressé et publié avec l'équilibre des revenus et des dépenses. Le fonctionnement de la Banque vient encore faciliter la marche des choses.

Jamais l'horizon politique de la Turquie n'avait été plus calme ; jamais la paix n'avait paru plus solidement établie dans toute l'étendue de ses provinces. Là aussi Kuprusli Mehmed pacha à Andrinople, Akif pacha à Salonique, Abdi pacha à Monastir, Midhad pacha à Nisse, Osman pacha en Bosnie, Suléiman pacha à Widdin, Rachid pacha dans le Bas-Danube, Emin-Mouklis pacha à Trébisonde, Namek pacha à Bagdad, Chirvan Zadé Mehmed pacha à Damas, Cabouli pacha à Beïrout, Surreya pacha à Alep, Caïsserli Ahmed pacha à Smyrne, Ismaïl pacha en Crète et d'autres gouverneurs qui me sont inconnus, implantent sur la terre d'Orient les principes d'ordre, de travail et de justice qui doivent la régénérer.

En présence d'un état de choses si satisfaisant, d'autres diraient peut-être : « reposons-nous.» Le Sultan dit au contraire : « redoublons d'efforts pour rendre l'empire prospère et ses habitants heureux. »

C'est à vous surtout, Ministres dirigeants, que s'adresse cette recommandation souveraine. Faites-lui bon accueil, armez-vous-en pour continuer ce que vous avez dignement commencé, pour inspirer à ceux qui vous aident à administrer, ce courage qui renverse les obstacles et mène au but. Comme on vit autrefois une armée de soldats presque sans armes et sans argent se mettre en marche au cri de: Dieu le veut! et, à travers des pays immenses, des obstacles sans nombre et malgré des ennemis puissants, parvenir à son but en conquérante, de même vous aussi à ce cri de ralliement: le Sultan le veut ! soulevez une armée d'hommes de cœur et conduisez-la à la conquête de l'ordre et du travail sur toute la vaste surface de ce beau pays que le Sultan cherche à rendre prospère et heureux.

Ne demandez pas où sont les ressources nécessaires pour le succès de l'entreprise. Que de fois vos braves soldats se sont battus, comme des lions, sans chaussures, sans vêtements et presque sans nourriture! Ils avaient du cœur, et avec du cœur on se tire de tout. L'ouvrier qui en a, et à qui l'argent manque, commence par se créer les instruments avec lesquels il doit travailler à son œuvre. Faites comme lui, donnez du cœur à votre armée de travailleurs et, s'il en est besoin, le monde entier vous aidera à l'entretenir, le monde entier vous aime. Voyant votre flamme, il la soutiendra, il l'alimentera. Que vous reproche-t-on? de ne pas aller assez vite? profitez donc de l'occasion pour renouveler votre élan. Vous avez une carrière immense à parcourir, une carrière où vous attend une palme de gloire que la main des nations posera sur vos têtes. Vous y êtes heureusement entrés. Vous arriverez au but, si vous vous donnez du courage comme les combattants qui se jettent dans l'arène des batailles en criant: vaincre ou mourir! Ce que firent vos ancêtres pour conquérir par les armes le pays qu'ils vous ont transmis, faites-le pour le conquérir par le progrès. Comme ils soufflèrent partout l'esprit de guerre, soufflez-y l'esprit de travail, couronnez leurs conquêtes en les consolidant par les principes de vie qui font prospérer les nations, les rendent riches et puissantes.

Je suis de ceux qui ont vu les heureux changements opérés en ce pays depuis vingt ans par vos prédécesseurs et par vous; je suis de ceux qui avouent, en connaissance de cause, qu'ils sont remarquables, prodigieux. Mais que n'a-t-on pas fait en France depuis 89? et cependant il reste encore à faire aux Français. A plus forte raison doit-il en être de même ici. Le grand homme d'Etat de l'Angleterre, votre meilleur ami, lord Palmerston, disait à un de vos prédécesseurs : « Ne voyez pas ce que vous avez fait, voyez ce que vous avez à faire. »

Oui, voyez ce qui manque de force aux principes de vitalité de Mostar à Bassora, de Toultcha au fond de l'Hyémen, du Fezzan à Baïazid. Voyez autour de vous et voyez au loin; voyez partout. Le grand Socoli Mehmed pacha, en même temps qu'il tenait avec gloire le timon des affaires qui se traitaient au chef-lieu et dans l'intérieur du vaste empire de Suléiman-le-Grand et de Sélim II, faisait travailler à la jonction du Don et du Volga, de la Méditerranée et de la mer Rouge, fleuves et mers qu'il aurait peut-être unis s'il avait assez vécu. Et vous aussi, pendant que vous tenez les rênes de l'Etat, poursuivez la construction des routes de Bosnie et d'Herzégovine, et faites recreuser les canaux de l'Euphrate qui procurèrent de si grandes richesses à Haraoun-el-Rachid.

En ouvrant aux caravanes de l'Asie centrale un passage commode de Baïazid à Trébisonde, avisez aux moyens de mieux attirer à Tripoli celles de l'intérieur de l'Afrique. En rapprochant Alep et Adana de la mer par de bonnes voies de communication, faites achever le port de Kustendjé et joignez celui de Varna au lac Daphné. Voyez si les havres de refuge ne manquent pas aussi de Lattakié à Jaffa, de Sinope à Trébisonde. Pendant que vous ouvrez, sur les rivages de l'Archipel, la navigation de la Maritza et du Vardar, entamez, sur ceux de la mer Noire, le Sakaria et le Kizil-Irmak. Tracez sur les crêtes asiatiques, de Haïdar-Pacha, à Bagdad et sur celles de Roumélie, de la porte d'Andrinople à Bosna-Séraï, les voies de nouveaux voyages impériaux. *Nil mortalibus arduum est*, rien n'est impossible aux mortels ; *Labor omnia vincit improbus*, un travail opiniâtre vient à bout de tout.

Ayez l'œil partout et sur toutes choses, sur Aïntab aussi bien que sur les Quatre-Cazas, sur les Arabes, qu'il est important de bien soumettre, sur les Druses, sur les Kurdes, sur les Crétois, sur les confins de l'Albanie, sur les bords du Danube. Rattachez-vous toutes les nations, toutes les races; assimilez-vous tous les peuples de l'empire, afin que le faisceau de vos forces devienne cent fois plus solide. Soufflez la vie partout, et vos terres, si favorisées du ciel, seront inondées de produits.

Multipliez les primes dont vous avez adopté l'utile emploi. Donnez-en à ceux qui élèvent les plus beaux troupeaux de bestiaux, qui cultivent les meilleurs champs de blé, de maïs, de mûriers, de coton, de lin, de sésame et de tant d'autres productions que la nature presque sans aide fait pousser sur votre sol. Donnez-en à qui ouvre un nouveau chemin ou crée une nouvelle source de commerce ou d'industrie; donnez-en aux mudirs, aux caïmacams qui ne commettent pas d'exaction ni de gaspillage, fléaux qu'il est urgent de détruire dans les provinces, comme vous les avez détruits autour de vous. Il n'y a plus ni corvées, ni tortures, ni révoltes; de même il faut que les abus qui survivent y soient enfin anéantis. Au lieu de quatre ou cinq commissaires impériaux, ayez-en une légion, que vous trouverez sans trop de peine.

Mettez-vous vous-mêmes en route s'il le faut. Ailleurs les ministres parcourent les provinces de temps en ten. pendant les vacances surtout, et leurs tournées so. toujours fécondes en résultats. Ministre des Travaux Publics, comme vous allâtes, il y a quelque temps, inaugurer le chemin de fer de Kustendjé, visiter Baltchik Varna et Bourgas, allez de même voir les autres parties de l'empire, examiner si votre règlement sur les routes s'exécute selon vos vues, si les houillères ou les mines métalliques sont fructueusement exploitées, inaugurer là une route ou la canalisation d'un fleuve, poser ici la première pierre d'un pont, d'une usine, d'une école, de quelque fondation utile. Ministre du Commerce et de l'Agriculture, allez aussi conseiller sur les lieux l'introduction de quelque nouveau moyen de labour, d'élevage ou de culture, ouvrir des marchés ou des débouchés; allez féconder les sources d'où doivent découler les vraies richesses de la Turquie.

Ne négligez pas le puissant levier des associations, des compagnies, qui font souvent ce que les Etats eux-mêmes ne peuvent faire. La compagnie ottomane du chemin de Beïrout à Damas a déjà donné un bon exemple. Créez-en dans le pays, appelez-en du dehors, fiez-vous de plus en plus aux étrangers, aux chrétiens. Plus vous marcherez dans la voie du progrès, plus ils vous aimeront; plus vous les appellerez de gré parmi vous, moins ils penseront à y venir de force, moins ils parleront de se partager votre empire. Si vos sujets chrétiens et les étrangers vous avaient été réellement hostiles, est-ce qu'ils auraient pris une part si cordiale, si enthou-

siaste aux fêtes du voyage, lesquelles n'ont été si animées
et si brillantes que parce qu'elles signalaient un grand
pas de plus fait par la Turquie dans la voie de sa régénération politique et sociale ?

Oui, plus vous associerez l'élément chrétien avec l'élément musulman, l'élément étranger avec l'élément national, plus vous élèverez tous les sujets au niveau de
l'égalité, plus vous serez acceptés comme le peuple
dominant de l'Orient, comme le lien nécessaire pour unir
les deux mondes. Plus vous avancerez dans le progrès,
plus les peuples qui marchent à sa tête, auront de respect
et de sympathie pour vous.

Le Sultan le veut ! il veut que l'on aille plus vite. Ministres de ses volontés, donnez le signal, imprimez l'élan.
Mettez à la tête du mouvement les plus dignes, les plus
capables de frayer la voie. Vous avez rompu avec les
vieilles habitudes du favoritisme et de la camaraderie ;
vous avez bien fait. Rompez de même et complètement
avec les importuns, avec les gens paresseux et inutiles.
S'ils continuent à vous assiéger, dites-leur que le Sultan
veut du travail, du zèle et de la probité, et de honte ils
s'enfuiront.

Les flatteurs étaient également un embarras et vous
trouvez qu'il est mieux de vous entourer d'hommes de
bon conseil, qui osent dire parfois: j'aime Platon, mais
plus encore la vérité, *amicus Plato, magis amica veritas.*
Le flatteur Ésope disait un jour à Solon, dont les sages
conseils venaient d'irriter l'orgueilleux Crésus : « Il faut
ou ne jamais approcher des grands, ou ne leur dire que
des choses agréables. » « Dis plutôt, reprit Solon, qu'il

faut ou ne pas les approcher, ou leur dire des choses qui leur soient utiles. »

Laissez la presse parler librement. En Occident, c'est elle qui a le plus contribué à moraliser les gouvernements et les administrations. Elle a eu et a toujours, pour effrayer les prévaricateurs des lois et des charges publiques, plus d'action que les tribunaux. On redoute plus le blâme d'un journal qu'une amende judiciaire. Vous n'avez rien à craindre de la presse pour vous personnellement, ni pour S. M. le Sultan. Laissez-la donc vous aider à châtier ceux qui s'obstinent dans le mal; c'est une partie de sa noble mission.

Combinez le plus de ressources, le plus de forces que vous pourrez, et cela vous fera arriver au but, sur lequel il est bon d'avoir les yeux sans cesse fixés. Il y a des moralistes, entre autres Franklin, qui conseillent, comme moyen de se raffermir dans la voie du bien, de s'imposer de temps en temps des examens de conscience, de s'arrêter parfois à des réflexions de bon propos. Cette règle de conduite était sans doute pratiquée par ces personnages de l'antiquité qui regrettaient les moments qu'ils n'avaient pu signaler par des bienfaits.

Vous n'aurez pas perdu votre temps, Nobles Interprètes des volontés souveraines, si, au mérite d'avoir dignement contribué à relever la situation, vous ajoutez celui d'accroître la prospérité de l'Empire et le bonheur de tous ses habitants selon les vœux souvent exprimés par le sultan Abdul-Aziz pendant et après son excursion; si vous développez l'agriculture, le commerce et l'industrie autant que son noble cœur le désire. Le voyage aura ainsi

un résultat important qui s'ajoutera à celui d'avoir associé, d'une manière jusqu'ici sans exemple, sur la tête
d'un Souverain Ottoman, les plus vives sympathies des
deux Mondes, de l'Orient et de l'Occident, des Musulmans et des Chrétiens.

FIN.

TABLE DES MATIÈRES.

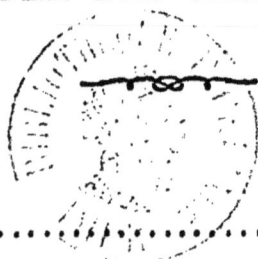

27

FIN DE LA TABLE.

Marseille —Typ. et Lit. Barlatier-Feissat et Demonchy.

www.ingramcontent.com/pod-product-compliance
Lightning Source LLC
Chambersburg PA
CBHW060956220326
41599CB00023B/3737